一剪成片之剪映短视频剪辑从入门到精通

肖阳春◎编著

北京理工大学出版社
BEIJING INSTITUTE OF TECHNOLOGY PRESS

图书在版编目(CIP)数据

一剪成片之剪映：短视频剪辑从入门到精通 / 肖阳春编著．-- 北京：北京理工大学出版社，2024.1
ISBN 978-7-5763-3282-7

Ⅰ．①一… Ⅱ．①肖… Ⅲ．①视频编辑软件 Ⅳ．①TN94

中国国家版本馆 CIP 数据核字 (2024) 第 003419 号

责任编辑：江 立　　文案编辑：江 立
责任校对：周瑞红　　责任印制：施胜娟

出版发行 / 北京理工大学出版社有限责任公司
社　　址 / 北京市丰台区四合庄路 6 号
邮　　编 / 100070
电　　话 / (010) 68944451（大众售后服务热线）
　　　　　(010) 68912824（大众售后服务热线）
网　　址 / http://www.bitpress.com.cn

版 印 次 / 2024 年 1 月第 1 版第 1 次印刷
印　　刷 / 三河市中晟雅豪印务有限公司
开　　本 / 787 mm × 1020 mm　1/16
印　　张 / 16.5
字　　数 / 380 千字
定　　价 / 99.00 元

前　　言

FOREWORD

短视频不仅能满足人们的碎片化娱乐需求，而且也成为产品营销传播的重要载体。当下，短视频的发展势如破竹，例如抖音、微信视频号等相关平台的流量越来越大。这蕴藏着巨大的商机，人们不仅可以通过短视频分享自己的生活，而且也可以吸引潜在的客户。

剪映是一款简单、易上手的视频剪辑 App，适合每一位“小白”零基础上手学习。学习者不用花费太多时间，便可轻松掌握这款 App 的使用。本书以新手学习视频剪辑的思维和特点为出发点，通过大量的图示和 86 个视频剪辑典型实战案例，从点、线、面三个维度详细讲解剪映 App 的各种功能和操作方法，从而帮助读者从零起步学习剪映短视频剪辑技术并在短时间内提升自己的剪辑水平，制作出高质量的视频。

本书特色

- **视频教学**：笔者专门为本书录制了 86 个教学视频，每个案例对应一个视频，共 200 分钟，帮助读者更加高效、直观地了解视频剪辑的很多技术细节。
- **内容丰富**：对剪映的全部核心功能进行详细的讲解，如添加视频、分割视频、添加贴纸、添加音乐和美颜美体等。
- **案例丰富**：详细介绍口播、美食和旅行等不同类别的 86 个视频，厘清其剪辑思路，找准视频的节奏感，一步一步地演示如何进行剪辑，让新手能顺利上手。
- **针对热点**：结合当下的热点视频和剪辑中需要注意的关键点，举一反三地做出不同的创意，如视频文字、卡点视频、片头片尾、分身视频和定格动画等，这些内容可以大大提高读者的水平。

本书内容

本书共 13 章，主要内容如下：

第 1 章介绍基础剪辑技巧、创作区域的划分和拆解实操图例等内容，从而让读者对视频剪辑软件有初步的了解。

第 2 章结合实际案例介绍不同短视频平台对视频尺寸的要求。

第 3 章介绍如何给视频添加字幕，从基础的文本添加到视频片头字母添加等均有涉及，本章通过多个案例，力求讲透添加视频文字的思路。

第 4 章介绍视频剪辑时如何高效地添加音频，从而剪辑出有动感的视频。

第 5 章介绍如何在剪映中对视频做基础调节，并添加滤镜，从而让视频更具高级感。

第 6 章通过逐一拆解画面，并配合详细的操作步骤，让读者掌握滚动片头和片尾头像等热门片头和片尾的制作方法。

第 7 章介绍如何进行特效组合，通过细致拆解当下的热门特效，帮助读者了解视频的底层构思逻辑，从而为视频添加属于自己的独特元素。

第 8 章介绍如何制作好玩的定格动画，带领读者制作自己的动画片。

第 9 章介绍如何剪辑知识博主使用最多的口播视频，并介绍其剪辑要点，让视频具有独特的风格和魅力。

第 10 章介绍如何剪辑自己拍摄的美食视频并进行调色，从而记录美好的日常生活。

第 11 章介绍剧情视频的剪辑，要点在于通过剪辑，让故事更连贯，更能突出人物的心理活动，从而让观众更有代入感。

第 12 章介绍时尚视频的剪辑，通过制作杂志封面，将日常拍摄的美妆视频做出更专业、更时尚的效果。

第 13 章介绍旅行视频的剪辑，通过开场方式、镜头效果和调色等，让旅行视频具有电影感。

读者对象

- 短视频创作者；
- 视频剪辑爱好者；
- 自媒体从业人员；
- 电商运营人员；
- 其他想进入短视频领域的人员。

配套资料获取

本书涉及的配套教学视频等资料需要读者自行下载。请关注微信公众号“方大卓越”，然后回复数字“19”，即可获取下载链接。

售后服务

虽然笔者在本书的编写过程中力求完美，但限于学识和能力水平，书中可能还存在疏漏与不当之处，敬请读者朋友批评、指正。阅读本书时若有疑问，可以发送电子邮件到 bookservice2008@163.com 以获得帮助。

编著者

目　录

CONTENTS

第 1 章 基础剪辑，不同功能仔细拆解

1.1 页面介绍，轻松区分操作区

剪映是目前功能最全、最容易上手的一款手机视频编辑工具，在苹果的 App Stroe 和安卓的应用商店中都可以下载该 App。目前，剪映的手机版和电脑版都已上线，界面简洁，操作方便、易上手。

打开手机上的剪映 App，如图 1–1 所示，它的初始界面如图 1–2 所示，我们先了解一下它的不同区域及其用途，以便灵活运用。

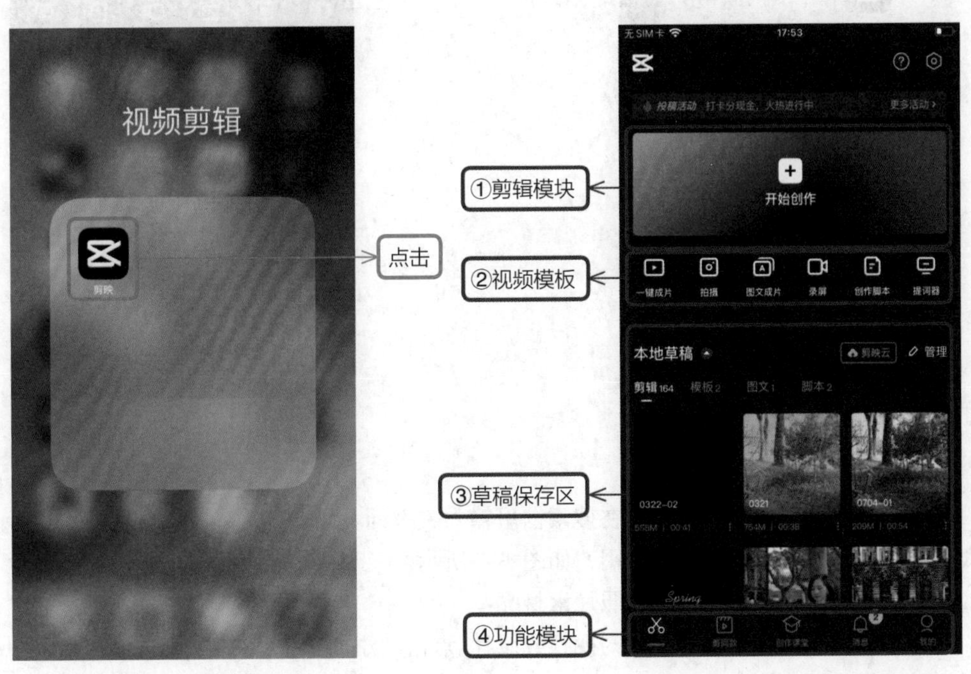

图 1–1　打开剪映 App　　　　图 1–2　剪映的初始界面

- 剪辑模块：可以添加素材，自己动手创作视频，按自己的想法剪辑视频。
- 视频模板：可以参考剪映平台创作者的创意进行二次创作，制作属于自己的视频。
- 草稿保存区：剪辑的视频一般保存在草稿区，可以随时随地提取原视频，继续进行剪辑加工。当我们把剪辑完成的视频保存到手机的本地相册中时，在草稿保存区也会保留一份视频。
- 功能模块：选择不同的菜单后，可以使用剪映里的不同功能。

1.2 创作区域，明确目的不混淆

打开剪映，如图 1–3 所示，点击“开始创作”按钮，如图 1–4 所示，弹出“最近项目”和“素材库”界面。“最近项目”（如图 1–5 所示）里是手机本地存储的视频或照片；“素材库”（如图 1–6 所示）里是剪映平台提供的转场片段、搞笑片段、片头、片尾和黑白场等素材。

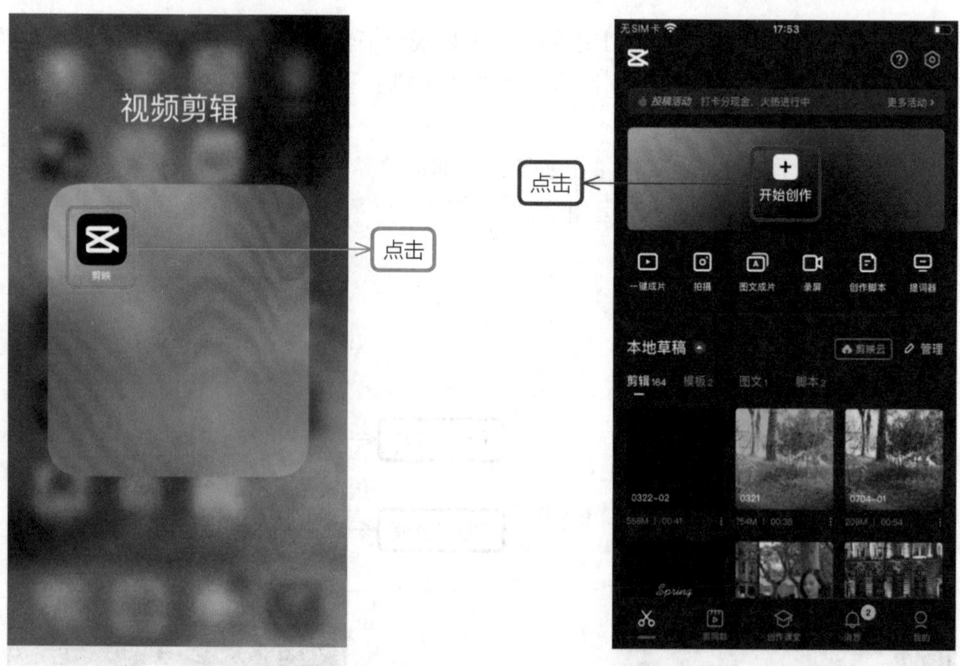

图 1–3　打开剪映 App　　　图 1–4　点击“开始创作”按钮

如果需要其他视频素材，可以在搜索框里输入关键词。例如，输入“太阳”，就会显示关于太阳的视频素材，方便选择和使用，如图 1–7 所示。

剪辑视频时，如何添加视频或照片素材呢？

从“最近项目”里选中要编辑的视频或照片，点击“添加”按钮导入选好的视频或照片素材，开始进行编辑，如图 1–8 至图 1–10 所示。

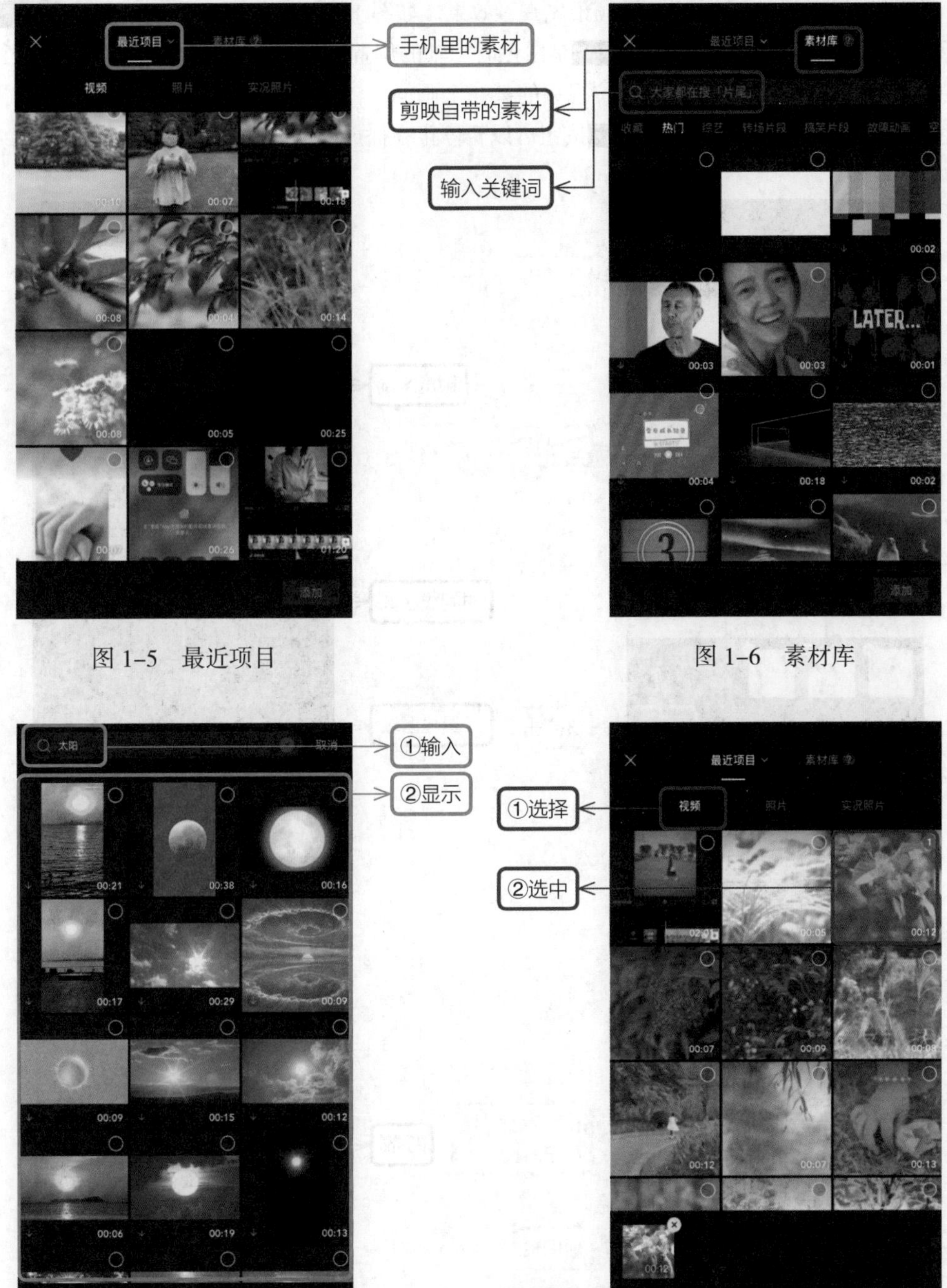

图 1-5　最近项目

图 1-6　素材库

图 1-7　按关键词进行搜索

图 1-8　选择素材

视频编辑界面包括预览区域、时间线区域、工具栏区域。

预览区域可以对正在编辑的视频预先查看效果。如图 1–11 所示，在预览区域中，00:02/00:12 显示的是视频当前时长和总时长，00:02是白色时间轴的位置所在的当前时长，/00:12表示整个视频的总时长。时间轴用于精准地定位视频的某一个画面，让素材衔接流畅。点击▷按钮可以直接播放视频，如图 1–12 所示，点击■按钮可以暂停正在播放的视频，如图 1–13 所示。

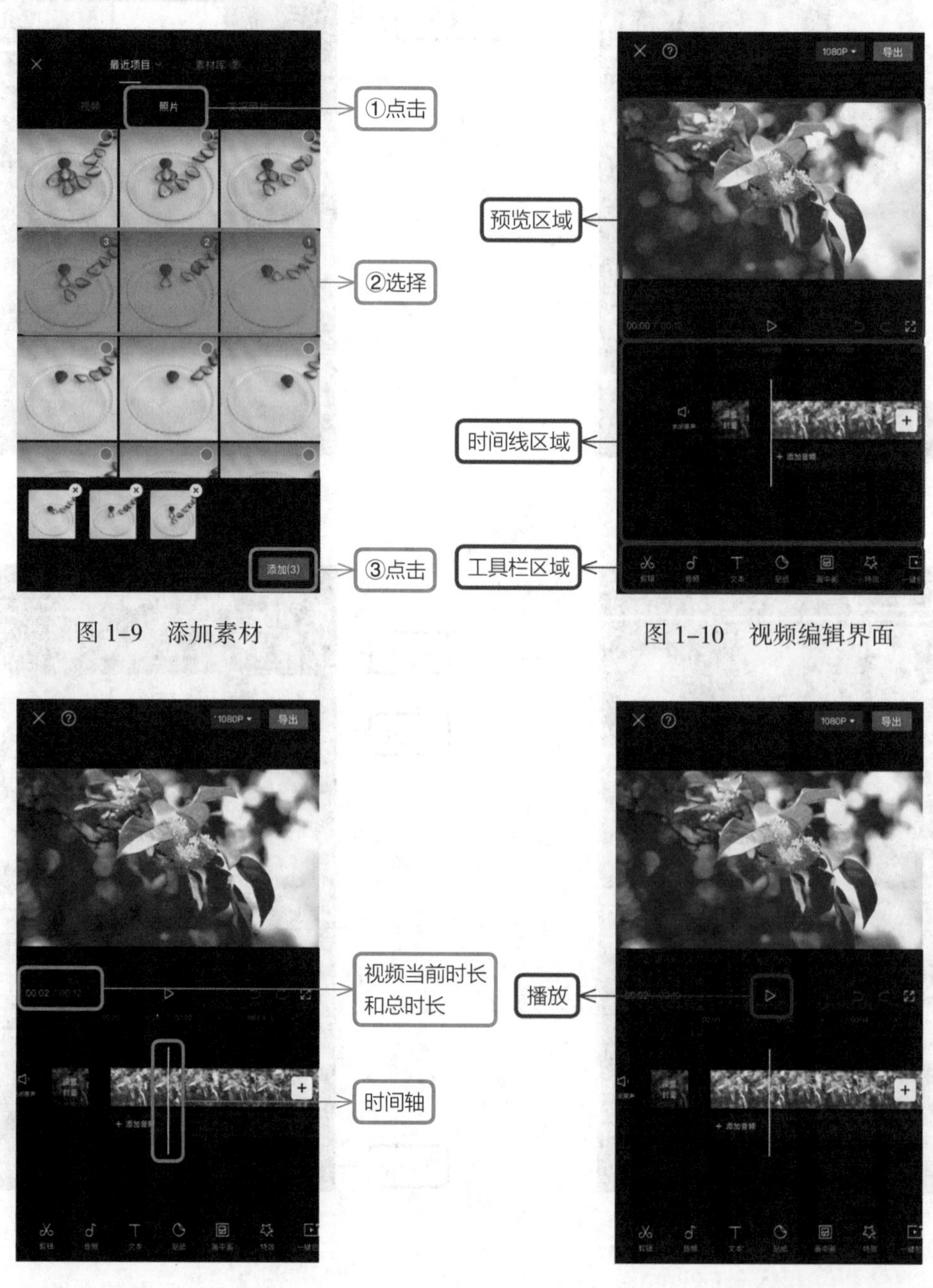

图 1–9　添加素材

图 1–10　视频编辑界面

图 1–11　视频时间

图 1–12　点击“播放”按钮

为视频添加关键帧，选中视频轨道后将会显示关键帧，如图 1–14 所示。在不同的时间段可以设置不同的特效参数，制作视频特效。点击按钮，如图 1–15 所示，在剪辑视频的过程中可以撤销上一步操作；点击按钮，如图 1–15 所示，可以恢复已撤销的操作步骤。

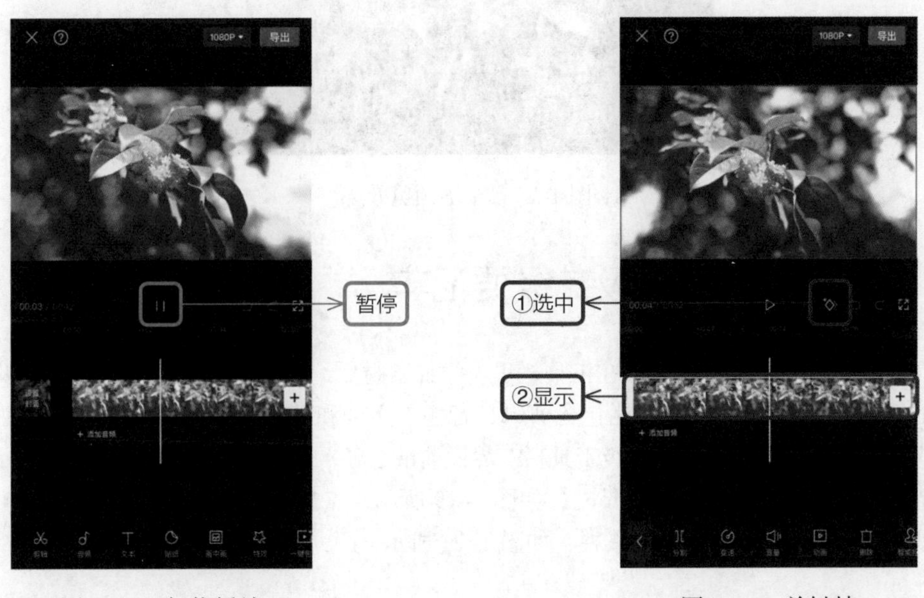

图 1–13　暂停播放

图 1–14　关键帧

点击按钮，如图 1–16 所示，可以全屏预览视频效果。点击按钮，如图 1–17 所示，可以退出全屏预览效果，恢复到初始的编辑界面。

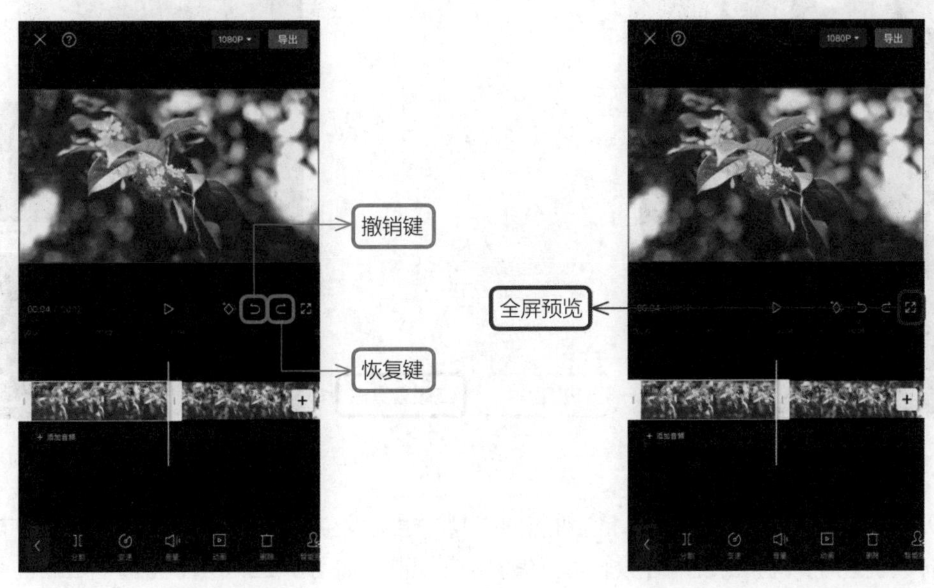

图 1–15　撤销和恢复

图 1–16　全屏预览

图 1–17　全屏预览效果

1.3　工具区域，一级二级要记牢

在剪映 App 中，操作功能都在工具栏里。添加素材后，在操作界面中显示的是一级工具栏，如图 1–18 所示。一级工具栏包含剪辑、音频、文本和贴纸等工具。在一级工具栏里点击相应的工具按钮，则会进入二级工具栏。界面前端会显示◀。例如，点击“剪辑”按钮后，就会显示“剪辑”工具的二级工具栏，如图 1–19 所示；点击“音频”按钮后，如图 1–20 所示，就会出现“音频”的二级工具栏，如图 1–21 所示。

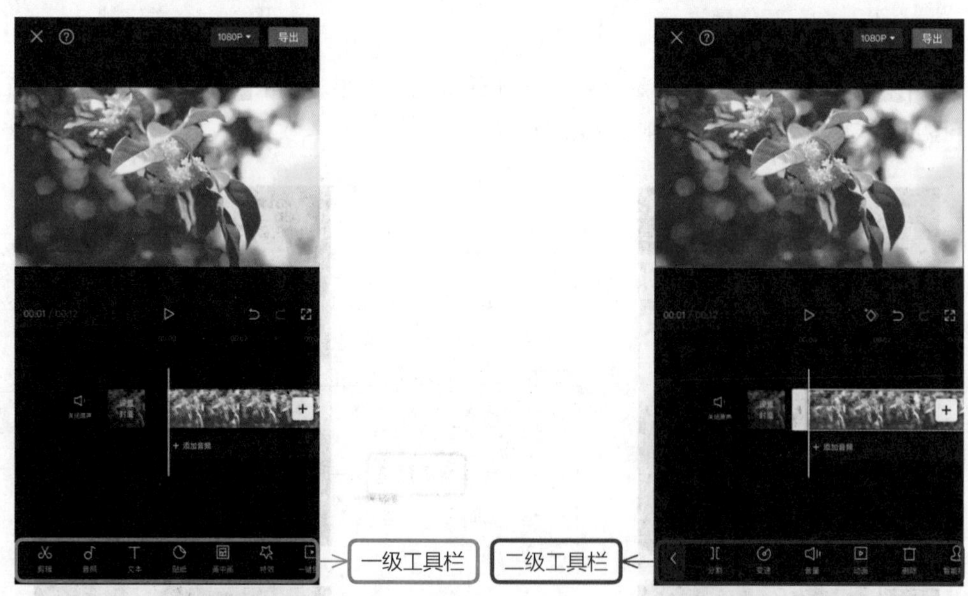

图 1–18　一级工具栏　　图 1–19　“剪辑”的二级工具栏

另外，当选中某一条轨道后，它对应的工具栏也会发生变化，前端会显示《。例如，当选中音频轨道时，就会出现对音频轨道可编辑的工具栏，如图 1–22 所示，当选中贴纸轨道时，就会出现对贴纸可编辑的工具栏，如图 1–23 所示。

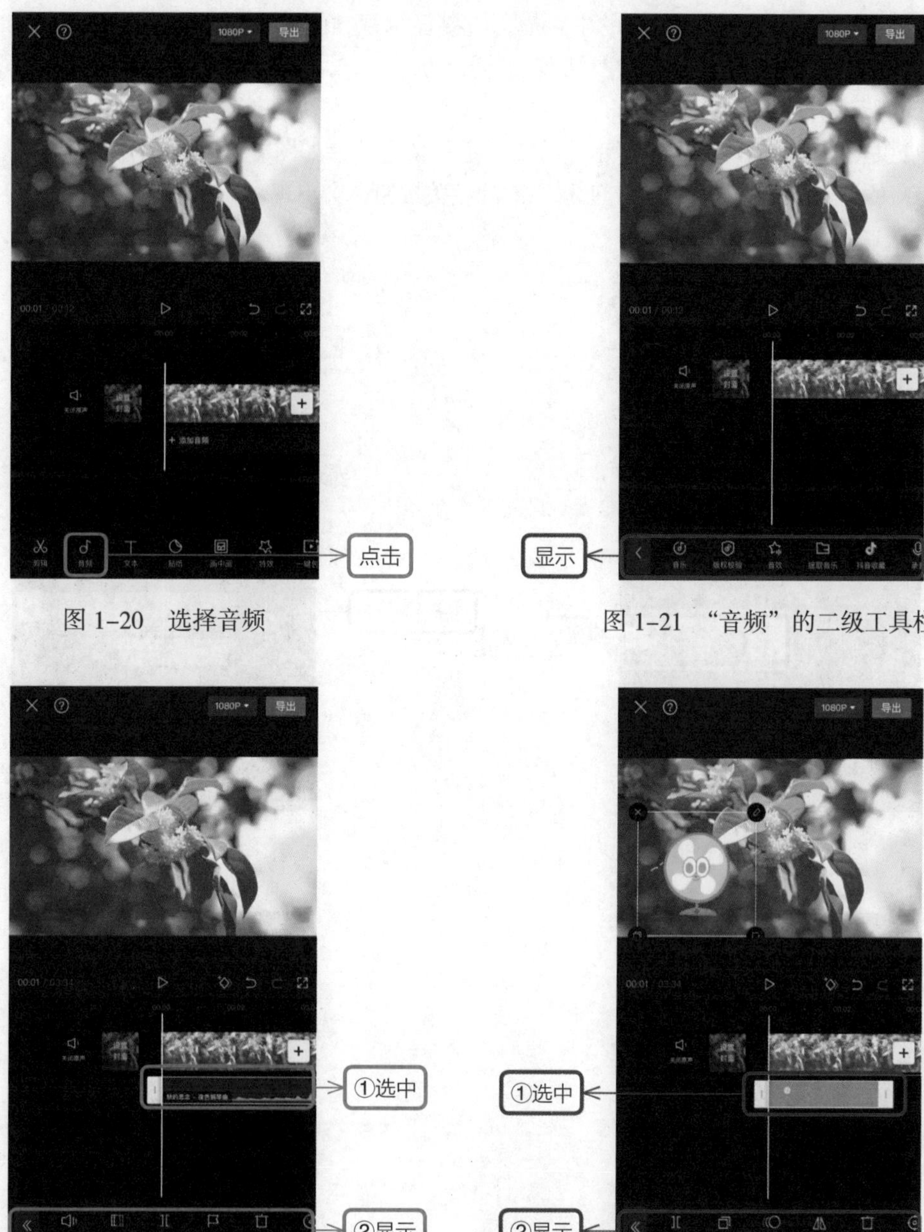

图 1–20　选择音频

图 1–21　“音频”的二级工具栏

图 1–22　音频工具栏

图 1–23　贴纸工具栏

1.4　音视轨道，不同素材不同道

一条完整的视频，包含视频画面、音乐和文字等。添加不同的素材后，剪辑的轨道也不相同。

例如视频轨道，也就是剪辑的主轨道，直接显示视频画面，如图 1–24 所示。添加了音频或文本素材后，它们就会出现在视频轨道的上方或下方，各个轨道的颜色也各不相同，如图 1–25 所示，音频轨道是绿色的，如图 1–26 所示，文本轨道是红色的，如图 1–27 所示，贴纸轨道是橙色的，如图 1–28 所示，特效轨道是紫色的，如图 1–29 所示。一般情况下它们都是隐藏的，需要的时候直接点击工具栏上的相关按钮就会出现。

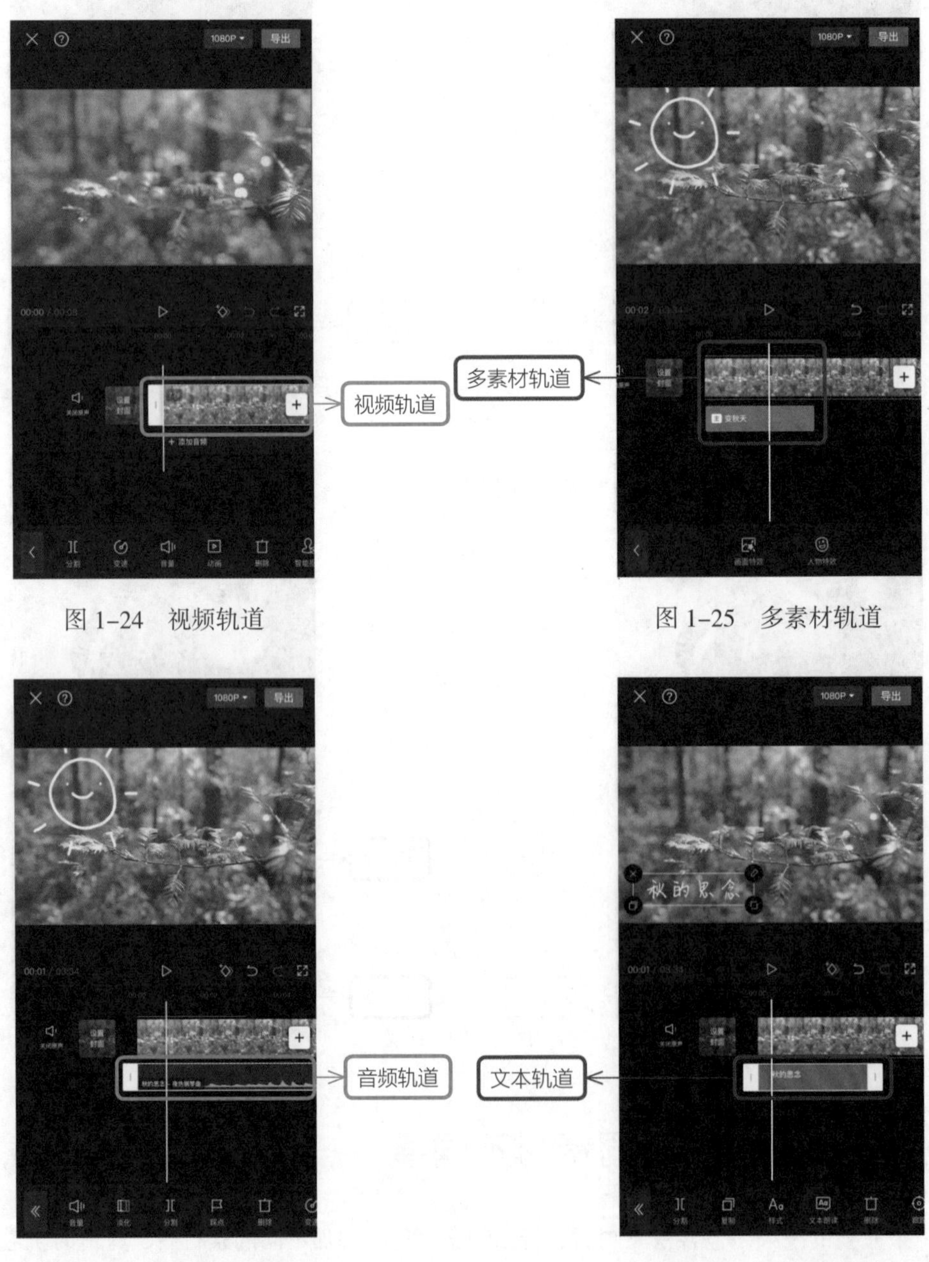

图 1–24　视频轨道

图 1–25　多素材轨道

图 1–26　音频轨道

图 1–27　文本轨道

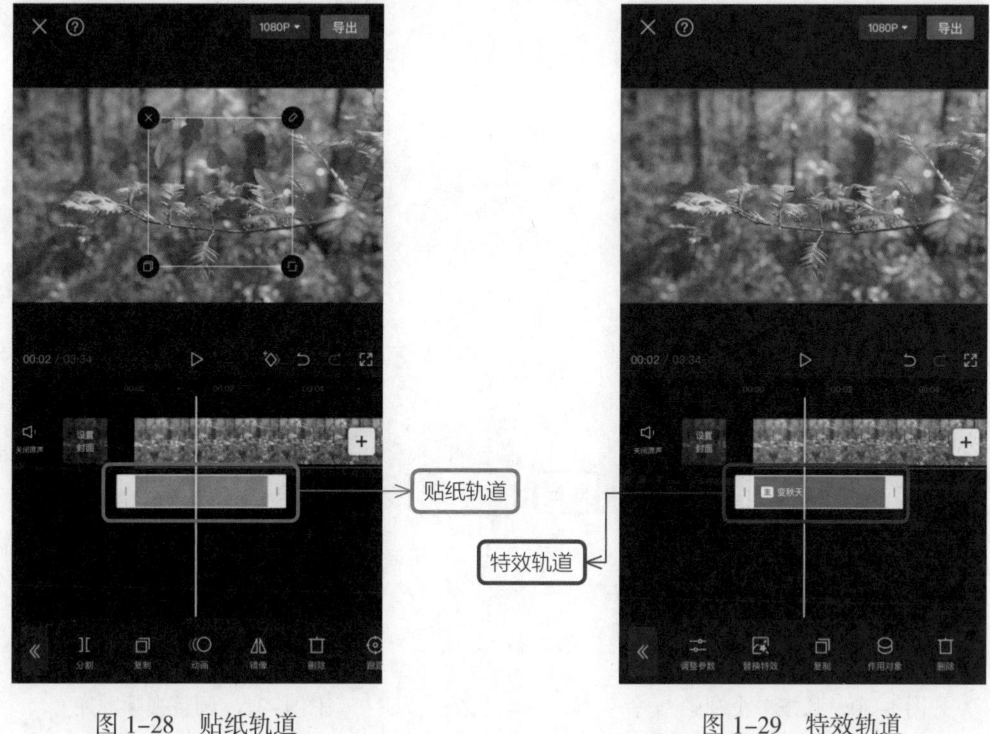

图 1–28　贴纸轨道　　　　图 1–29　特效轨道

1.5　剪辑裁剪，去除多余留精华

一段精彩的视频需要对原始的视频素材进行剪辑重组。如需要调整视频顺序和进行视频分割等。如何调整视频的顺序呢？

（1）选中一个视频画面并长按不松手，此时界面上会出现一个个小方块视频，如图 1–30 所示。

（2）拖动小方块视频，对它们进行重新排列即可，如图 1–31 所示。

另外，在剪辑过程中需要精准地分割画面，可以用双指向外拨动视频轨道来放大时间线，这样就可以精确地分割视频了，如图 1–32 所示。

剪辑步骤如下：

（1）点击一级工具栏中的“剪辑”按钮进入剪辑界面，如图 1–33 所示。

（2）在时间线区域，按住并向后拖动视频，将时间轴对齐需要剪切的地方，点击“分割”按钮，如图 1–34 所示，此时视频画面就会一分为二，如图 1–35 所示。

（3）将多余的部分选中，点击“删除”按钮，如图 1–36 所示。

（4）剪辑后的视频如果想要还原，只需要选中视频，拖动白色方框到该视频片段的结尾处，就可以复原原视频了，如图 1–37 所示。

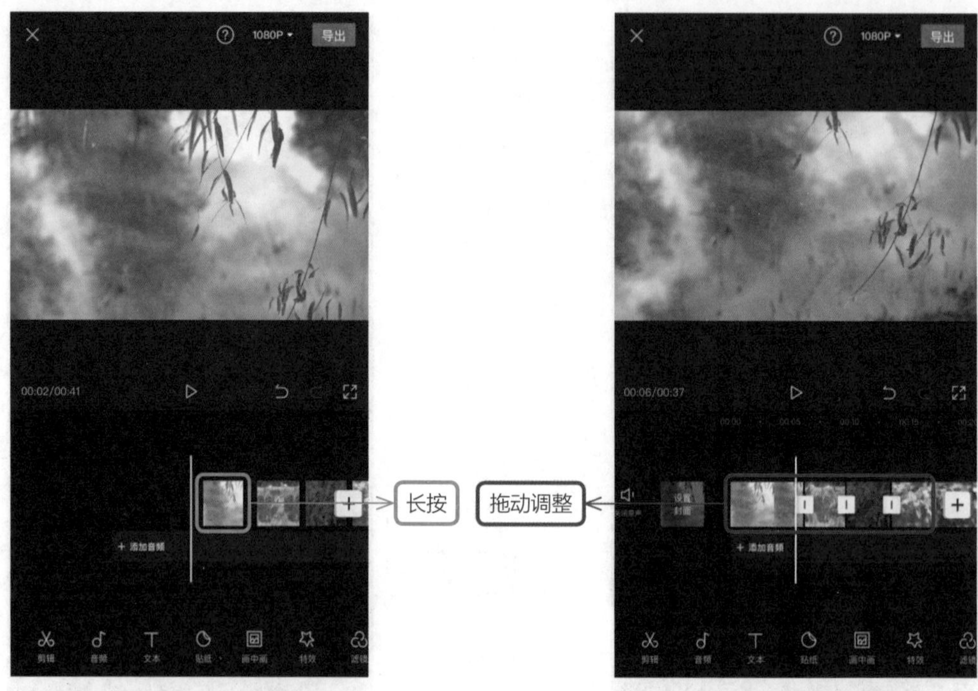

图 1-30　长按单个视频

图 1-31　调整视频顺序

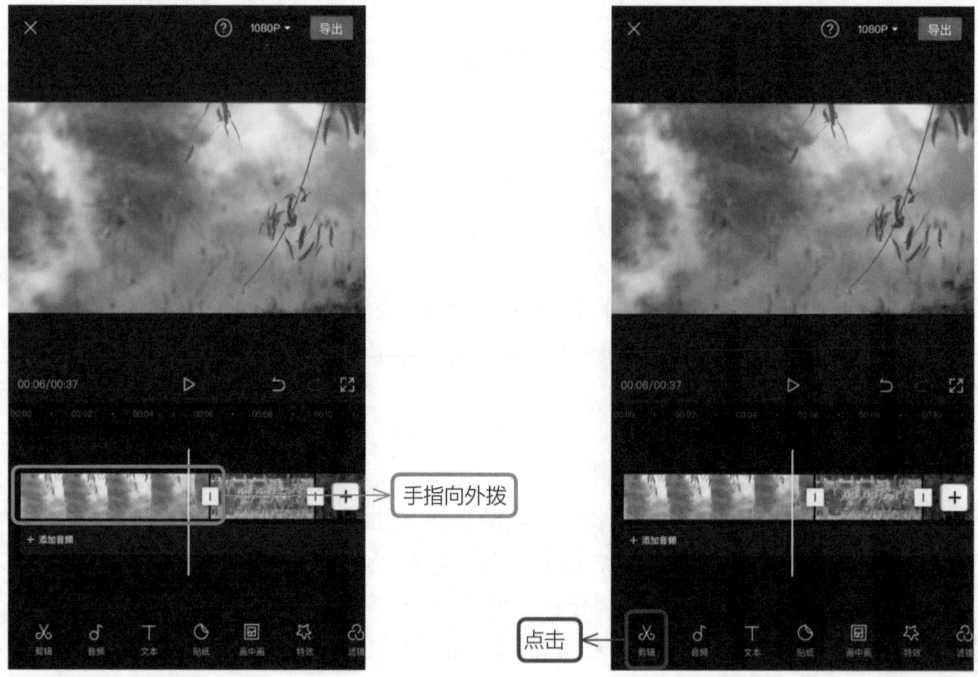

图 1-32　视频放大后的效果

图 1-33　选择剪辑

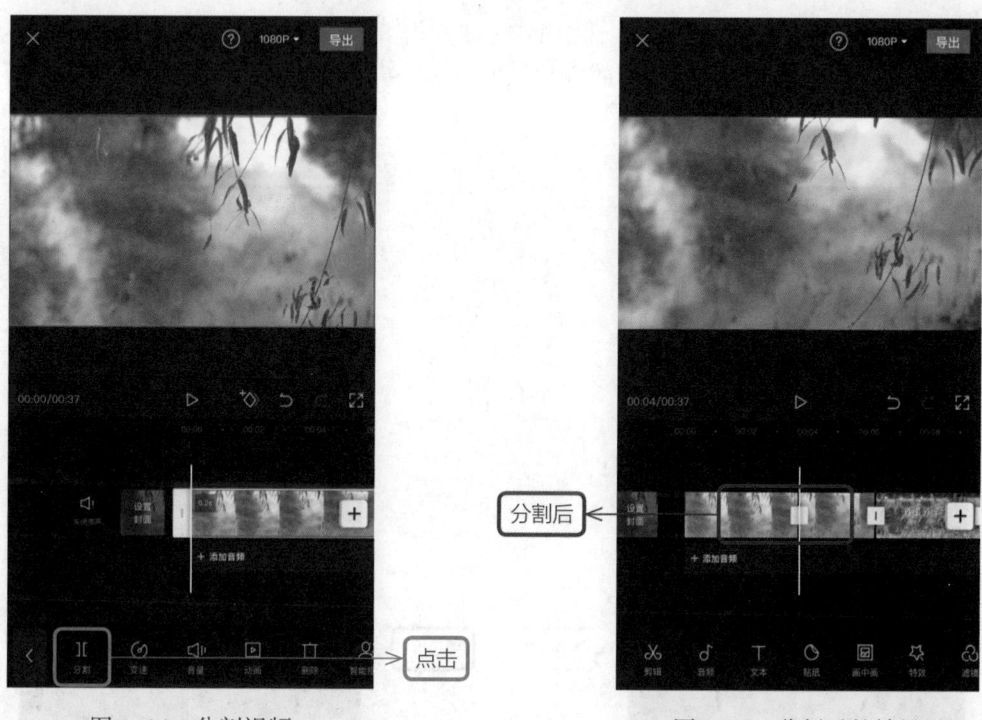

图 1-34　分割视频

图 1-35　分割后的效果

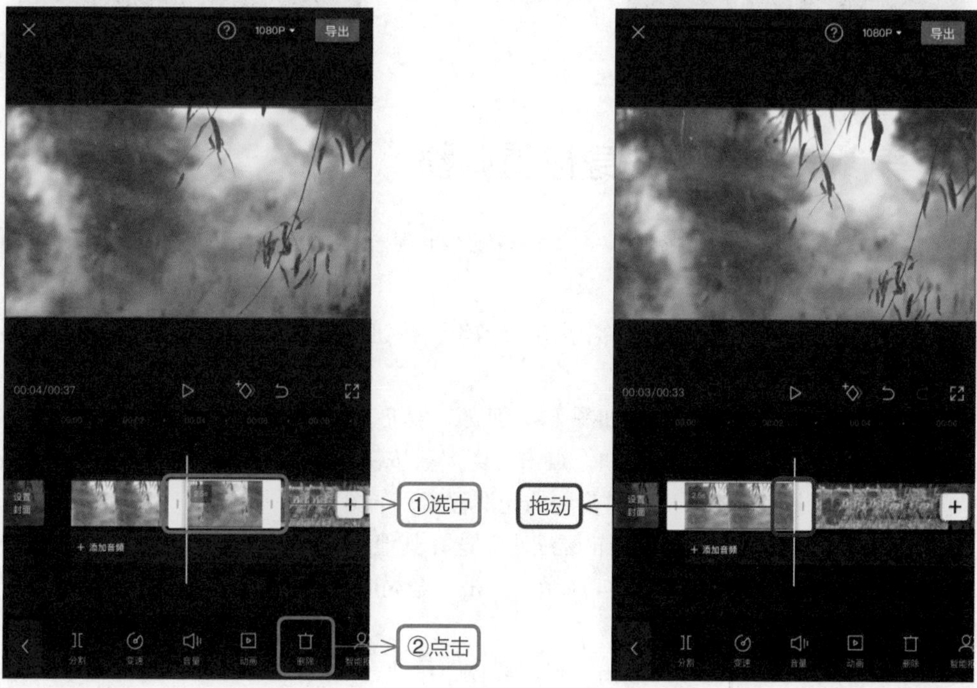

图 1-36　删除视频

图 1-37　还原视频

如果需要重复使用精彩的视频，选中视频后，点击工具栏中的“复制”按钮，如图 1–38 所示，在原视频后面将会生成复制的视频，如图 1–39 所示，然后将它调整到合适的位置即可。

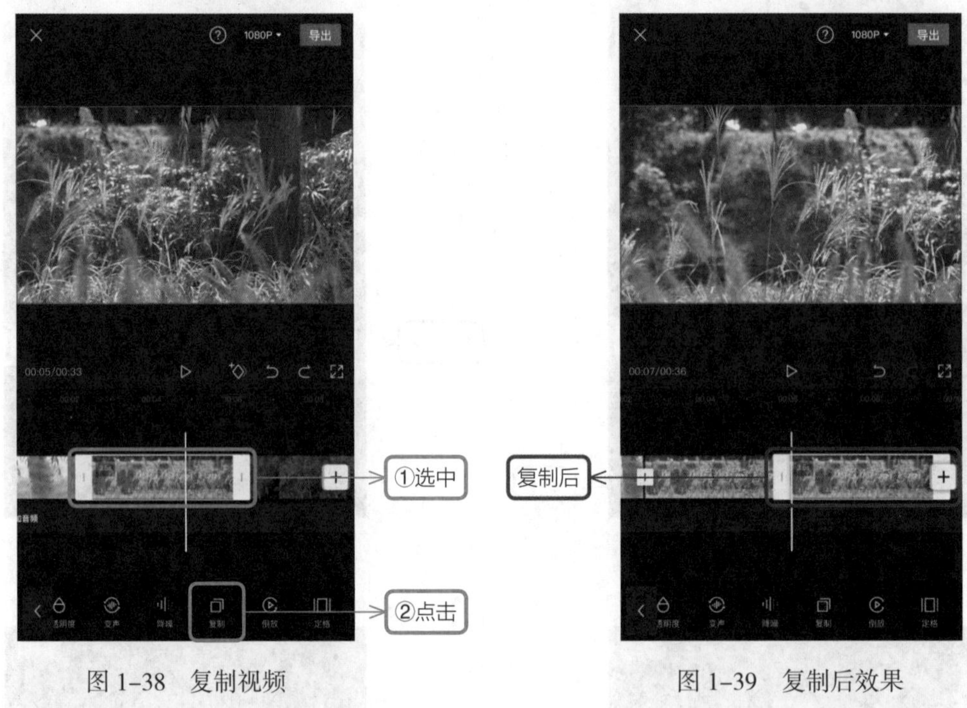

图 1–38　复制视频　　图 1–39　复制后效果

1.6　美颜美体，皮肤身材重调整

如果希望自己在视频里更好看，那么通过美颜和美体功能，能让皮肤变得更细腻，身材比例变得更好。

（1）导入素材后，在一级工具栏中点击“剪辑”按钮，如图 1–40 所示，跳转到视频的二级工具栏。

（2）点击“美颜美体”按钮，如图 1–41 所示，然后选择“智能美颜”，如图 1–42 所示。常用的美颜功能有磨皮、瘦脸和美白。点击“磨皮”按钮，可以去除脸上的小颗粒，让皮肤变得光滑、细腻，拖动滑块可以调整皮肤的光滑程度，如图 1–43 所示。

（3）选择“瘦脸”，可以将脸部轮廓缩小，选择其他的项目，可以对脸部进行细节调整，点击☑按钮完成美颜操作，如图 1–44 所示。点击“全局应用”按钮，将调整的参数应用于视频轨道上的所有视频。

（4）对身体进行细节调整。点击“智能美体”按钮，如图 1–45 所示，选择“小头”，拖动滑块可以调整头部的大小，如图 1–46 所示。根据需求，可以对身体的其他部位进行细节调整，最后点击☑按钮完成操作。

图 1-40 点击“剪辑”按钮

图 1-41 点击“美颜美体”按钮

图 1-42 选择“智能美颜”

图 1-43 调整细节

图 1-44　完成调整

图 1-45　选择智能美体

（5）当需要调整身体的局部比例时，可以选择“手动美体”单独进行调整，如图 1-47 所示。例如，需要将身体部位瘦身，可以点击“瘦身美腿”，如图 1-48 所示。对于画面中需要调整的地方，可以选择“放大缩小”选项，再选中需要调整的地方，拖动滑块进行调整，向左拉是缩小，向右拉是放大。调整完毕后，点击☑按钮，然后再点击“全局应用”按钮，如图 1-49 所示，可以统一视频的调整效果。

图 1-46　调整细节

图 1-47　选择“手动美体”

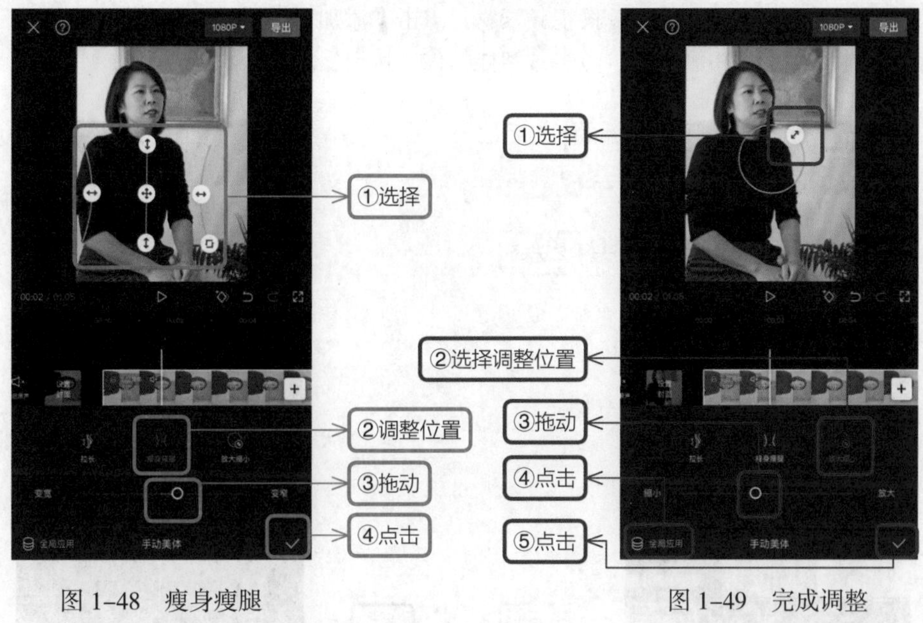

图 1–48　瘦身瘦腿　　图 1–49　完成调整

1.7　抠图抠像，动态背景趣味多

使用智能抠像和色度抠图功能，利用手中现有的视频素材可以制作一个完整的短视频。

（1）在剪映 App 中添加一段视频素材，然后点击一级工具栏中的“画中画”按钮，如图 1–50 所示，接着点击“新增画中画”按钮，如图 1–51 所示。

图 1–50　点击“画中画”按钮

图 1–51　点击“新增画中画”按钮

（2）在“最近项目”中选择一段视频素材，点击“添加”按钮，如图 1–52 所示。

（3）选中添加的画中画轨道，点击“智能抠像”按钮，如图 1–53 所示。

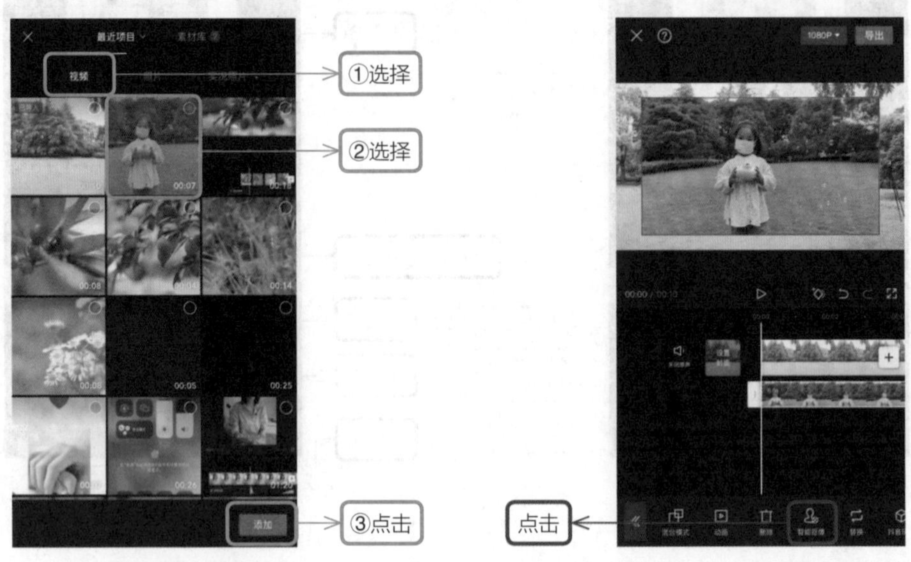

图 1–52 添加素材　　图 1–53 点击“智能抠像”按钮

（4）在视频轨道上将会显示已经完成的抠像效果，点击■按钮返回上一层，如图 1–54 所示。

（5）点击“新增画中画”按钮，如图 1–55 所示。在素材库的搜索栏中输入“恐龙”，然后在清单中选择喜欢的样式，点击“添加”按钮，如图 1–56 所示。

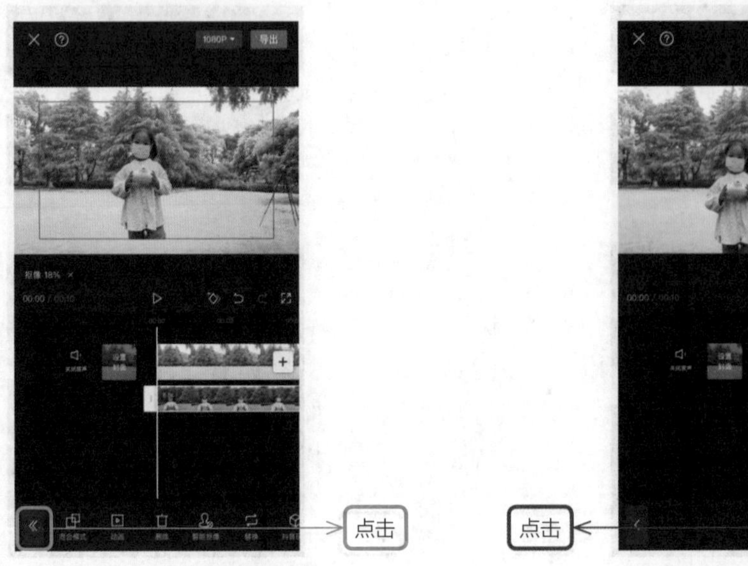

图 1–54 显示抠像效果　　图 1–55 点击“新增画中画”按钮

（6）选中恐龙视频轨道，然后点击工具栏中的“色度抠图”按钮，如图 1-57 所示。

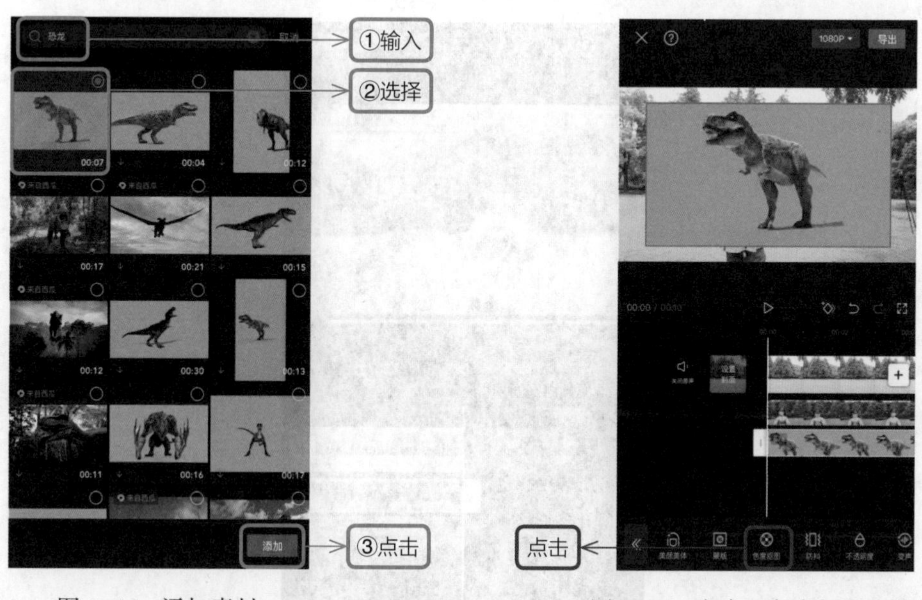

图 1-56　添加素材　　　　图 1-57　点击“色度抠图”按钮

（7）选择“取色器”，将取色环挪到需要抠除的绿色区域，如图 1-58 所示，再选择“强度”，拖动滑块。随着滑块拖动的数值增大，绿色部分将逐渐消失，达到理想状态就可以了，如图 1-59 所示。

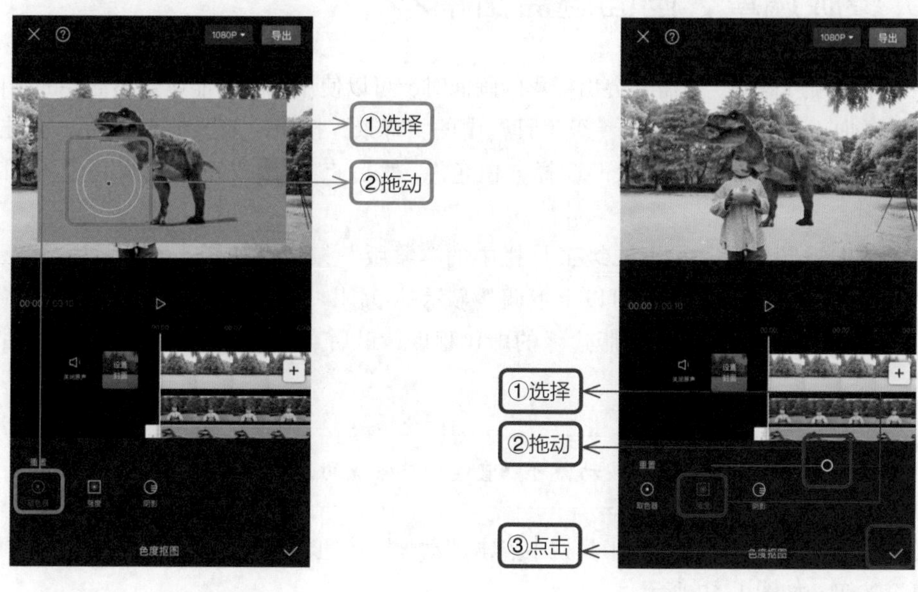

图 1-58　调整取色器　　　　图 1-59　调整强度

（8）选中抠出后的图像，调整素材的位置，短片就完成了，如图 1–60 所示。

图 1–60　调整位置

1.8　蒙版遮罩，画面遮盖留精彩

在制作视频过程中，当需要突出精彩的画面时，可以使用蒙版功能遮盖不需要的画面。

（1）添加一段视频后，点击一级工具栏中的“背景”按钮，如图 1–61 所示。点击“画布颜色”按钮，如图 1–62 所示，选择“白色”，然后点击☑按钮完成操作，如图 1–63 所示。

（2）选中视频轨道，点击二级工具栏中的“蒙版”按钮，如图 1–64 所示。蒙版样式选择“圆形”，点击↕，拖动时可以上下调整显示的范围；点击↔，拖动时可以左右调整显示的范围；点击 ≚，可以调整蒙版边缘的虚化程度；最后点击☑按钮完成操作，如图 1–65 所示。

PS：在预览区域双指向外拨动，可以直接调整蒙版的大小。

（3）选中视频轨道，在二级工具栏中点击“动画”按钮，如图 1–66 所示，然后选择“组合动画”按钮，如图 1–67 所示。

图 1–61　点击“背景”按钮

图 1–62　点击“画布颜色”按钮

图 1–63　选择白色的背景

图 1–64　点击“蒙版”按钮

（4）动画样式选择“魔方Ⅱ”，拖动滑块调整动画时长，点击☑按钮完成操作，如图 1–68 所示。

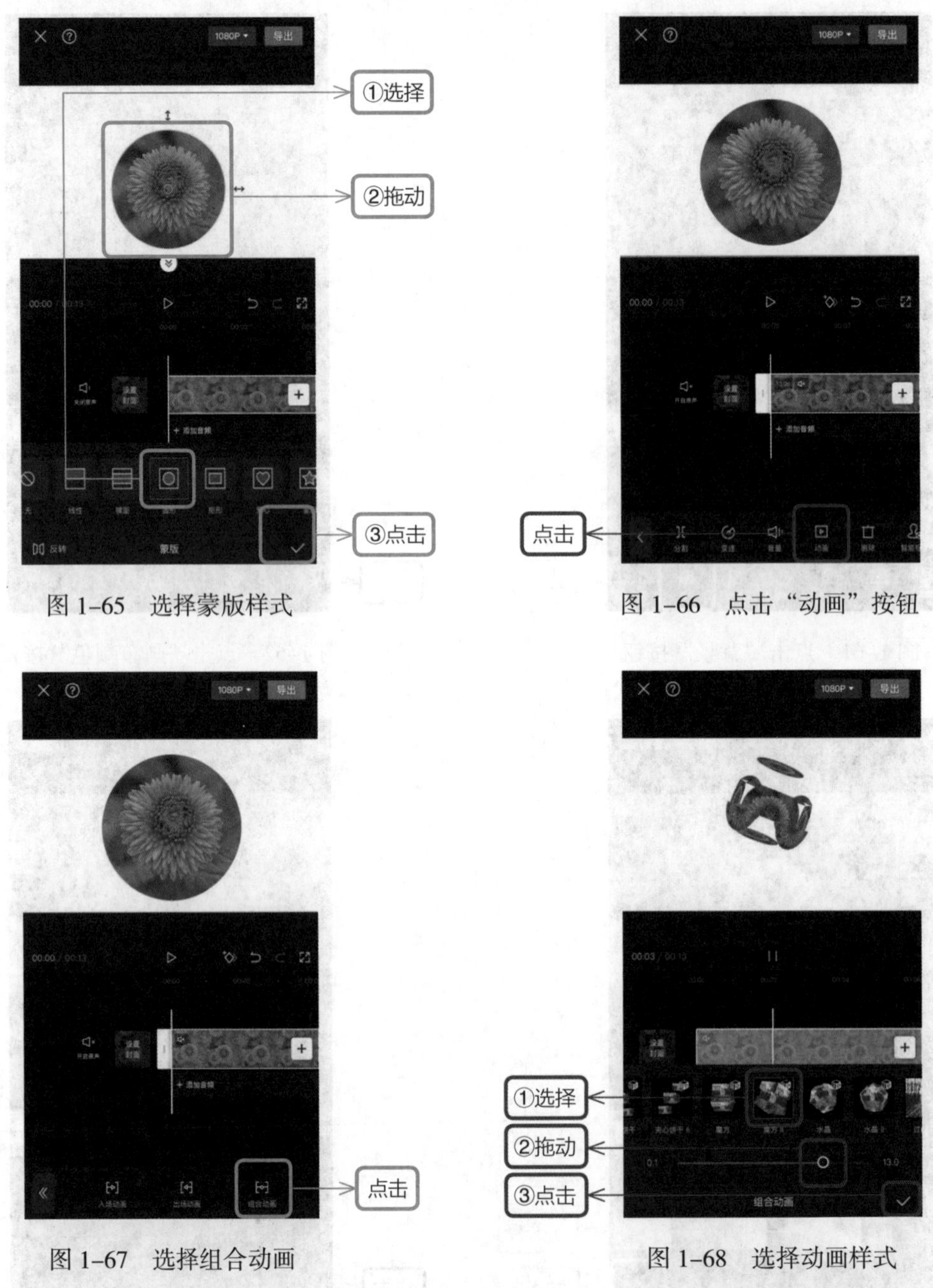

图 1–65　选择蒙版样式

图 1–66　点击“动画”按钮

图 1–67　选择组合动画

图 1–68　选择动画样式

1.9　添画中画，多种场景齐播放

使用画中画功能，可以同时展示多个场景画面。

（1）从素材库中添加“黑幕”素材，将视频背景的比例调整为 3∶4，点击按钮返回，如图 1–69 所示。

（2）点击一级工具栏中的“画中画”按钮，如图 1–70 所示。

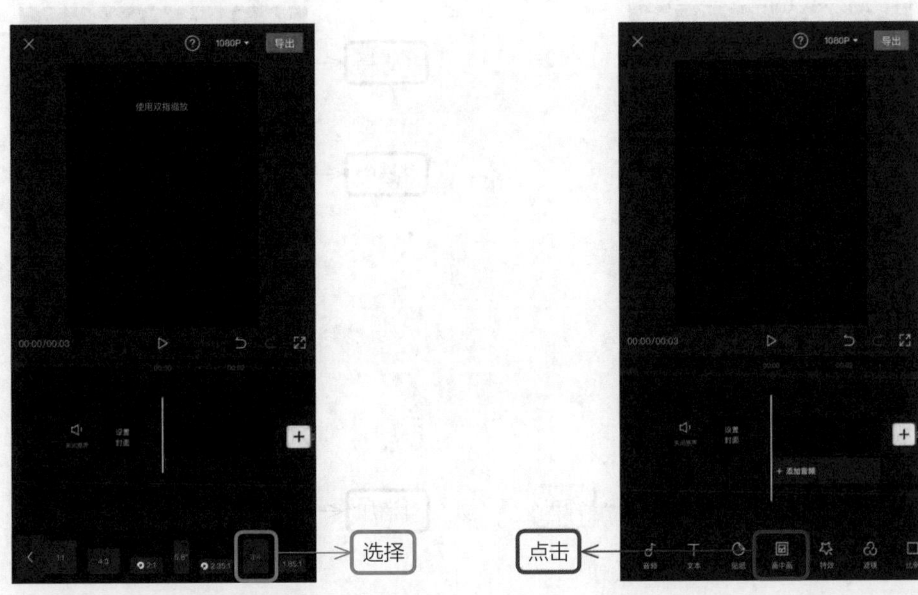

图 1–69　调整背景比例　　图 1–70　点击“画中画”按钮

（3）点击“新增画中画”按钮，如图 1–71 所示，从手机相册里添加视频素材。然后在预览区域拖动素材并调整其大小和位置，点击按钮返回，如图 1–72 所示。

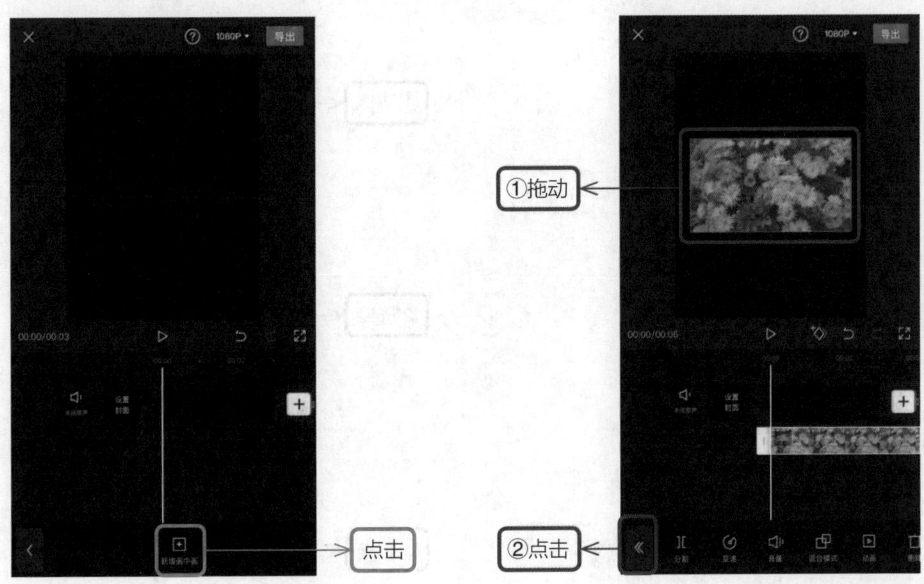

图 1–71　点击“新增画中画”按钮　　图 1–72　调整位置

（4）继续点击“新增画中画”按钮，如图 1–73 所示。在“最近项目”中，选择合适的视频素材，然后点击“添加”按钮，如图 1–74 所示。

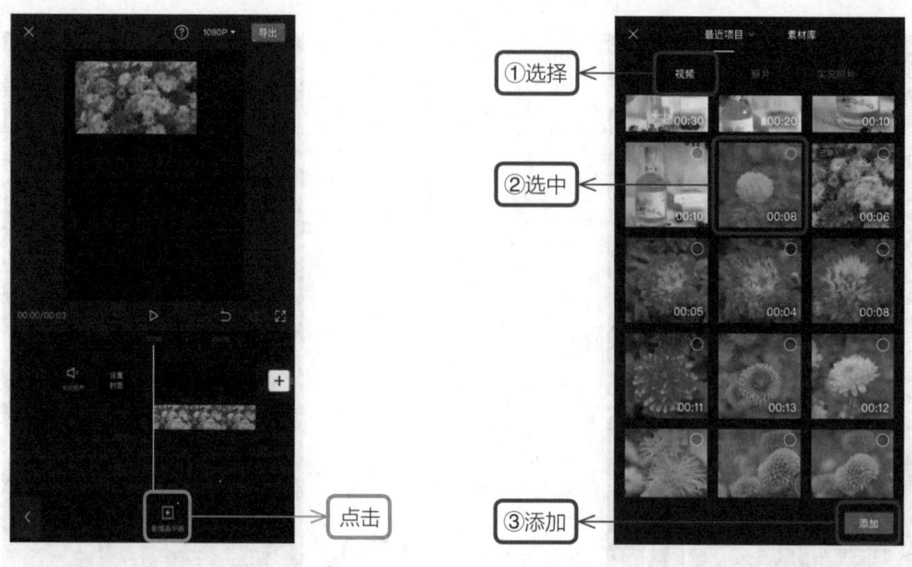

图 1–73 点击“新增画中画”按钮　　图 1–74 添加视频

（5）重新调整添加的视频大小、位置和长短，与第一条视频对齐。然后，继续点击“新增画中画”按钮，如图 1–75 所示。在“最近项目”中选择一条视频，点击“添加”按钮添加视频，如图 1–76 所示。继续对添加的视频调整大小、位置和时长，最后点击“导出”按钮导出视频，如图 1–77 所示。

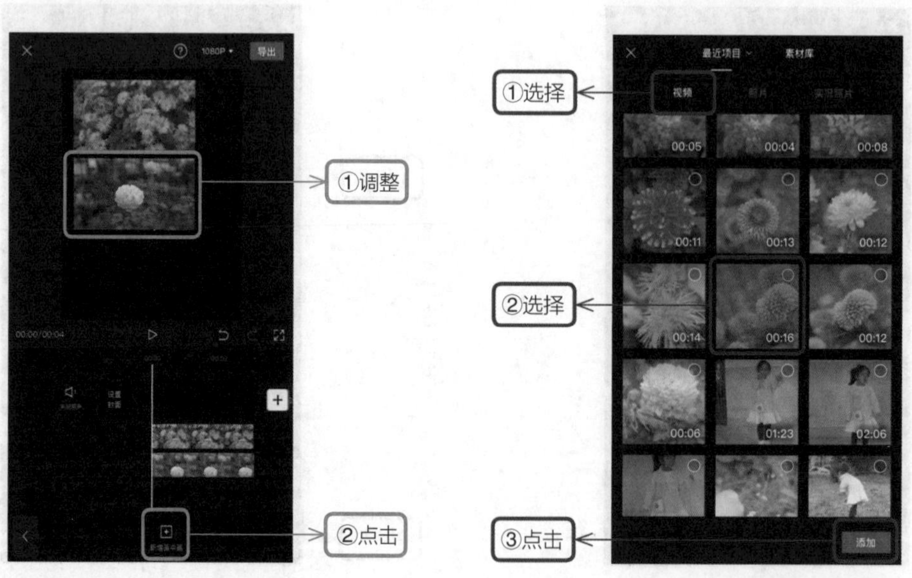

图 1–75 点击“新增画中画”按钮　　图 1–76 添加素材

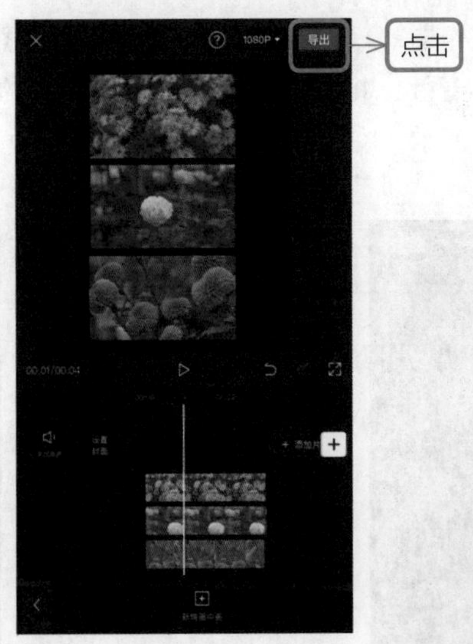

图 1–77　多条视频同时播放

1.10　定格画面，一键让时光静止

在视频中，如果要突出展示精彩的一帧画面，则可以使用定格画面来完成。

（1）导入一段视频后，向后拖动视频，将时间轴对齐在想要展示画面的地方，点击工具栏中的“定格”按钮，如图 1–78 所示。

（2）当视频画面出现第 3s 的照片时，选中该照片，点击工具栏中的“滤镜”按钮，如图 1–79 所示。

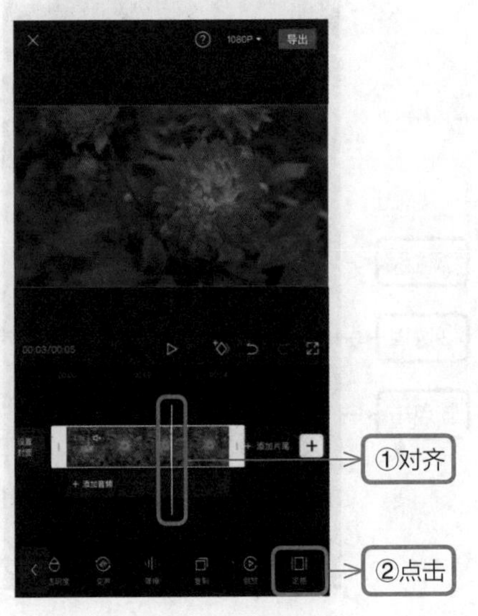

图 1–78　点击“定格”按钮

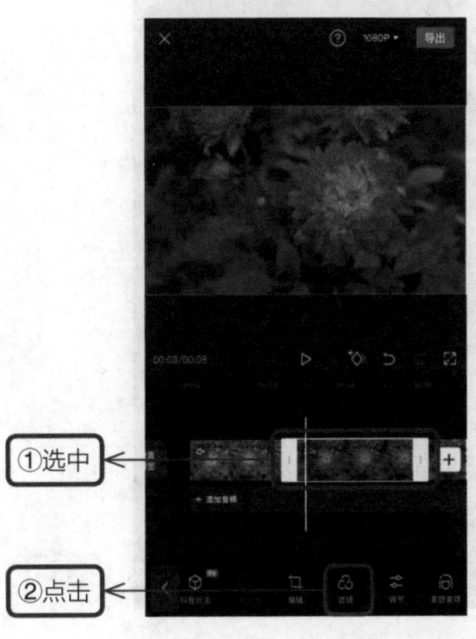

图 1–79　点击“滤镜”按钮

（3）选择滤镜样式“松果”，点击☑按钮完成操作，如图 1–80 所示。

（4）为定格画面添加音效，将时间轴对齐到定格画面的起始位置，点击一级工具栏上的“音频”按钮，如图 1–81 所示，在二级工具栏中点击“音效”按钮，如图 1–82 所示。

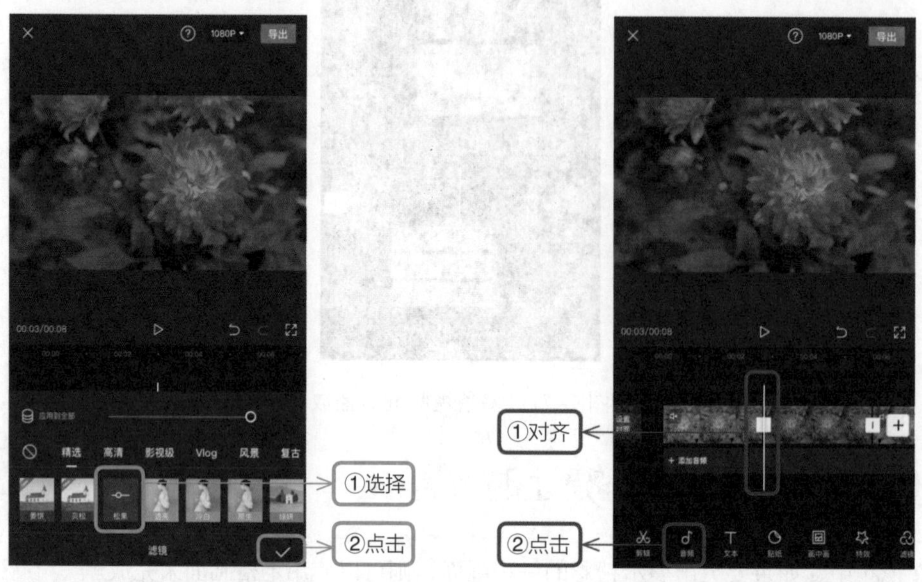

图 1–80　选择滤镜样式

图 1–81　点击“音频”按钮

（5）在搜索框中输入“相机”，选择合适的音效，点击“使用”按钮，如图 1–83 所示。

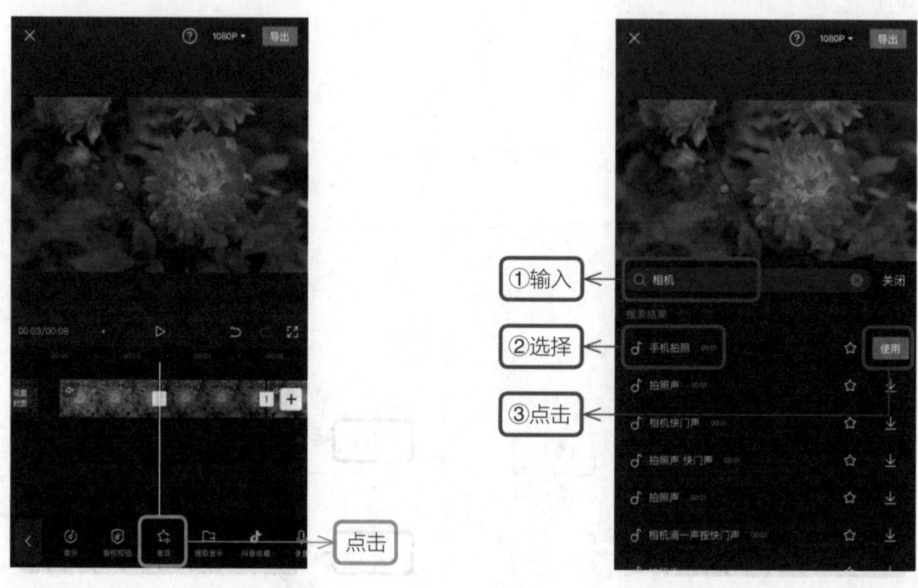

图 1–82　点击“音效”按钮

图 1–83　选择音效

（6）选中多余的视频，点击工具栏中的“删除”按钮将其删除，如图 1–84 所示。选中定格画面，拖动白色方框调整画面的时长，如图 1–85 所示。

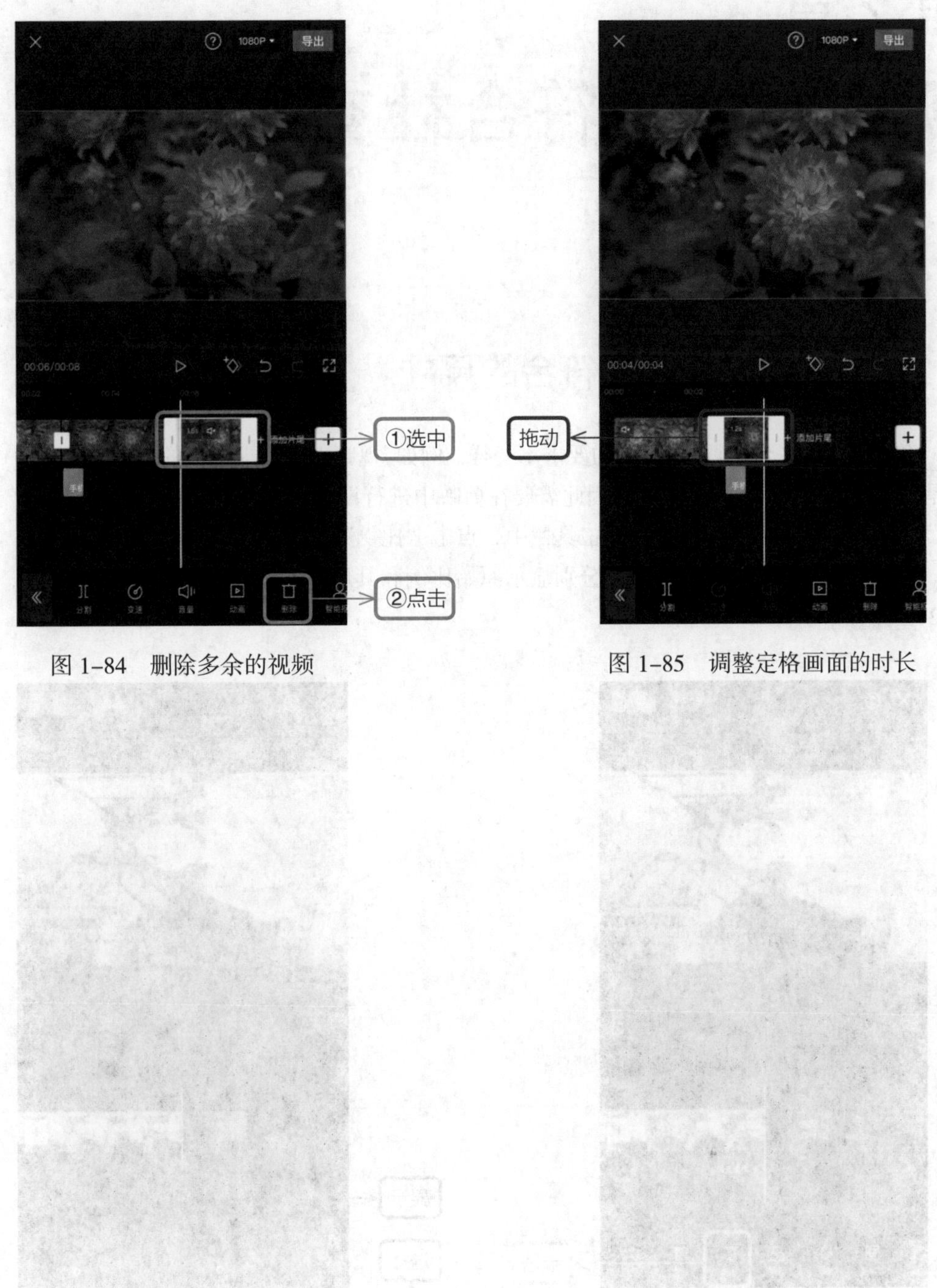

图 1–84　删除多余的视频

图 1–85　调整定格画面的时长

第 2 章 视频尺寸，符合社交平台要求

2.1 视频比例，调整符合的尺寸

不同的视频平台，对视频尺寸的要求不一样。例如，视频平台要求上传的视频尺寸是 1：1，但是相机拍出来的尺寸是 16：9。因此需要在剪映中进行设置调整，达到平台的要求。

（1）导入一段视频后，在一级工具栏中，点击“比例”按钮，如图 2–1 所示。

（2）此时在二级工具栏中将会分别显示原始比例和其他比例尺寸，选择 1：1 的比例，如图 2–2 所示。

图 2–1　点击“比例”按钮

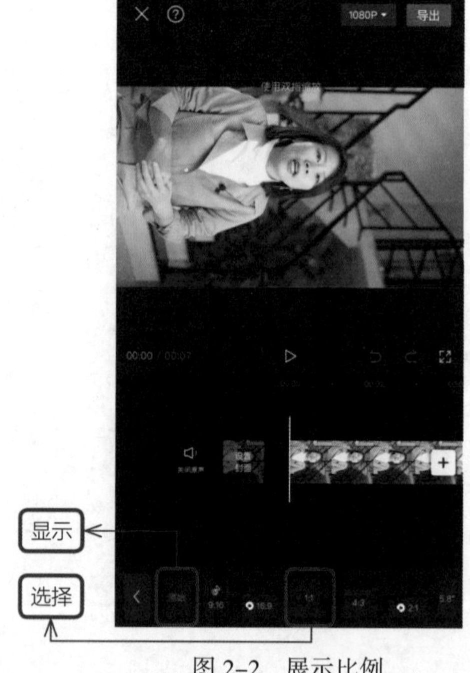

图 2–2　展示比例

（3）在视频预览区域显示的就是视频 1∶1 的比例，可以看到，原视频只占其中的一部分。选中视频轨道，在工具栏中点击“编辑”按钮，如图 2–3 所示。

（4）在选项卡中选择“旋转”，如图 2–4 所示，将视频方向调正。每点击一次，视频就会顺时针旋转 90°。

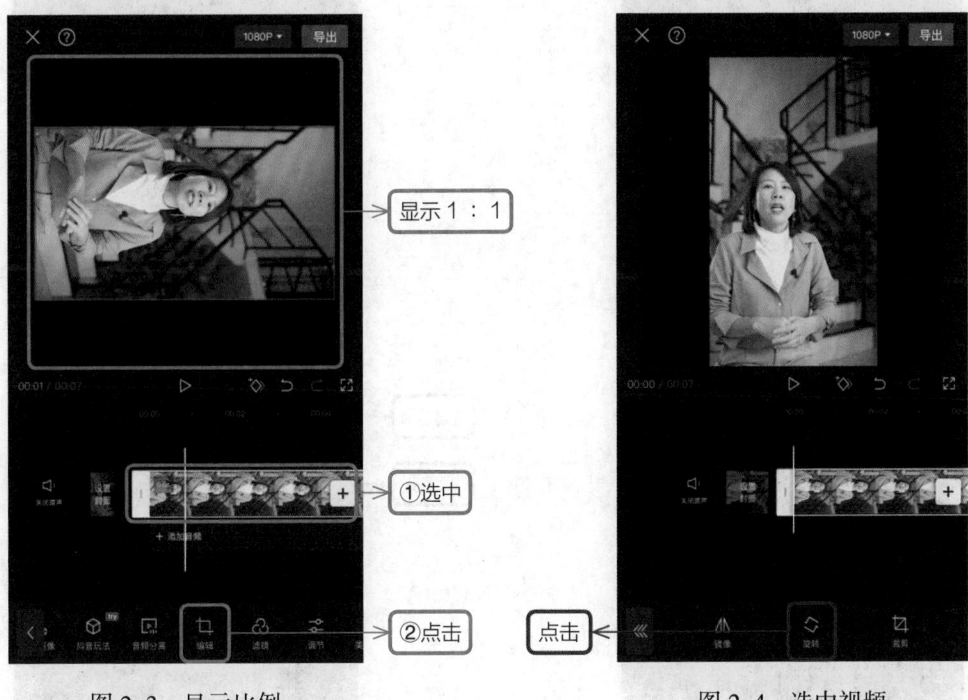

图 2–3　显示比例　　　　图 2–4　选中视频

2.2　调整背景，调整画布的样式

（1）导入一段视频后，点击一级工具栏中的“背景”按钮，如图 2–5 所示。

（2）在二级工具栏的选项卡中，点击“1∶1”按钮，然后点击按钮退出二级工具栏，如图 2–6 所示。

（3）在一级工具栏中点击“背景”按钮，如图 2–7 所示，在选项卡中选择“画布模糊”，如图 2–8 所示。然后根据需求选择画布模糊的程度，点击“全局应用”按钮，再点击按钮完成操作，如图 2–9 所示。

如果不想使用画布模糊，有两种样式可供选择，分别是为画布填充花式背景和添加手机里的背景图。

为画布填充花式背景的方法 1：在“背景”的二级工具栏中，点击“画布样式”按钮，如图 2–10 所示。此时会显示剪映系统自带的背景图，挑选自己需要的背景图片，点击“全局应用”按钮，然后点击✓按钮完成操作，如图 2-11 所示。

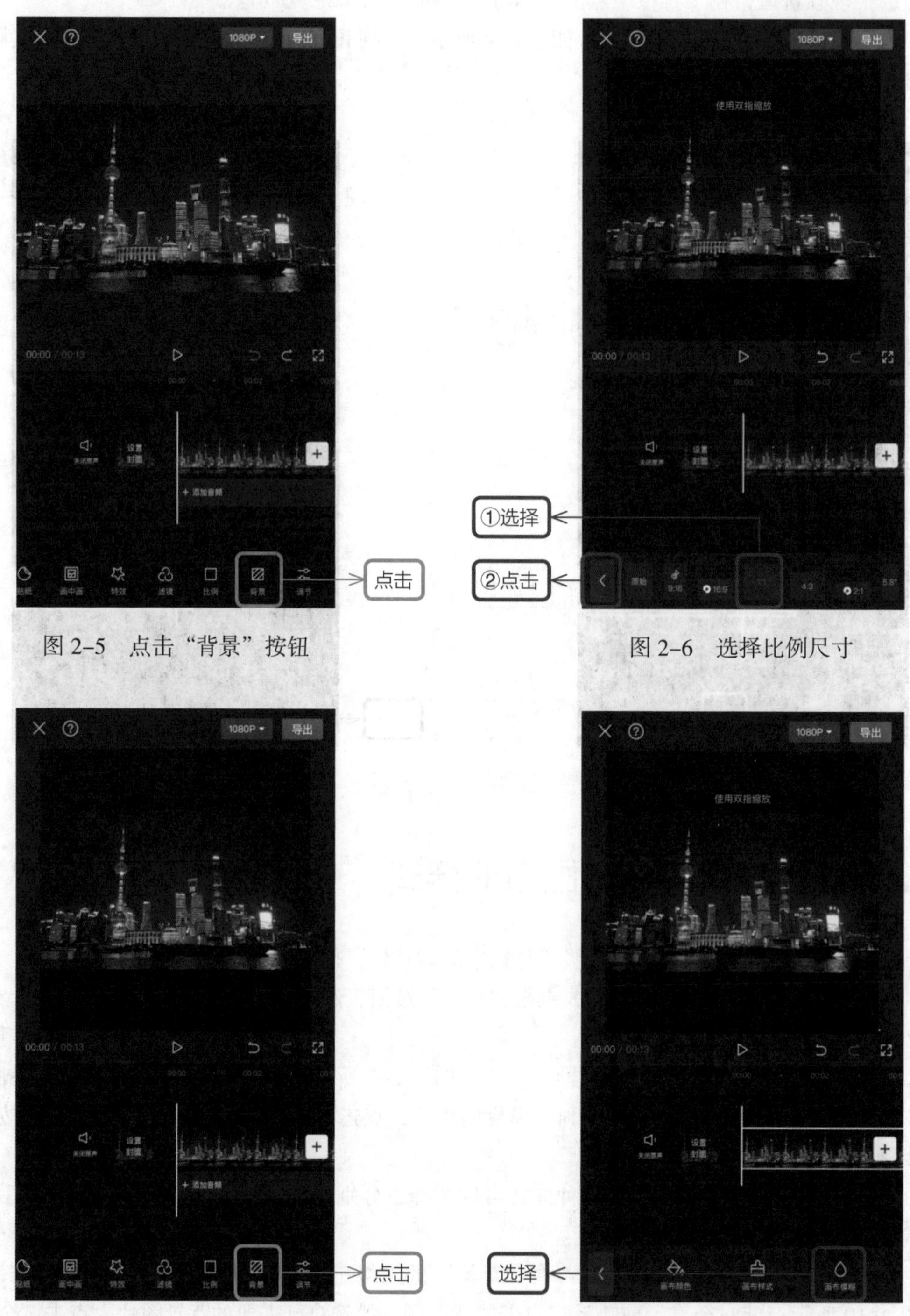

图 2-5　点击“背景”按钮

图 2-6　选择比例尺寸

图 2-7　点击“背景”按钮

图 2-8　选择“画布模糊”

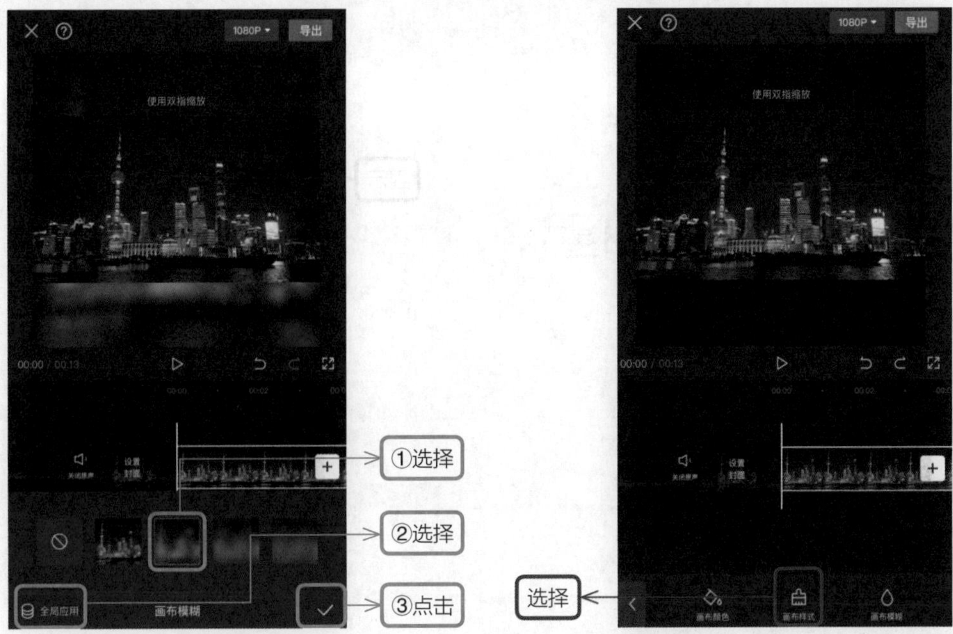

图 2-9　选择模糊程度　　图 2-10　选择“画布样式”

为画布添加花式背景的方法 2：在画布样式中点击按钮，如图 2-12 所示，从手机相册里添加需要的背景图片，如图 2-13 所示。此时图片将会填充视频背景，点击“全局应用”按钮，再点击按钮完成操作，如图 2-14 所示。

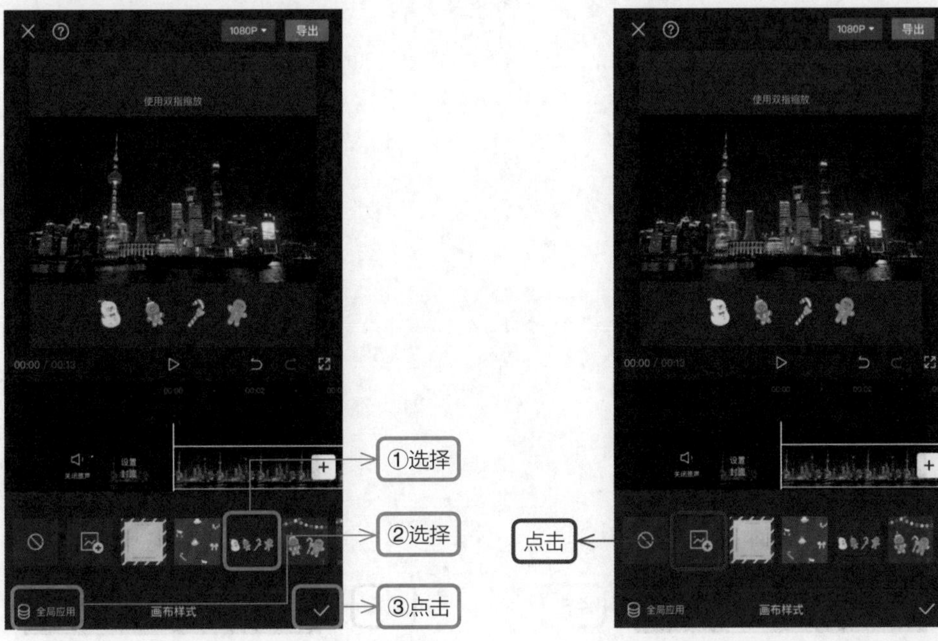

图 2-11　选择画布样式　　图 2-12　从手机相册中添加背景图片

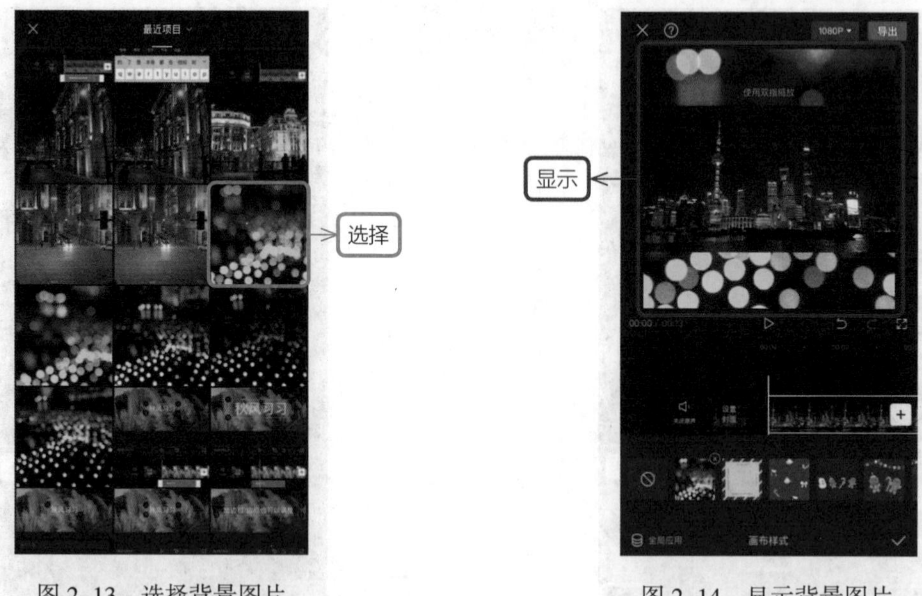

图 2-13　选择背景图片　　　　图 2-14　显示背景图片

2.3　视频裁切，对视频二次构图

在剪辑的过程中经常需要裁剪画面，让画面尺寸保持一致。

（1）导入视频后，在一级工具栏中点击“比例”按钮，如图 2-15 所示，选择 3：4 的比例尺寸，如图 2-16 所示。

图 2-15　选择比例

图 2-16　选择比例尺寸

（2）选中视频，点击工具栏中的“编辑”按钮，如图 2-17 所示，在选项卡中点击“裁剪”按钮，如图 2-18 所示。

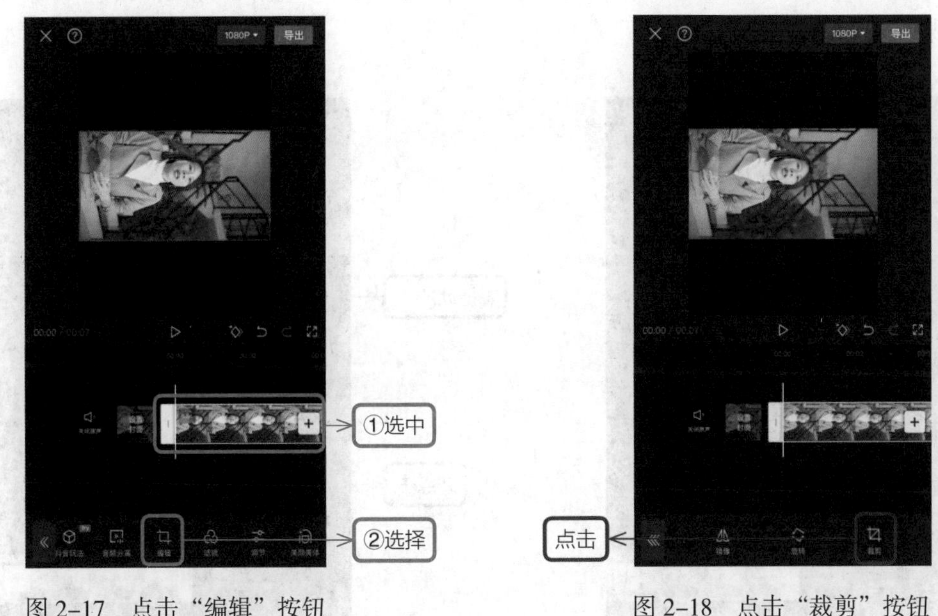

图 2-17　点击“编辑”按钮　　图 2-18　点击“裁剪”按钮

（3）此时在裁剪界面中将会显示视频的原尺寸，如图 2-19 所示。根据需求选择需要裁剪的尺寸 4 : 3，在预览区拖动视频调整裁剪的位置，然后点击☑按钮完成操作，如图 2-20 所示。

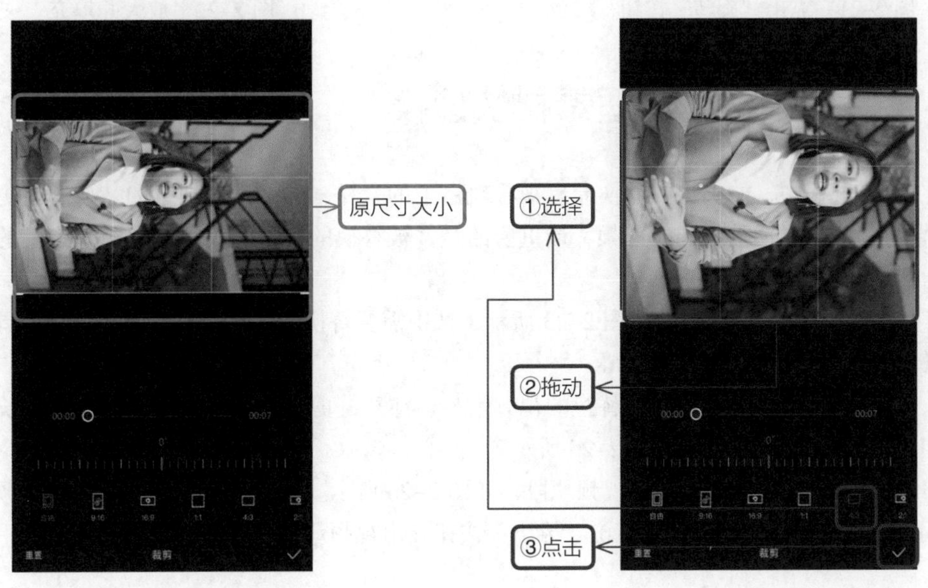

图 2-19　显示视频原尺寸　　图 2-20　选择需要裁剪的尺寸

（4）在工具栏中，点击“旋转”按钮，如图 2–21 所示。点击一次，视频会顺时针旋转 90°，直至调正视频。

（5）在视频预览区域，拖动视频将其放大，直到填充整个画布，然后点击“导出”按钮导出视频，如图 2–22 所示。

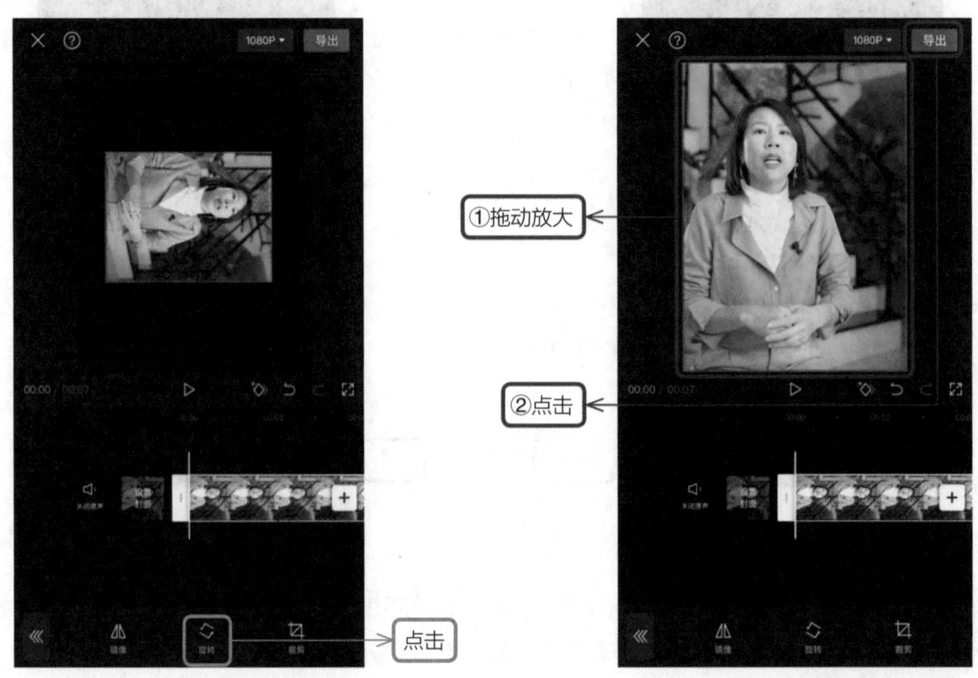

图 2–21　点击“旋转”按钮

图 2–22　放大并填充

2.4　替换素材，合适素材快速换

在剪辑过程中，如果想要替换原有视频轨道上的素材，那么用剪映里的替换功能更加省时和省力，不需要再重新调整视频。最重要的是，被替换的素材时长不能短于轨道上的素材时长。

（1）导入几段视频素材，如图 2–23 所示，选中需要替换的视频素材，然后点击工具栏中的“替换”按钮，如图 2–24 所示。

（2）在手机相册里选择想要替换的视频素材，注意，剪映系统只能替换视频的时长大于轨道上的视频时长的素材，如图 2–25 所示。

（3）拖动视频，截取需要的视频片段，如图 2–26 所示。替换后的视频将直接在视频轨道中显示，如图 2–27 所示，然后点击“导出”按钮导出视频。

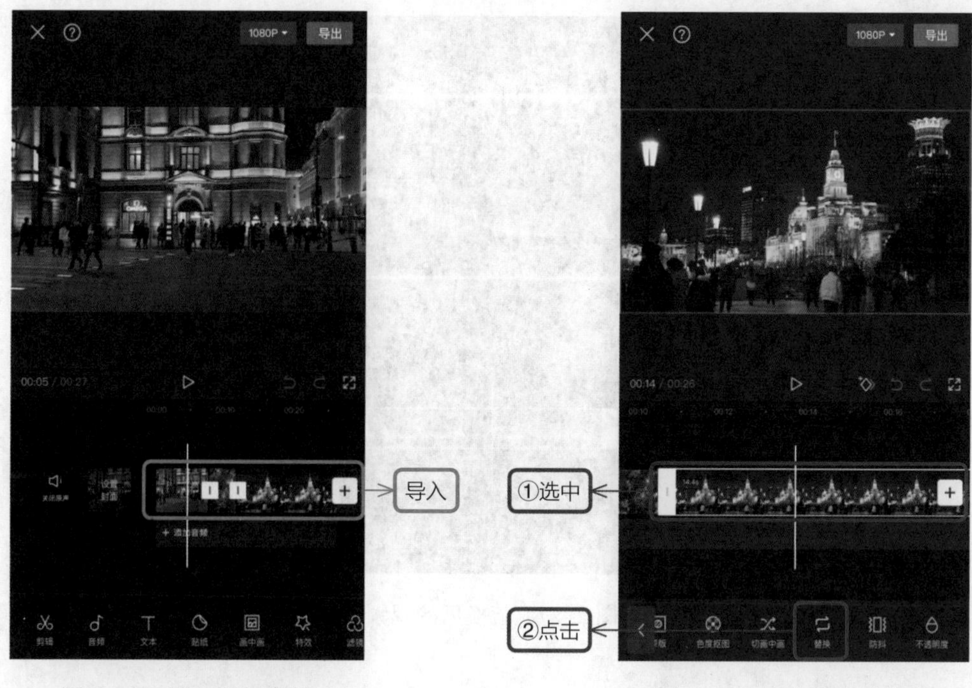

图 2-23　导入视频素材

图 2-24　选中视频并替换

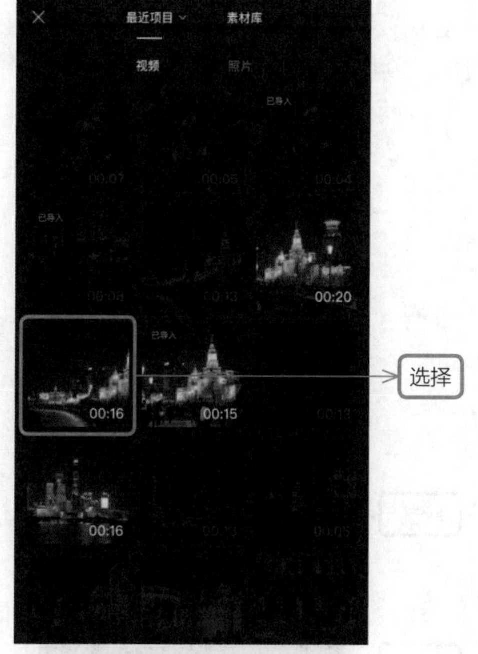

图 2-25　选择需要替换的素材

图 2-26　选取视频片段

图 2-27　替换后的视频

2.5　平行世界，翻转倒影异世界

（1）导入一段视频后，点击一级工具栏上的“比例”按钮，如图 2-28 所示，然后在二级工具栏中选择“1：1 调整”，点击◀按钮返回，如图 2-29 所示。

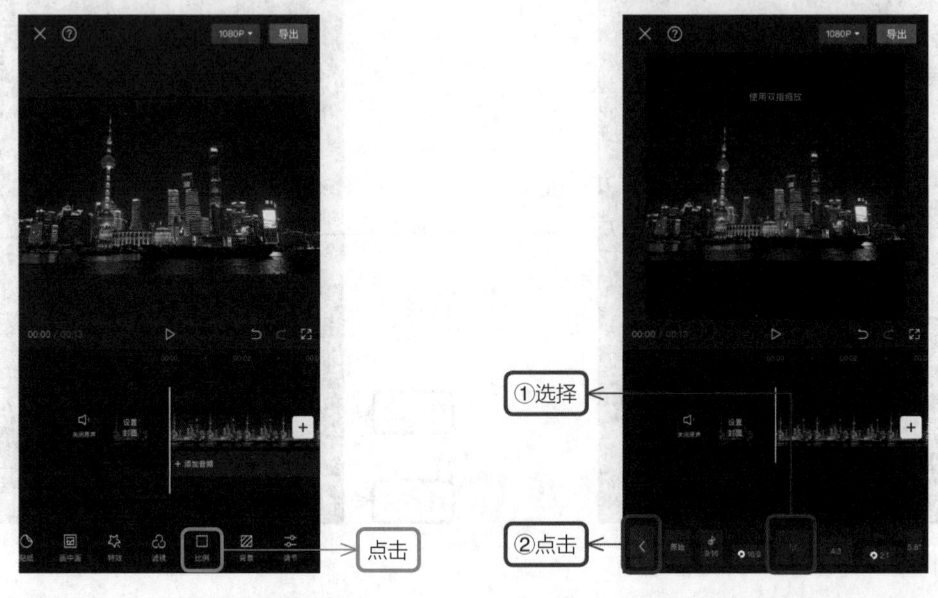

图 2-28　点击“比例”按钮

图 2-29　选择比例尺寸

（2）在一级工具栏中，点击“画中画”按钮进入二级工具栏，如图 2–30 所示，然后点击“新增画中画”按钮，如图 2–31 所示，进入手机本地相册，选择视频后单击“添加”按钮添加视频，如图 2–32 所示。

（3）选中添加的视频轨道，然后在二级工具栏中点击“编辑”按钮，如图 2–33 所示。

图 2–30　点击“画中画”按钮

图 2–31　新增画中画

图 2–32　选择添加的视频

图 2–33　点击“编辑”按钮

（4）在编辑工具栏中，点击“裁剪”按钮，如图 2–34 所示。然后拖动白色方框，对画面中多余的部分进行裁剪，完成后，点击✓按钮，再点击«按钮返回上一级工具栏，如图 2–35 所示。

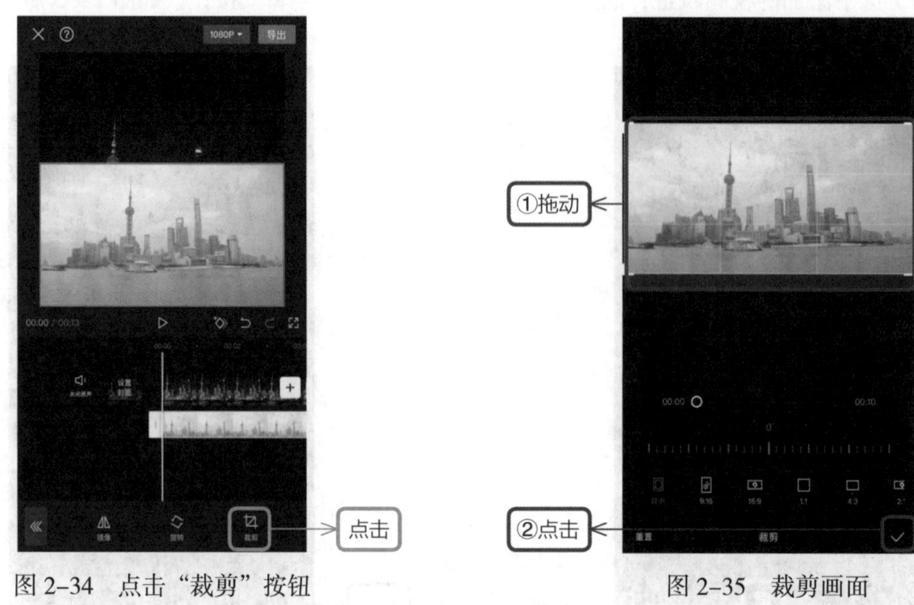

图 2–34　点击“裁剪”按钮　　　　图 2–35　裁剪画面

（5）选中画中画轨道上的视频，点击工具栏中的“复制”按钮，如图 2–36 所示。

（6）选中复制的视频，拖动该视频轨道与画中画轨道对齐，然后点击工具栏中的“编辑”按钮，如图 2–37 所示。

图 2–36　点击“复制”按钮

图 2–37　点击“编辑”按钮

（7）在“编辑”工具栏的选项卡中点击“旋转”按钮，如图 2–38 所示。每点击一次，视频就旋转 90°，旋转 180° 以后，拖动视频轨道与下面的视频轨道对齐。

（8）点击“镜像”按钮，如图 2–39 所示，画面将会翻转。

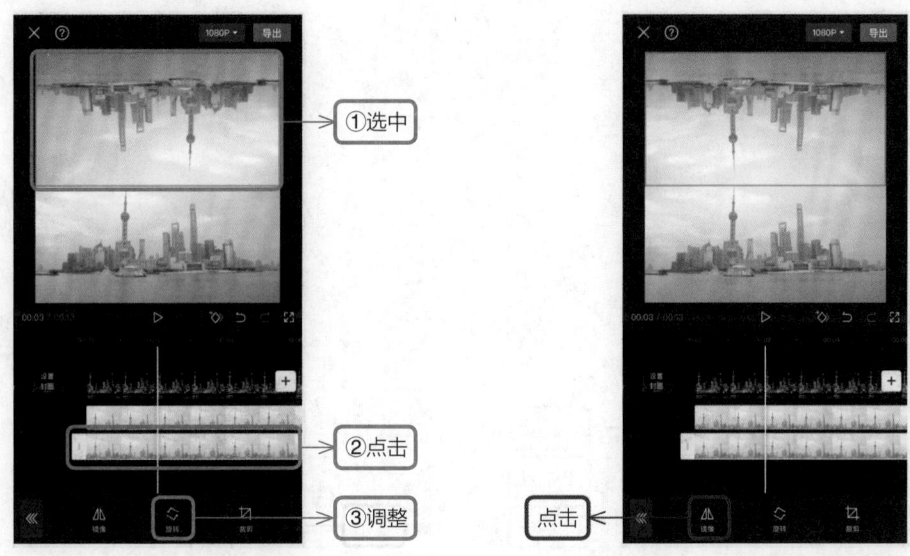

图 2–38　点击“编辑”按钮　　图 2–39　点击“镜像”按钮

（9）选中一条视频轨道，在工具栏中点击“动画”按钮，如图 2–40 所示。在选项卡中选择“出场动画”，如图 2–41 所示。在出场动画中，按照自己的需求选择出场动画的样式。拖动滑块调整出场时间的时长，然后点击✔按钮完成操作，如图 2–42 所示。

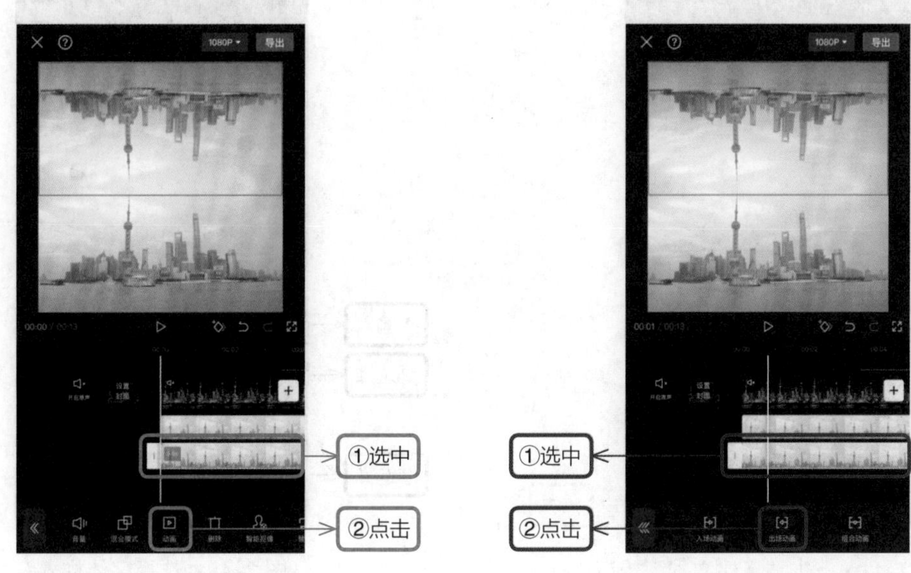

图 2–40　点击“动画”按钮　　图 2–41　选择出场动画

（10）按以上方法，调整另一条视频轨道，设置出场动画。

（11）在一级工具栏中，点击“文本”按钮进入二级工具栏，如图 2–43 所示。点击“新建文本”按钮，如图 2–44 所示。

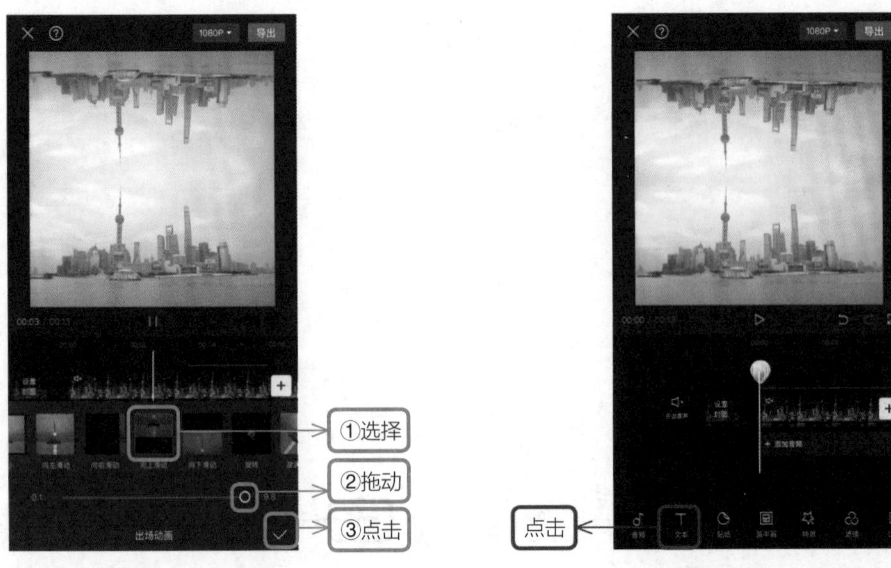

图 2–42　选择动画样式　　图 2–43　选中动画样式

（12）在文本框中输入文字后，在选项卡中选择“字体”，然后挑选喜欢的字体样式，如图 2–45 所示。

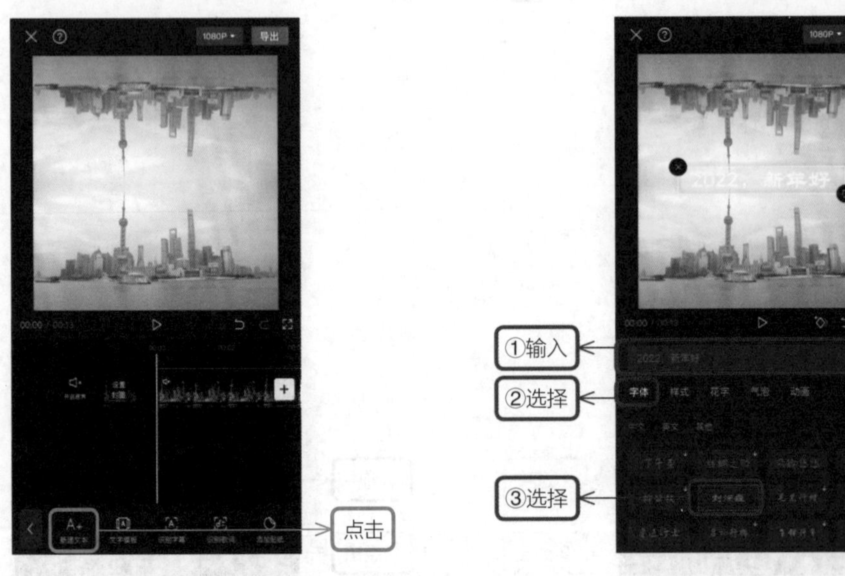

图 2–44　点击“新建文本”按钮　　图 2–45　选择字体样式

（13）选择“花字”选项卡，在其中选择喜欢的花字样式，如图 2-46 所示，再选择“动画”|“入场动画”，在其中挑选喜欢的动画样式，然后拖动滑块调整动画的播放速度，最后点击✓按钮完成操作，如图 2-47 所示。

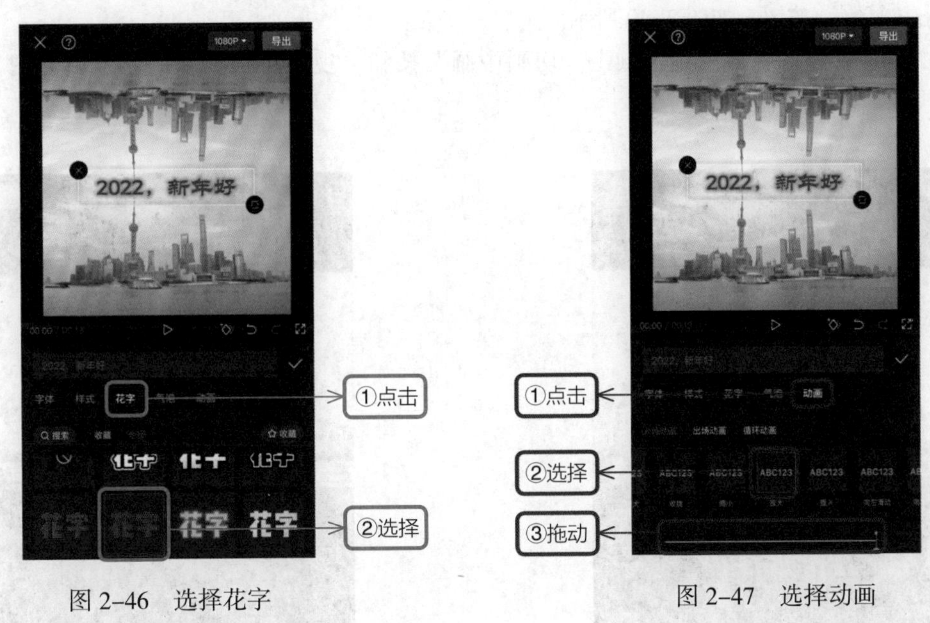

图 2-46　选择花字　　　　图 2-47　选择动画

（14）选中文本轨道上的文本并将其拖动到合适的位置，点击“导出”按钮完成视频的设置，如图 2-48 所示。

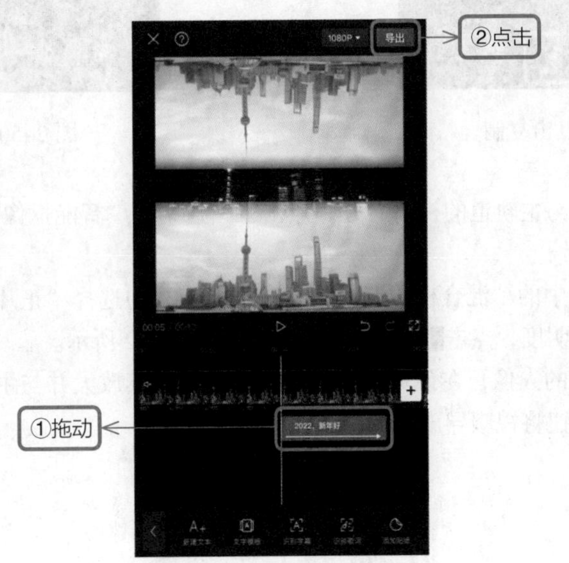

图 2-48　调整文本位置

2.6 人物幻影，提升视频的格调

（1）导入一段视频后，点击“关闭原声”按钮，选中视频轨道上的视频，在二级工具栏中点击“复制”按钮，如图 2-49 所示。

（2）选中复制后的视频，点击“切画中画”按钮，视频将切换新的轨道，如图 2-50 所示。

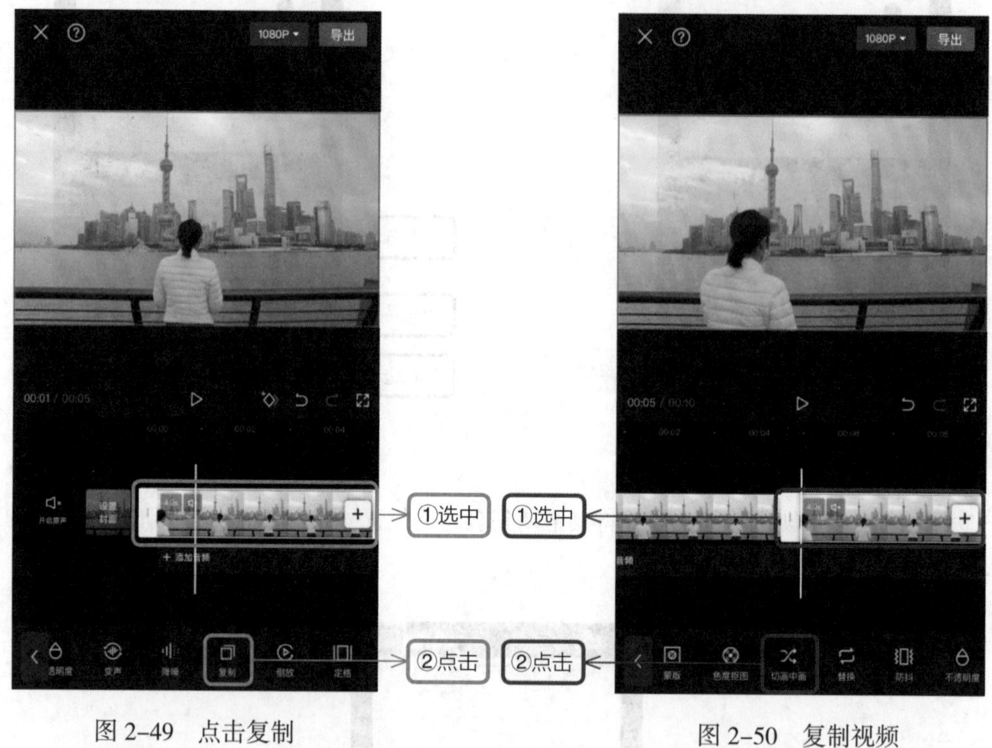

图 2-49　点击复制

图 2-50　复制视频

（3）拖动视频并与主轨道的视频对齐，点击工具栏中的“智能抠像”按钮，将人像抠出，如图 2-51 所示。

（4）点击工具栏中的“混合模式”按钮，在混合模式中选择“正片叠底”样式，拖动滑块，调整视频的不透明度，点击☑按钮完成操作，如图 2-52 所示。

（5）选中抠出来的人像，在预览区域用手拨动人像将其放大并与主轨道上的视频动作重叠。点击“导出”按钮将视频导出，如图 2-53 所示。

图 2-51　点击“智能抠像”按钮

图 2-52　智能抠像

图 2-53　选择混合模式

第 3 章 字幕内容，精彩视频缺一不可

3.1 文本样式，助力视频更精彩

当我们输入文本以后，希望将其设置成有特色的文字样式，剪映提供的样式功能，可以让我们按需要挑选字体，设置自己喜欢的文字样式。

（1）将视频导入剪映 App 中，点击一级工具栏中的“文本”按钮，如图 3–1 所示，进入文本的二级工具栏，再点击“新建文本”按钮添加字体，如图 3–2 所示。

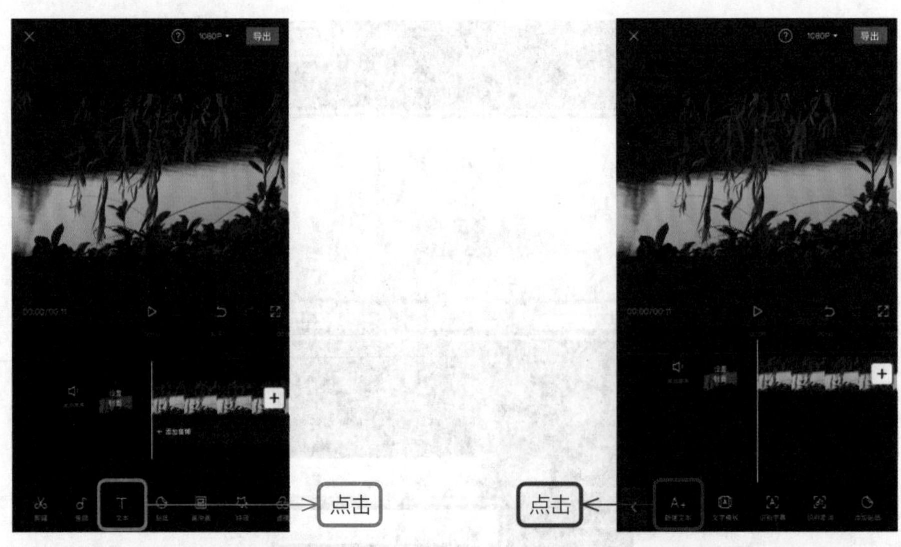

图 3–1 点击“文本”按钮

图 3–2 新建文本

（2）输入文字后，点击“字体”按钮，选择合适的字体，如图 3–3 所示。在“样式”选项中选择字体颜色，拖动滑块调整字体的透明度，如图 3–4 所示。

（3）更换文本的描边颜色，拖动滑块可以调整描边线的粗细，如图 3–5 所示。继续为文

字添加背景并调整透明度，可以自己定义背景颜色的深浅，如图 3-6 所示。为了让字体更有立体感，可以添加阴影，拖动滑块可以调整字体阴影的透明度，如图 3-7 所示。

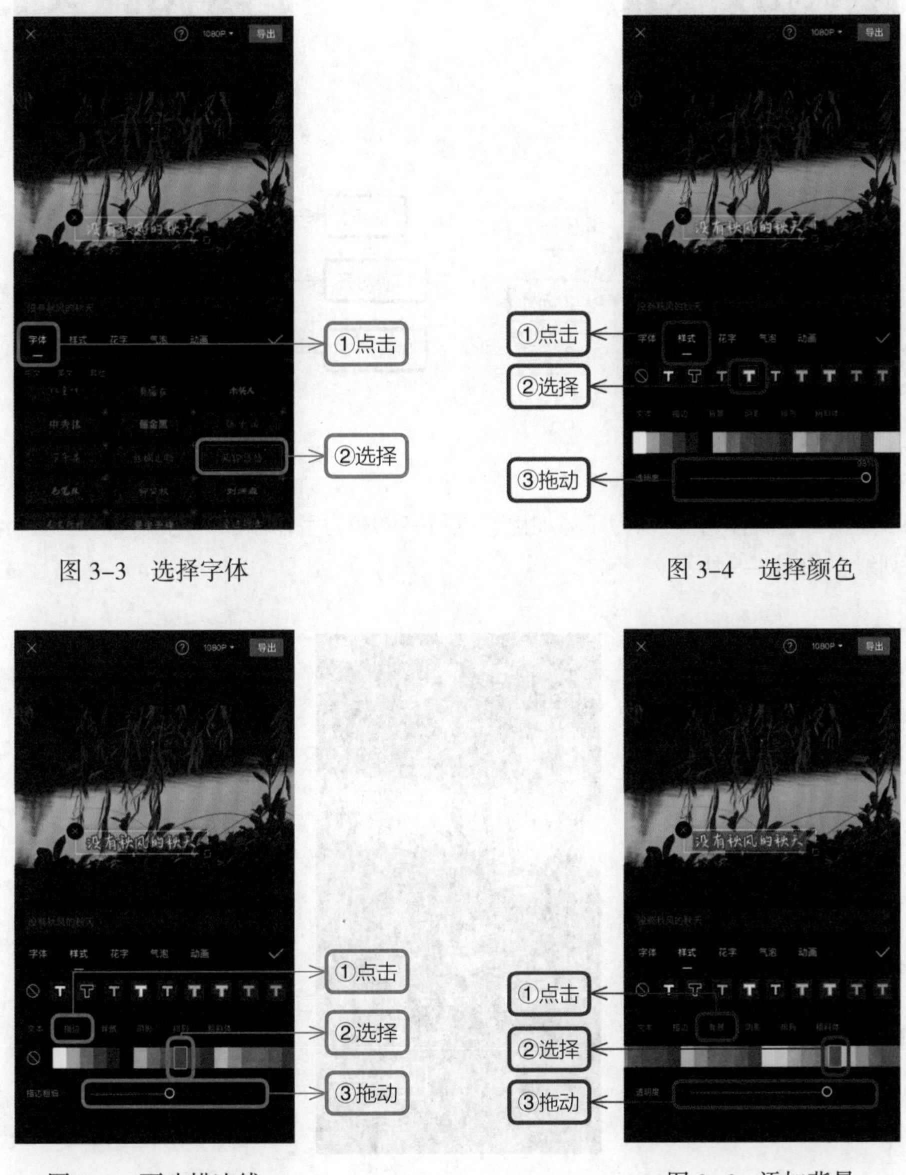

图 3-3　选择字体

图 3-4　选择颜色

图 3-5　更改描边线

图 3-6　添加背景

在剪映 App 里，文本的对齐方式有 7 种，分别是横对齐和竖对齐、横对齐又向左对齐、居中对齐、向右对齐、竖对齐又向上对齐、居中对齐和向下对齐。

（4）重新排列字体的对齐方式，选择向上的竖对齐方式后，调整文本的位置，拖动字号滑块直接调整字体大小；向右拖动滑块，分别调整字间距和行间距，如图 3-8 所示。

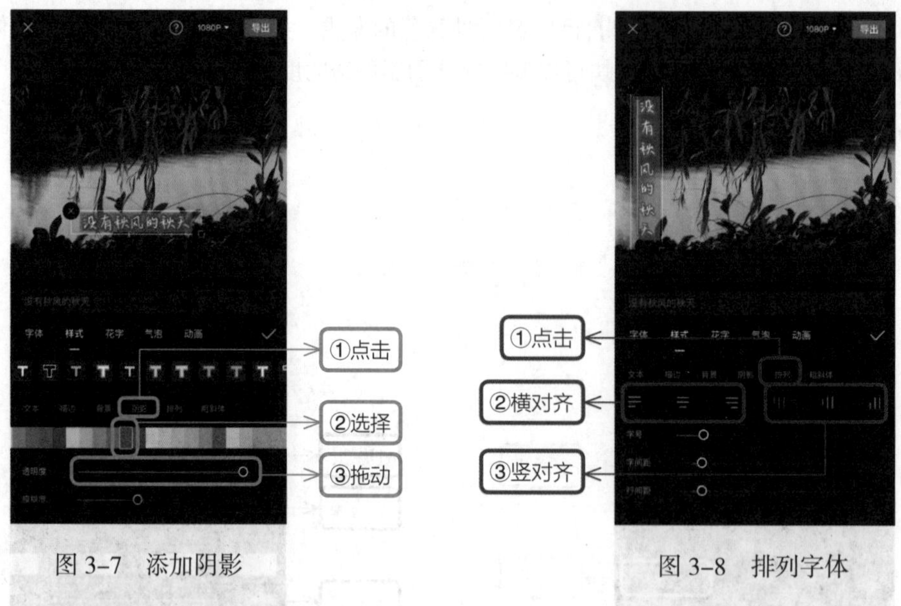

图 3–7　添加阴影　　　　图 3–8　排列字体

（5）点击“粗斜体”，可以为字体加黑、倾斜字体和为字体添加下划线，这里选择给字体添加下划线，如图 3–9 所示。

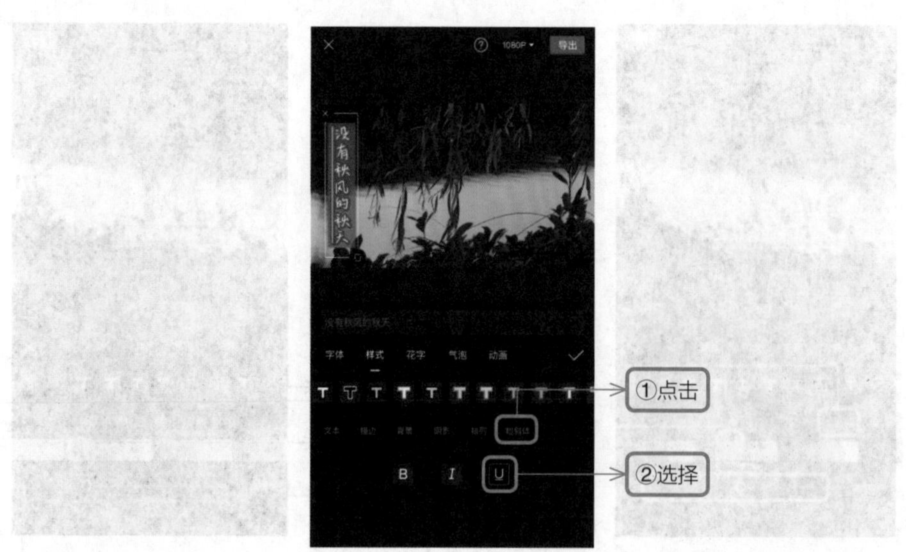

图 3–9　添加下划线

3.2　文字模板，花样文字任你挑

想要快速添加有创意的文字，可以直接使用剪映 App 自带的文字模板。

（1）导入视频素材后，在一级工具栏中，点击“文本”按钮进入文本的二级工具栏，如图 3–10 所示，然后选择“文字模板”，如图 3–11 所示。

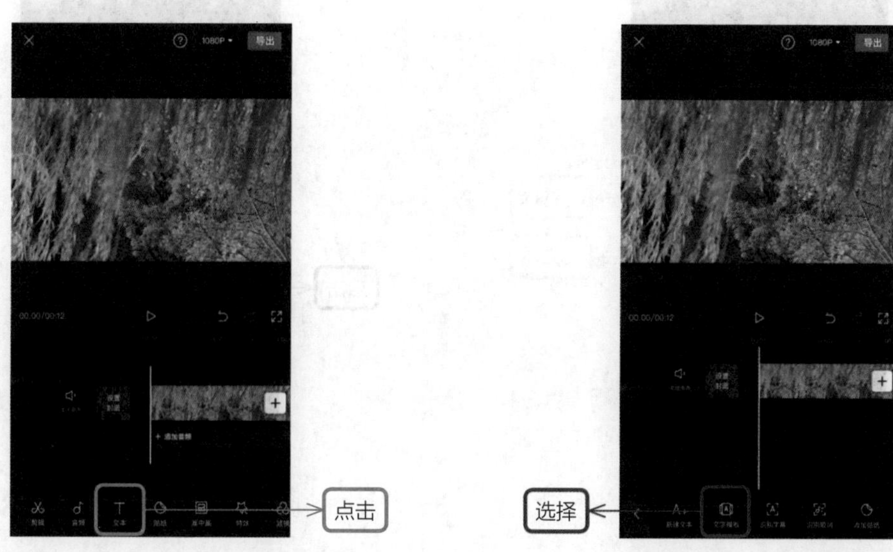

图 3–10　点击“文本”按钮　　图 3–11　选择文字模板

（2）点击“旅行”按钮，在旅行选项卡中选择适合的文字模板，如图 3–12 所示。
（3）在视频预览区域双击模板，重新修改需要修改的文本，如图 3–13 所示。

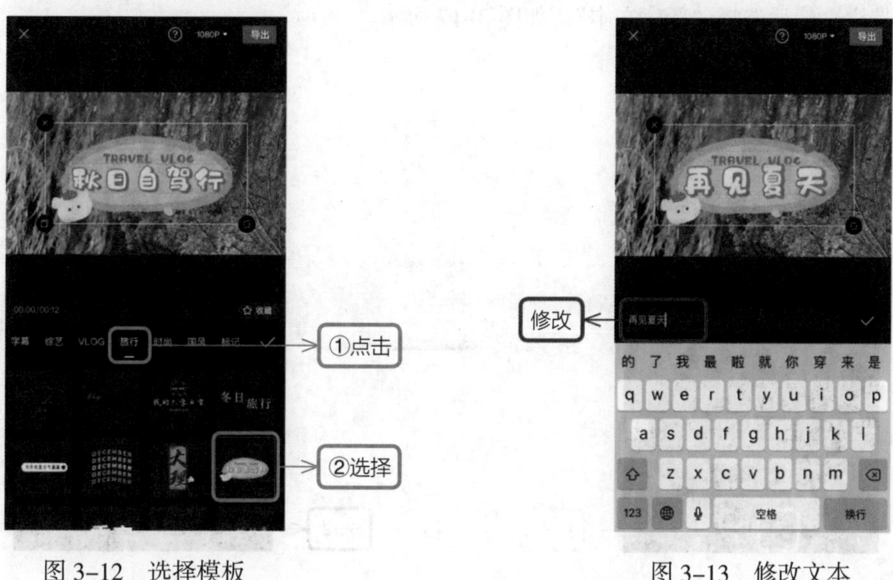

图 3–12　选择模板　　图 3–13　修改文本

（4）点击☆按钮收藏常用的模板，方便以后使用，如图 3–14 所示。在收藏选项卡中可以找到已收藏的模板，如图 3–15 所示。

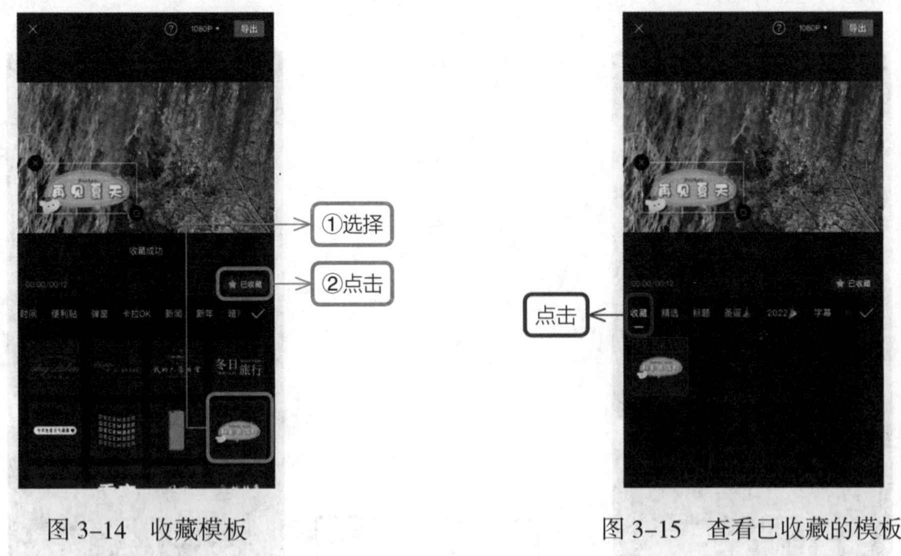

图 3–14　收藏模板

图 3–15　查看已收藏的模板

3.3　动画文字，弹幕文字有新意

为了配合视频的氛围感，让文字在视频里动起来，可以使用动画功能。

（1）导入一段视频后，在一级工具栏中点击“文本”按钮，如图 3–16 所示，进入文本的二级工具栏，然后选择“新建文本”，如图 3–17 所示。

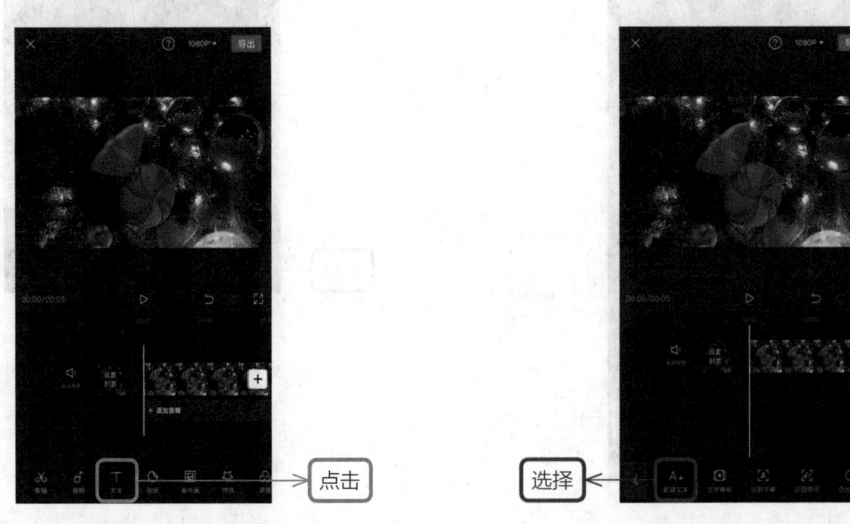

图 3–16　点击“文本”按钮

图 3–17　新建文本

（2）在文本框里输入文字后，选择合适的字体，点击✓按钮完成设置，如图 3–18 所示。

（3）选中文本，点击“复制”按钮，如图 3–19 所示。注意，点击一次复制按钮，只能复制一条新文本。因此，我们需要继续选中文本，点击“复制”按钮。

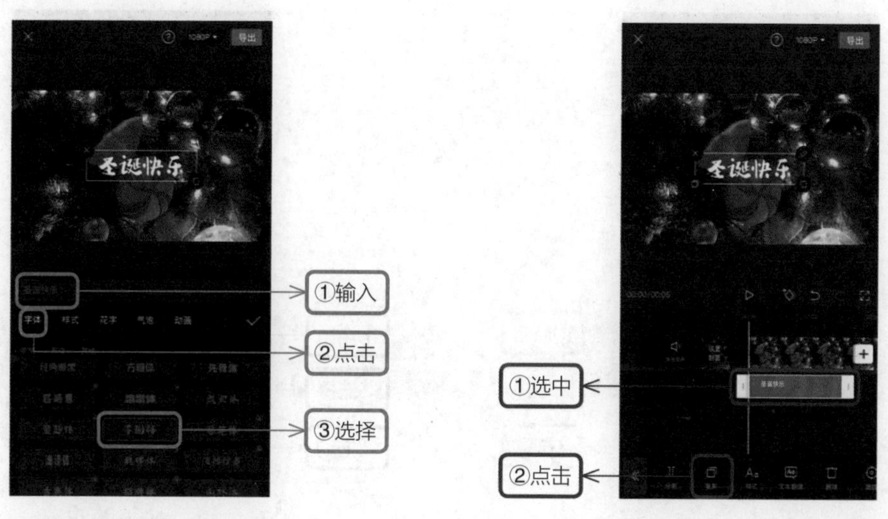

图 3–18　输入文字　　　　图 3–19　点击“复制”按钮

（4）调整复制的文本在屏幕上的位置和显示的时长。选中文本，在预览区域上拖动▣来调整字体的大小，然后再调整字体的位置，拖动文本轨道上的白色方框来调整时长，如图 3–20 所示。

（5）调整完位置后，选中第一层画中画文本轨道，点击“动画”按钮给文字添加动画，如图 3–21 所示。

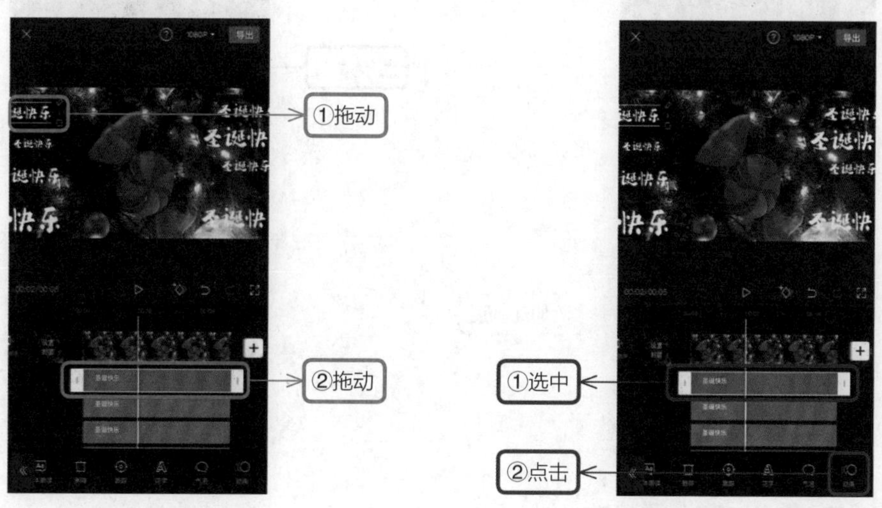

图 3–20　调整位置和时长　　　　图 3–21　点击“动画”按钮

（6）点击“入场动画”按钮，选择“向右滑动”，然后拖动绿色滑块调整入场动画的时间，如图 3-22 所示。继续点击“出场动画”按钮，选择“向右滑动”，继续拖动红色滑块，调整出场动画的时间，如图 3-23 所示。

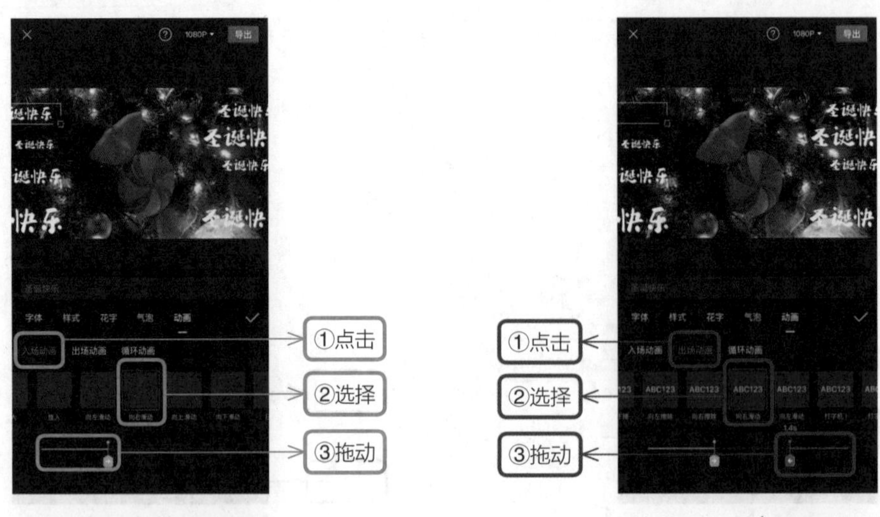

图 3-22　调整入场动画

图 3-23　调整出场动画

以此类推，采用以上步骤为所有文本轨道添加入场动画和出场动画，如图 3-24 所示。播放效果见视频预览区域，如图 3-25 所示。

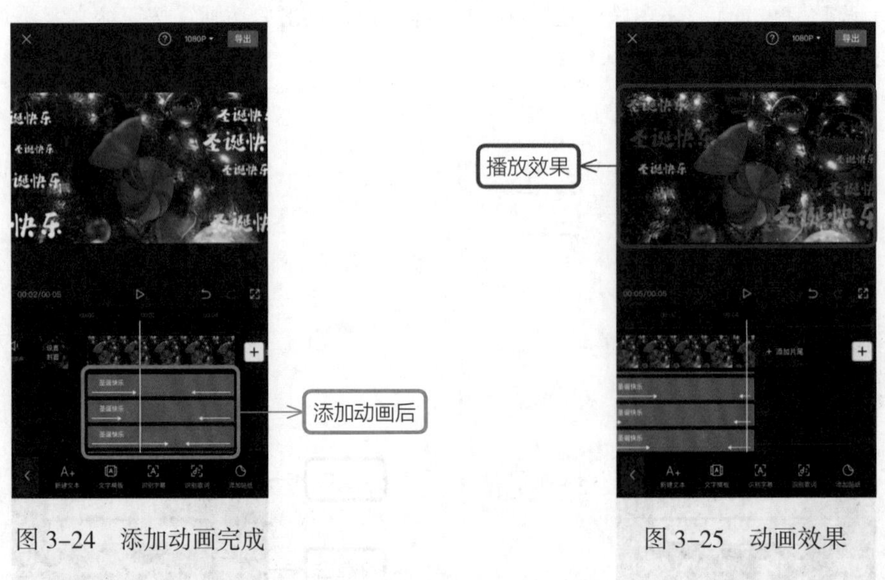

图 3-24　添加动画完成

图 3-25　动画效果

3.4　识别字幕，语音自动转文字

想要将视频中的原声转换成文字，剪映 App 提供的识别字幕功能省去了手动添加字幕的烦恼，省时且高效。

（1）在剪映 App 中导入一段视频，在一级工具栏中点击“文本”按钮，如图 3–26 所示，在文本的二级工具栏中点击“识别字幕”按钮，如图 3–27 所示，进入自动识别语音界面。

图 3–26　点击“文本”按钮

图 3–27　点击“识别字幕”按钮

（2）选择“全部”单选按钮，拖动滑块，打开“同时清空已有字幕”功能，点击“开始识别”按钮，系统将会自动生成字幕，如图 3–28 所示。

（3）生成文字后，在“文本”编辑栏中单击“批量编辑”按钮，如图 3–29 所示。

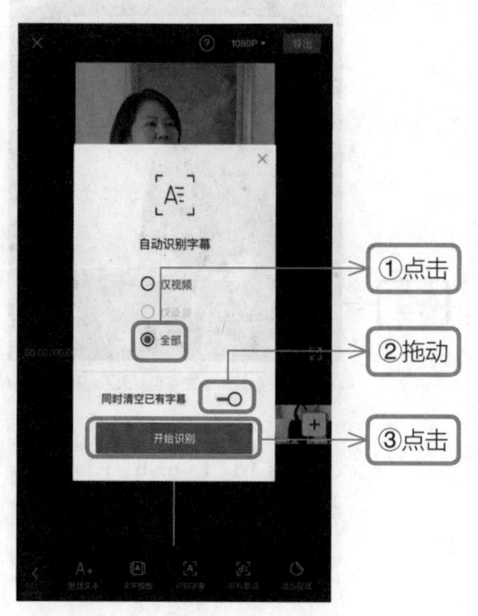

图 3–28　识别字幕

图 3–29　点击“批量编辑”按钮

（4）点击选择按钮，如图 3–30 所示，然后选择不需要的文字，点击“删除”按钮将其删除，如图 3–31 所示。

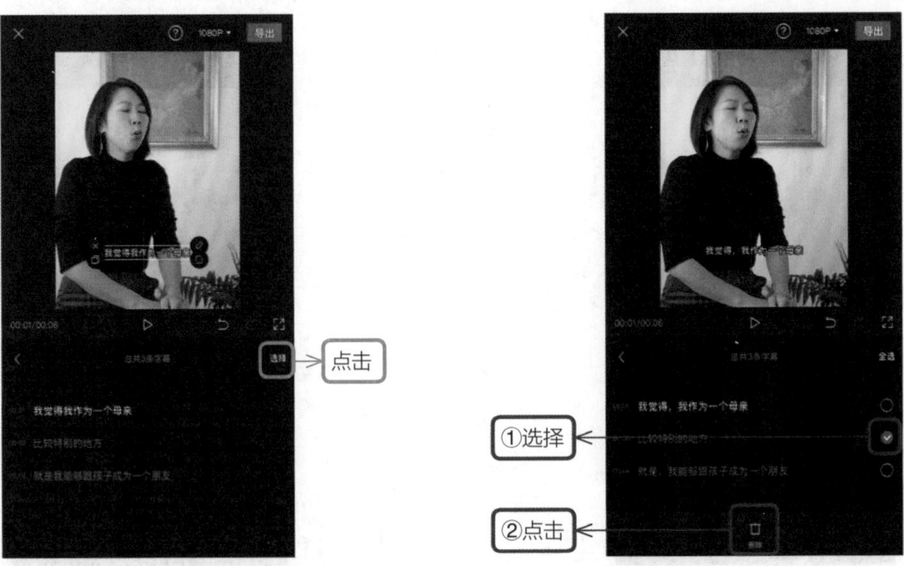

图 3–30　批量编辑　　图 3–31　删除不需要的文字条

（5）点击文字条，进入文字编辑模式，如图 3–32 所示，在文本框中，调整文字和标点符号等，如图 3–33 所示。

图 3–32　点击文字条

图 3–33　修改文本

3.5　添加贴纸，让视频多份精彩

在视频中，我们可以添加贴纸将人脸遮住，贴纸随着视频运动而跟着运动。

（1）导入一段视频后，点击一级工具栏中的“贴纸”按钮，如图 3-34 所示。

（2）选择常用的贴纸，点击“收藏”按钮，即可收藏贴纸，如图 3-35 所示，然后在收藏选项卡中就可以查看已经收藏的贴纸了，如图 3-36 所示。

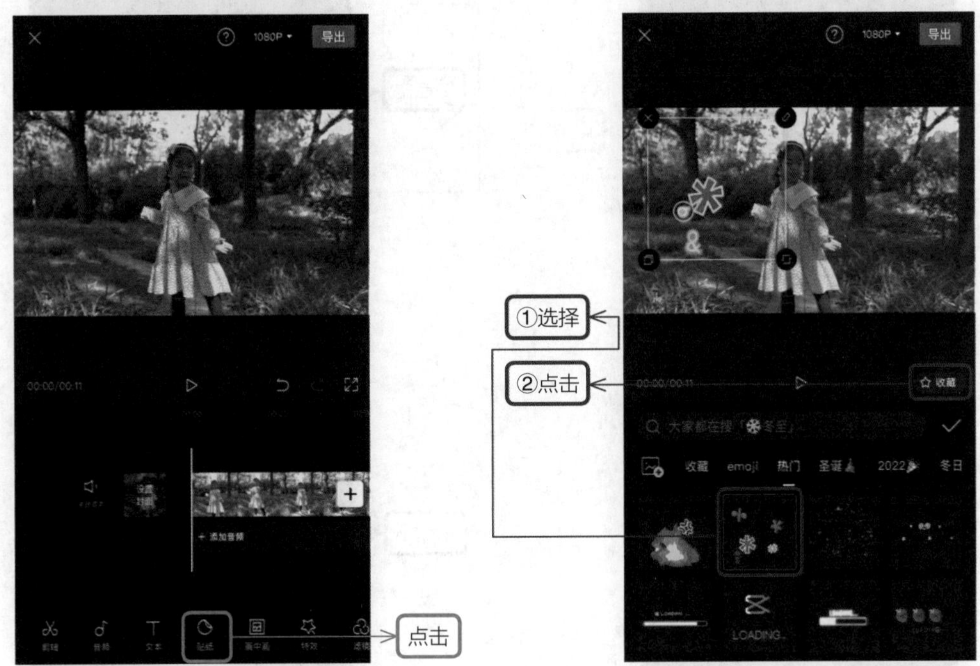

图 3-34　点击“贴纸”按钮　　图 3-35　收藏贴纸

（3）在贴纸选项卡中选择一个贴纸，点击✓按钮完成操作，如图 3-37 所示。

（4）向后拖动贴纸的白色框，与原视频时长对齐，如图 3-38 所示。注意，一定要先调整贴纸显示的时长，再使用跟踪功能。

（5）选中贴纸，拖动▣调整贴纸的大小，点击二级工具栏上的“跟踪”按钮，如图 3-39 所示。

> **注意：** 根据提示“请选择跟踪物体”，将黄色方框拖动到需要跟踪的物体上。例如，如果希望将这个贴纸用于遮住人脸，那么可以拖动黄色方框，将其覆盖到人脸上。

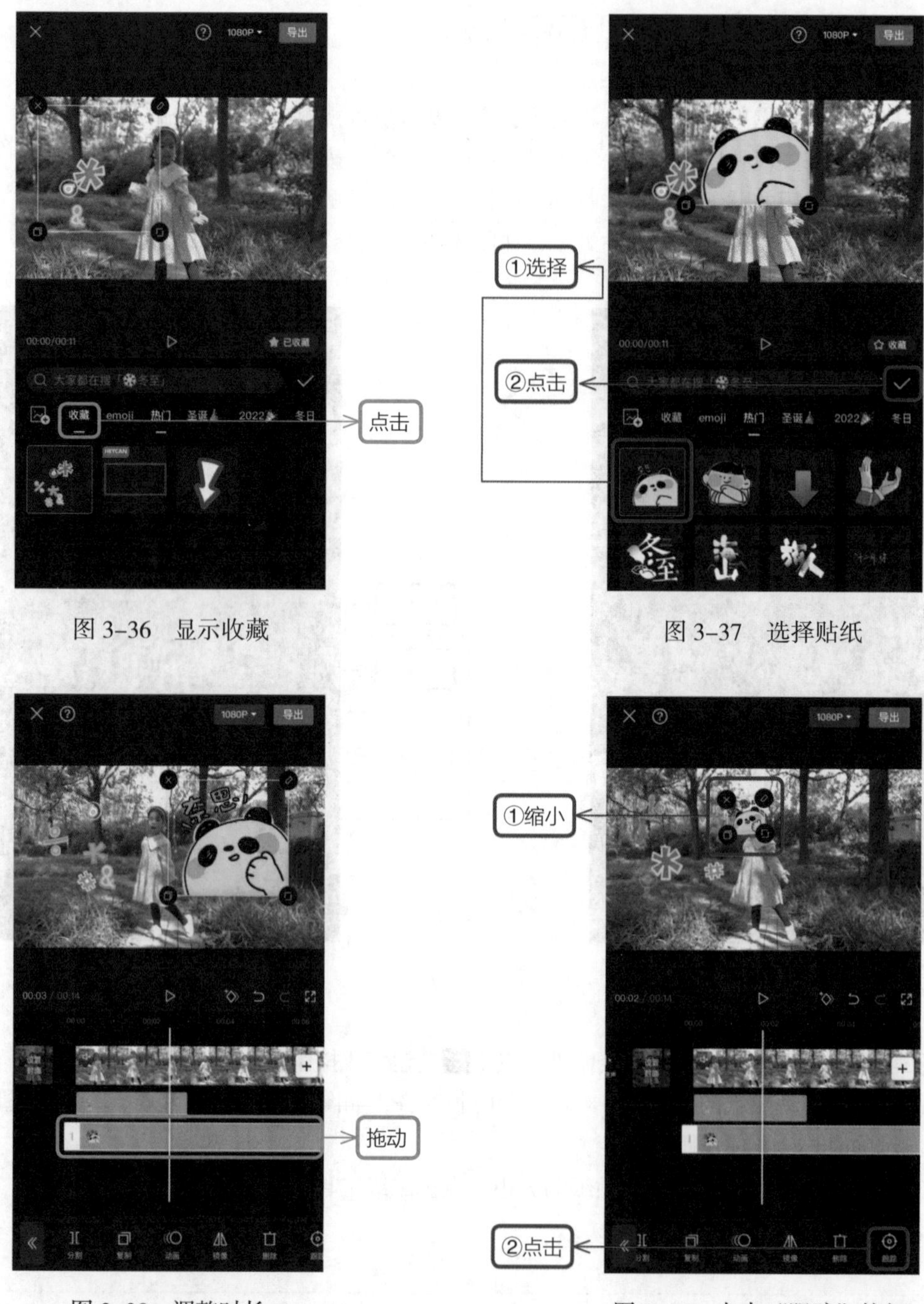

图 3-36　显示收藏

图 3-37　选择贴纸

图 3-38　调整时长

图 3-39　点击“跟踪”按钮

（6）调整黄色方框的大小，然后点击“开始跟踪”按钮，系统将会自动处理跟踪进度，如图 3-40 所示。这样，贴纸始终能遮住人的脸部，并随着人的运动轨迹而运动，如图 3-41 所示。

图 3-40　点击“开始跟踪”按钮

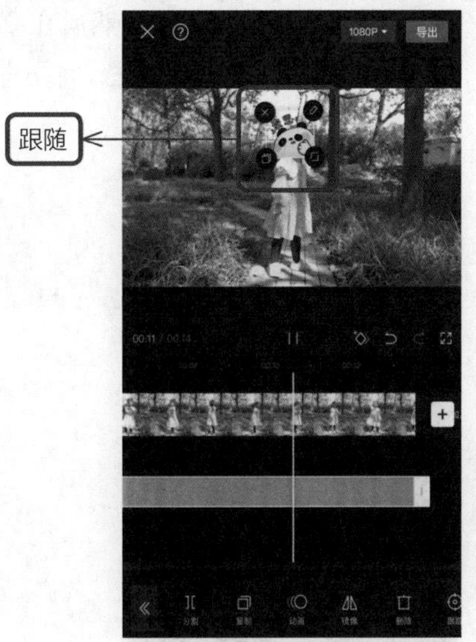

图 3-41　跟踪效果

3.6　镂空文字，让视频有电影感

镂空文字一般运用于视频的开场中，能让视频刚开始就吸引观众。

（1）在素材库中选择黑底素材，如图 3-42 所示，添加后，将黑色素材时长拖动为 6s。

（2）在一级工具栏中点击“文本”按钮，如图 3-43 所示，进入二级工具栏后，点击“新建文本”按钮，如图 3-44 所示。

图 3-42　添加素材

图 3-43　点击“文本”按钮

（3）在文本框中输入文字，然后在字体选项卡中挑选合适的英文字体，点击✓按钮完成操作，拖动文本轨道上的白色方框，将文本时长调整为与视频轨道时长一致，如图 3–45 所示。

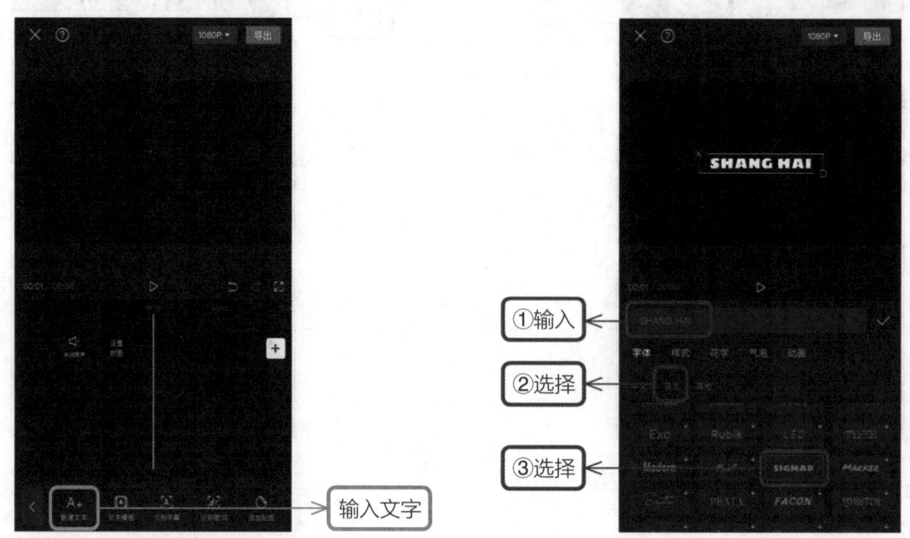

图 3–44　点击“新建文本”按钮

图 3–45　选择字体样式

（4）在文本开头添加一个关键帧，如图 3–46 所示。向后拖动视频，将时间轴对齐在 2s 处，拖动字体将其放大到合适的大小，此时系统会自动生成新的关键帧，如图 3–47 所示。

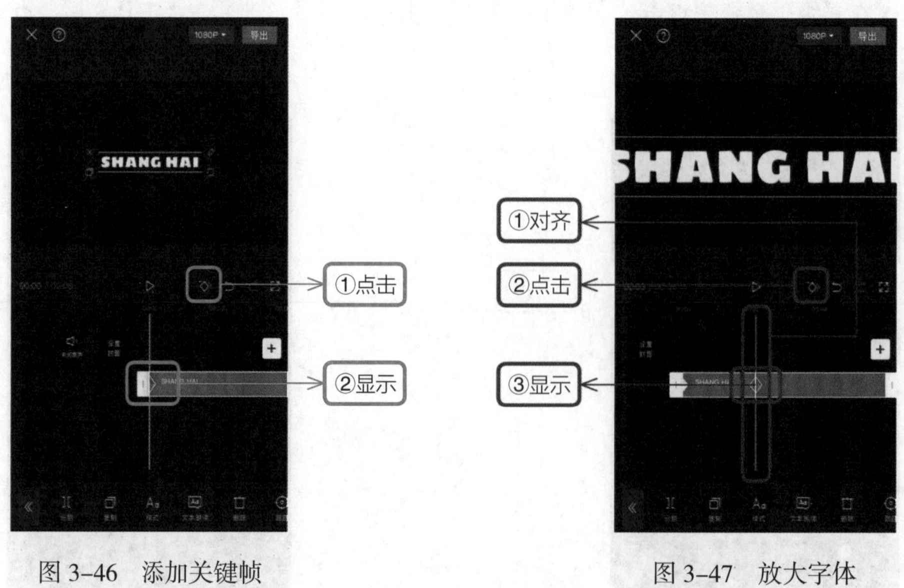

图 3–46　添加关键帧

图 3–47　放大字体

（5）继续向后拖动视频，拖动时间轴并在文本轨道结尾处对齐，然后将英文 SHANG HAI 继续放大，一直到白色的 N 字母占满屏幕，然后拖动时间轴到文本轨道的结尾处，此时将会自动生成新的关键帧，点击“导出”按钮保存视频，如图 3–48 所示。

（6）添加一段视频素材，在一级工具栏中，点击“画中画”按钮，如图 3–49 所示，然后再点击“新增画中画”按钮，如图 3–50 所示。

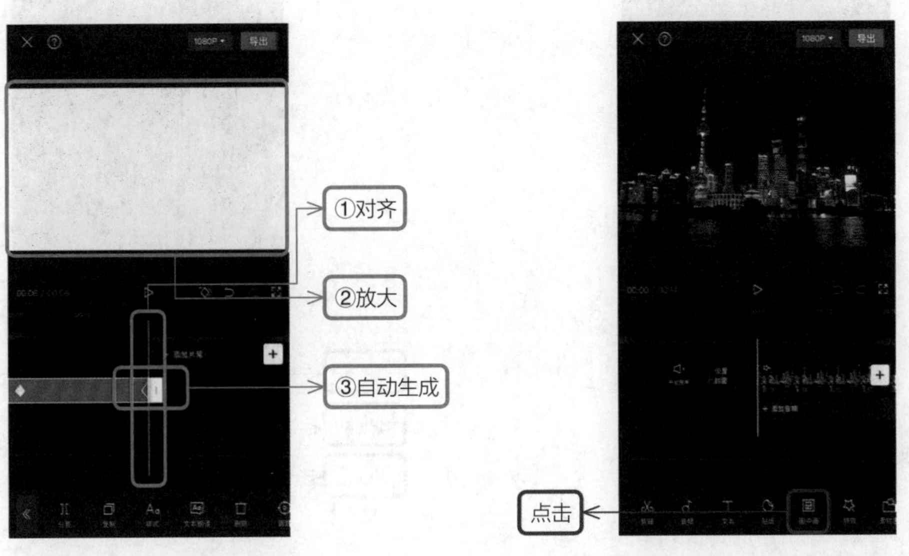

图 3–48　放大字体　　图 3–49　点击“画中画”按钮

（7）选中上一段保存的文字视频素材，点击“添加”按钮，如图 3–51 所示。

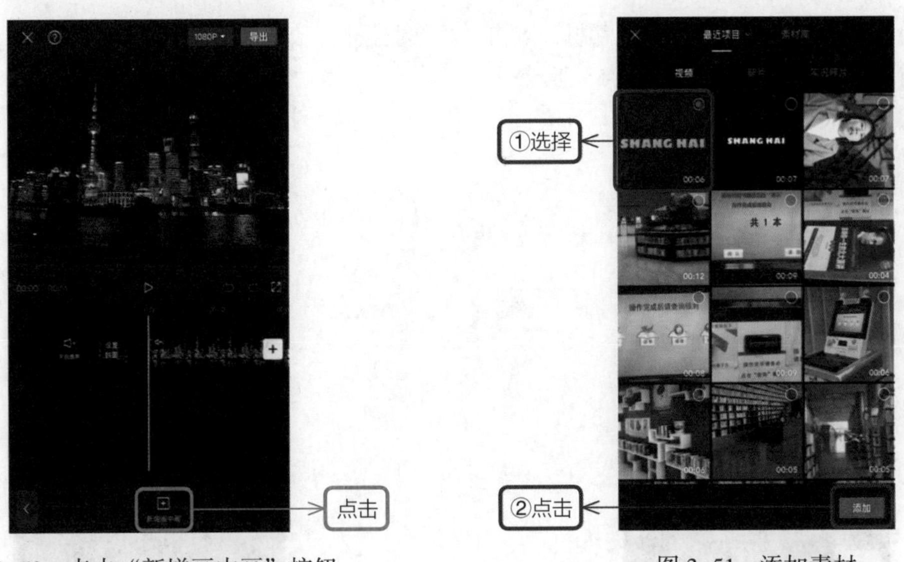

图 3–50　点击“新增画中画”按钮　　图 3–51　添加素材

（8）在预览区域，拖动视频素材并调整其大小覆盖主轨道视频，点击工具栏中的“混合模式”按钮，如图 3–52 所示。

（9）选择“正片叠底”，拖动滑块，调整视频的不透明度，然后点击☑按钮完成操作，如图 3–53 所示。

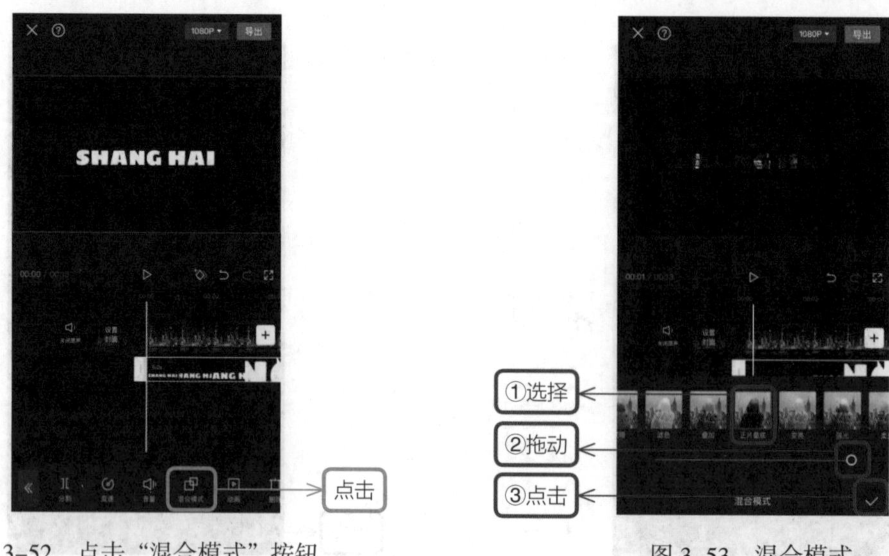

图 3–52　点击“混合模式”按钮

图 3–53　混合模式

3.7　文字变色，刺激眼球新鲜感

（1）在素材库中选择透明的素材，点击“添加”按钮，如图 3–54 所示，然后在一级工具栏中点击“背景”按钮，如图 3–55 所示。

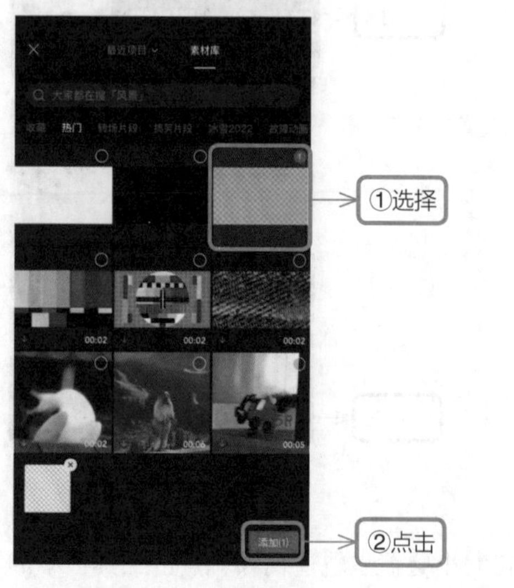

图 3–54　添加素材

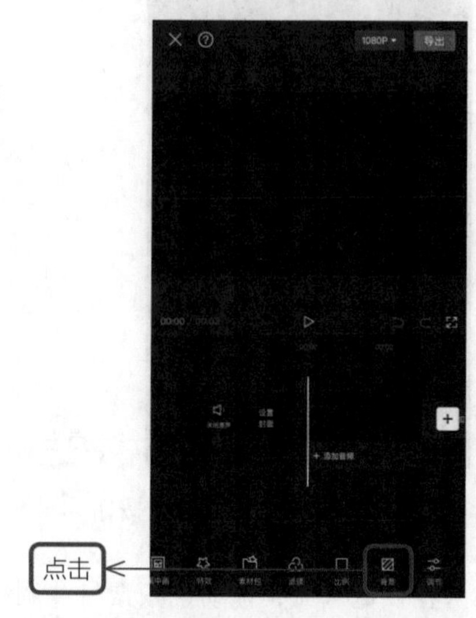

图 3–55　点击“背景”按钮

（2）在背景工具栏中，点击“画布样式”按钮，如图 3-56 所示，然后选择合适的画布样式，再点击✓按钮完成操作，如图 3-57 所示。

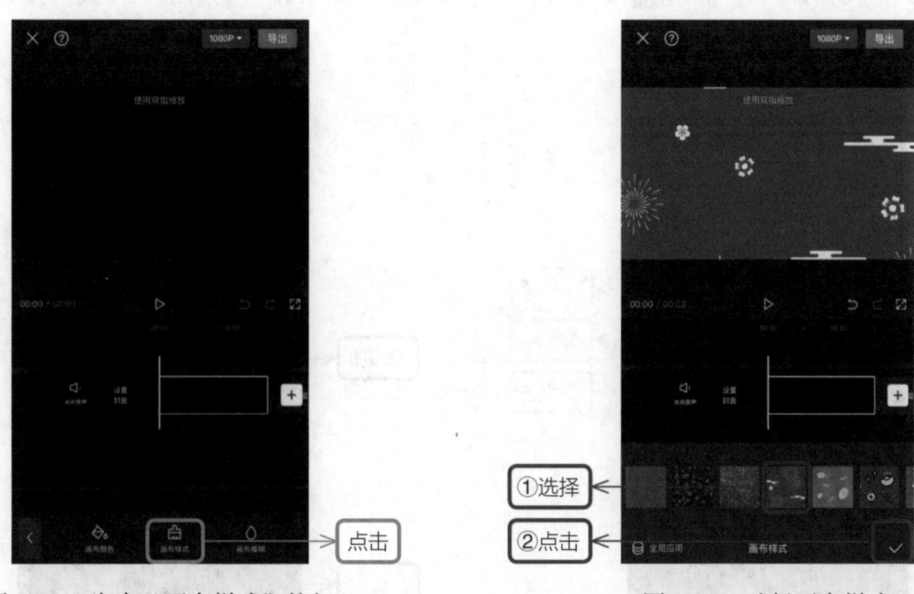

图 3-56　点击“画布样式”按钮

图 3-57　选择画布样式

（3）在一级工具栏中点击“文本”按钮，如图 3-58 所示，在二级工具栏中点击“新建文本”按钮，如图 3-59 所示。

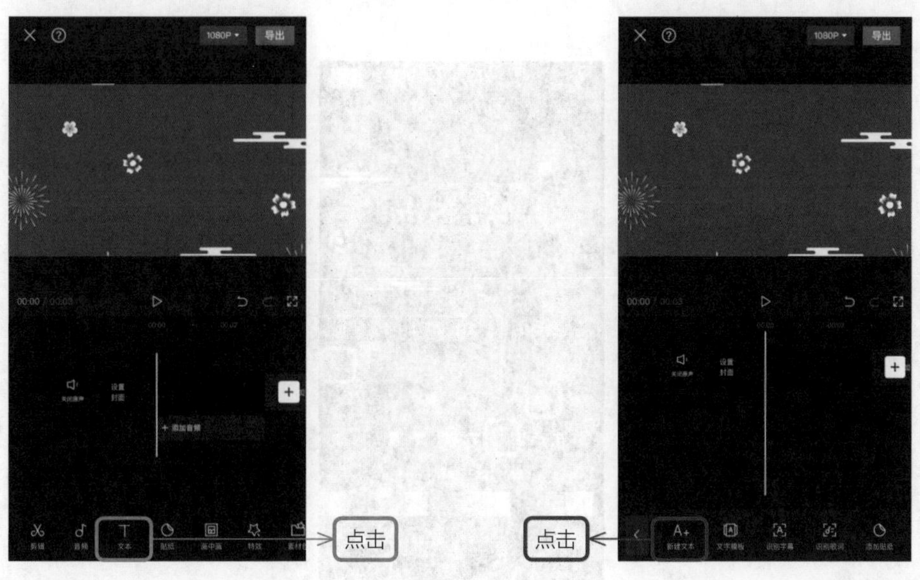

图 3-58　点击“文本”按钮

图 3-59　点击“新建文本”按钮

（4）在文本框中输入文字，然后在字体选项卡中选择合适的字体样式，点击✓按钮完成操作，如图 3–60 所示。

（5）拖动时间轴，点击◇按钮添加关键帧。然后在工具栏上点击“样式”按钮，如图 3–61 所示。

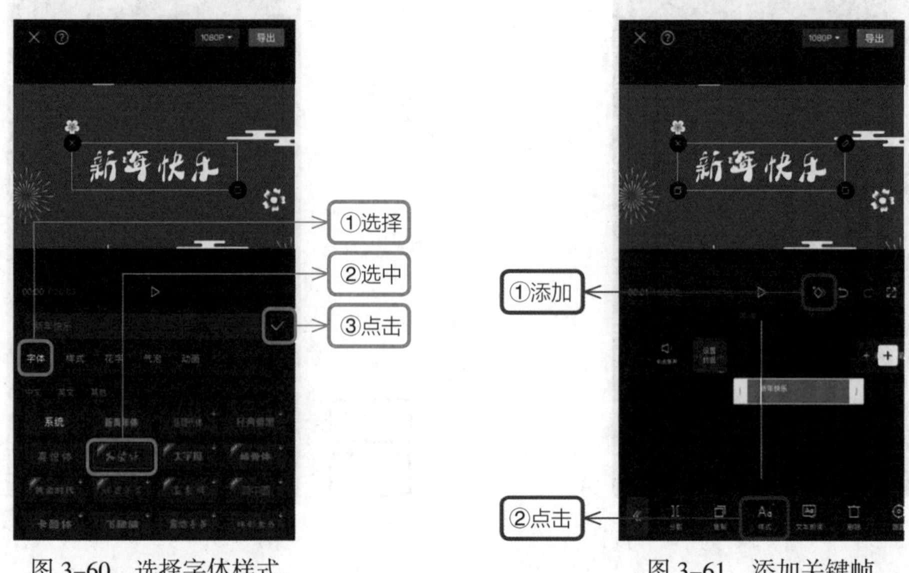

图 3–60　选择字体样式　　图 3–61　添加关键帧

（6）在样式选项卡中选择喜欢的字体颜色，点击✓按钮完成操作，如图 3–62 所示。

以此类推，继续拖动时间轴，按照第（5）步和第（6）步的操作方式为文本添加变换的颜色。

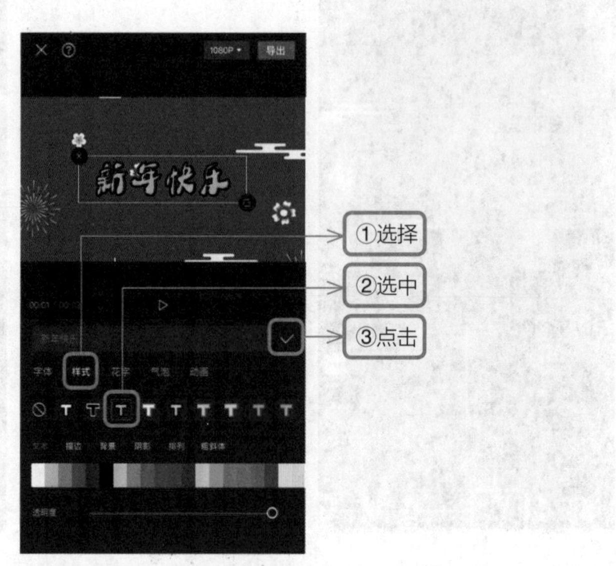

图 3–62　选择文本样式

3.8　快闪文字，抖音常有节奏感

文字跟着音乐的节奏点快闪，让观众的视觉冲击感爆棚。

（1）在剪映素材库中选择透明底的素材，点击“添加”按钮，如图 3–63 所示，然后将视频时长调整为 6s。

（2）在一级工具栏中，点击“比例”按钮，如图 3–64 所示，在比例选项卡中选择 9∶16，将视频比例调整为 9∶16，点击<按钮返回，如图 3–65 所示。

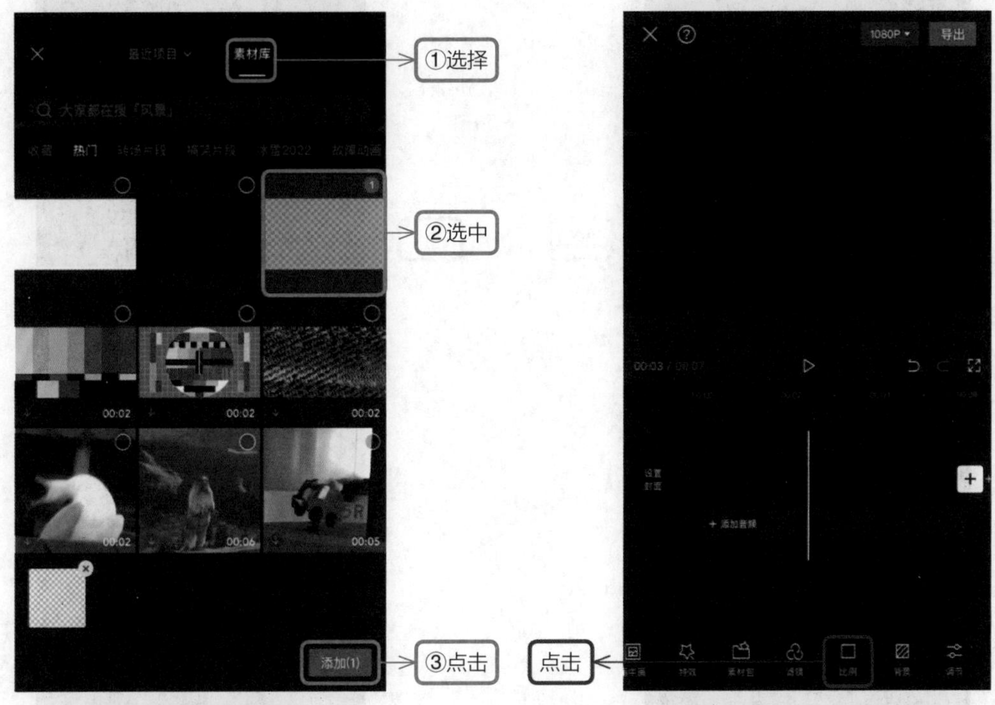

图 3–63　添加素材　　　　图 3–64　点击“比例”按钮

（3）在一级工具栏中，点击“背景”按钮，如图 3–66 所示，然后在二级工具栏中点击“画布样式”按钮，如图 3–67 所示。在画布样式选项卡中挑选喜欢的画布，如图 3–68 所示，点击✓按钮返回上一级操作，然后点击<按钮返回主页。

（4）为视频增加一些视觉素材，在一级工具栏中点击“画中画”按钮，如图 3–69 所示，接着点击“新增画中画”按钮，如图 3–70 所示。

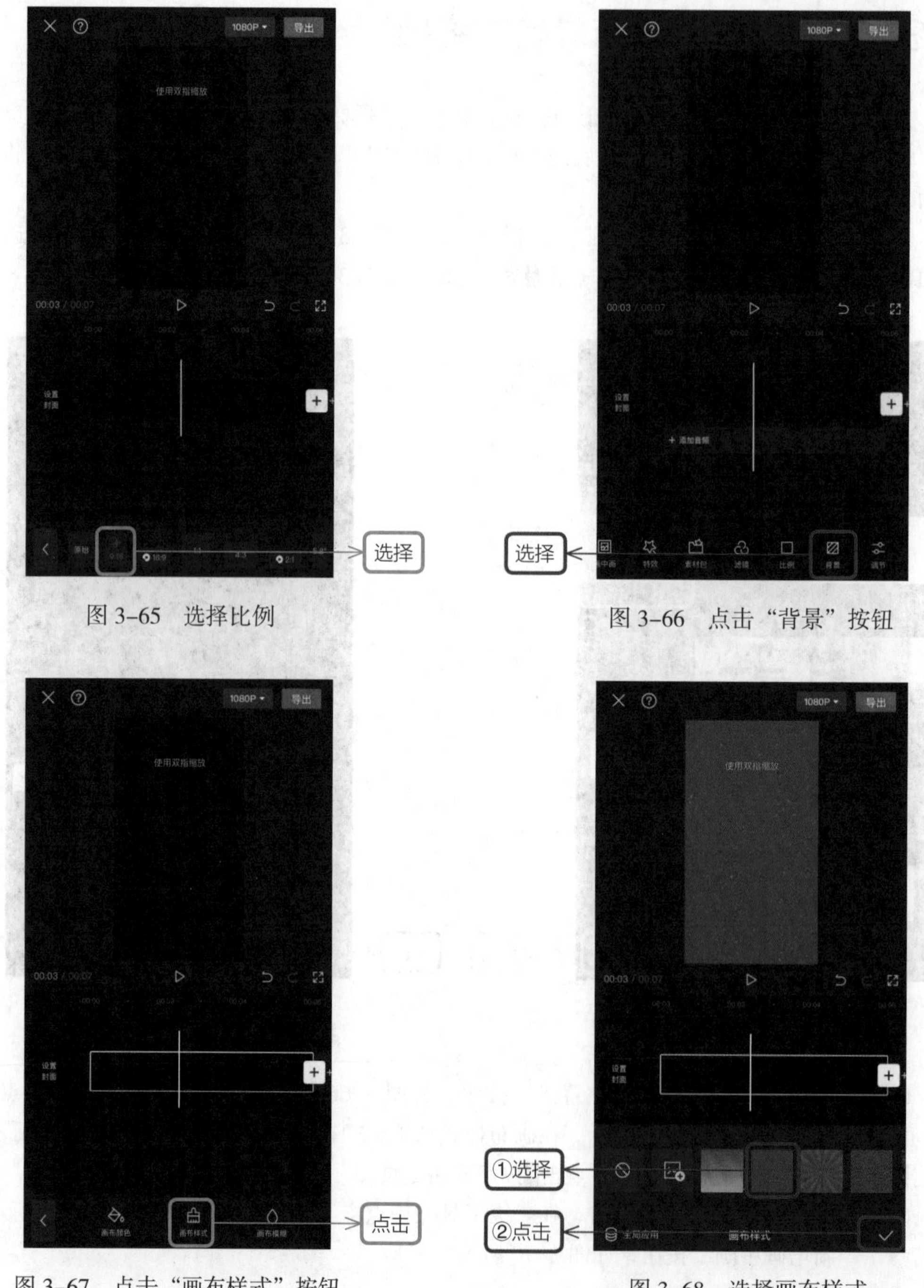

图 3–65　选择比例

图 3–66　点击“背景”按钮

图 3–67　点击“画布样式”按钮

图 3–68　选择画布样式

（5）选择剪映自带的“素材库”，在搜索框中输入需要的素材关键词“虎”，在清单中选择添加绿幕的老虎素材，点击“添加”按钮，如图 3–71 所示。

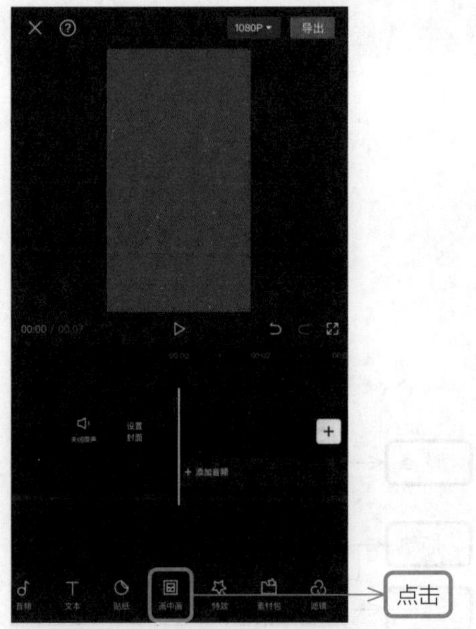

图 3-69　点击“画中画”按钮

图 3-70　点击“新增画中画”按钮

（6）在视频编辑工具栏中，点击“色度抠图”按钮，如图 3-72 所示。然后点击“取色器”按钮，将取色器调整到素材的绿色位置，如图 3-73 所示。接着点击“强度”按钮，将强度数值上的方块拉到最大，最后点击☑按钮完成操作，如图 3-74 所示。

图 3-71　选择素材

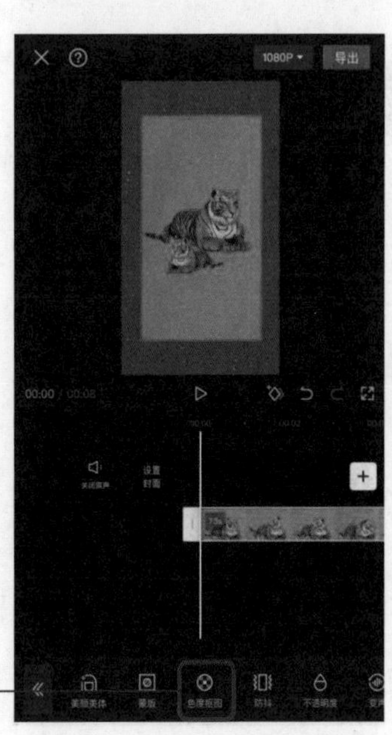

图 3-72　点击“色度抠图”按钮

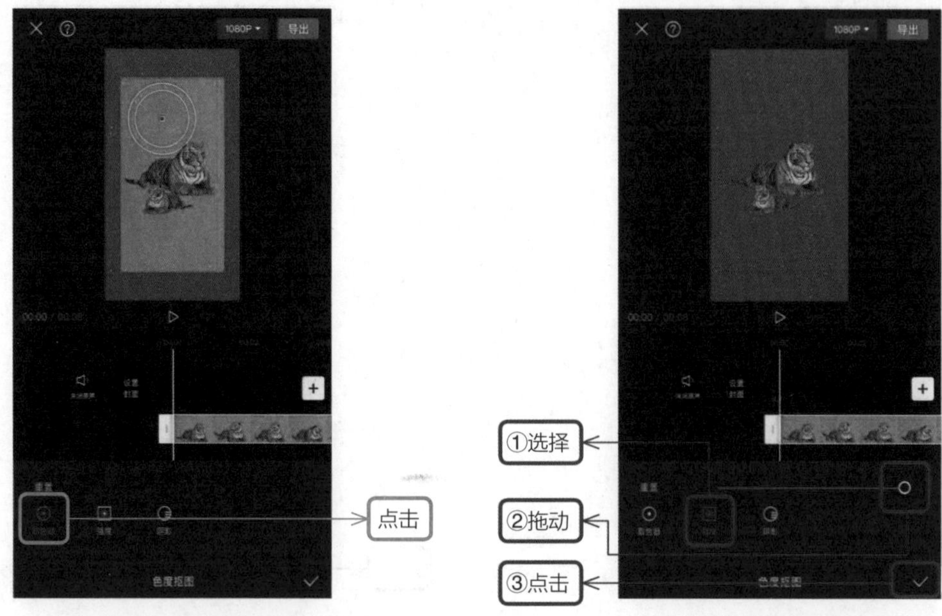

图 3-73　调整取色器　　　　图 3-74　调整强度

（7）在一级工具栏中，点击“贴纸”按钮，如图 3-75 所示，在贴纸选项卡中选择喜欢的贴纸，在预览区域点击■调整贴纸的大小和位置，点击✓按钮完成，如图 3-76 所示。按此方法为视频继续添加贴纸，拖动贴纸视频上的白色方框，调整其时长与主视频轨道对齐。

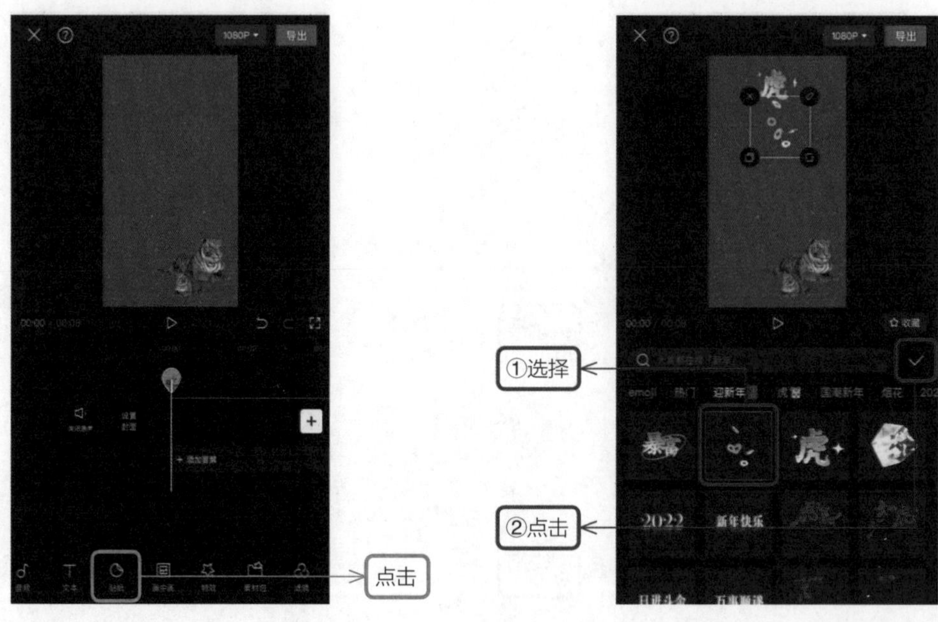

图 3-75　点击“贴纸”按钮　　　　图 3-76　选择贴纸

（8）在一级工具栏中，点击“音频”按钮进入二级工具栏，如图 3–77 所示，点击“音乐”按钮，如图 3–78 所示。

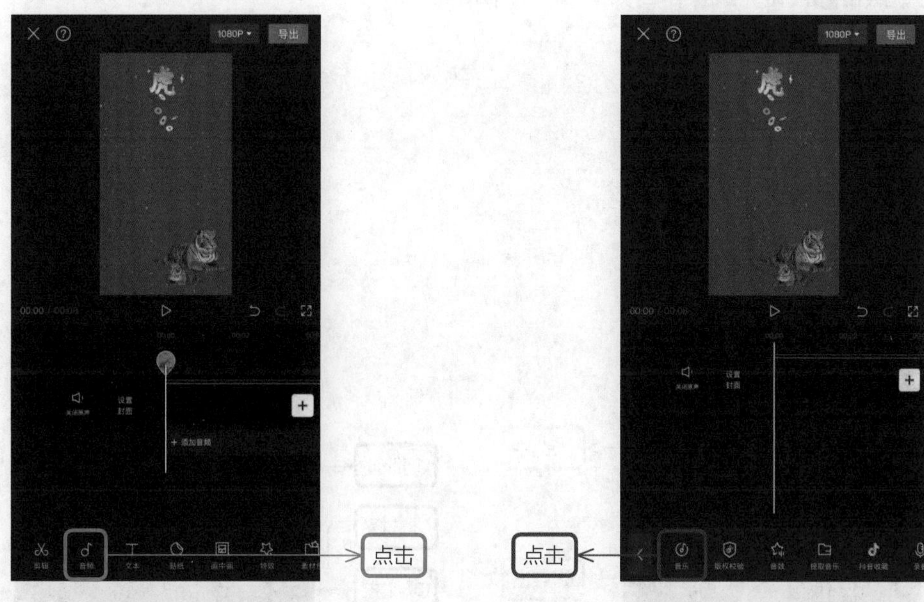

图 3–77　点击“音频”按钮　　图 3–78　点击“音乐”按钮

（9）在音乐选项卡中选择“卡点”，如图 3–79 所示，在“卡点”的音乐清单中选择喜欢的音乐，点击“使用”按钮，如图 3–80 所示。

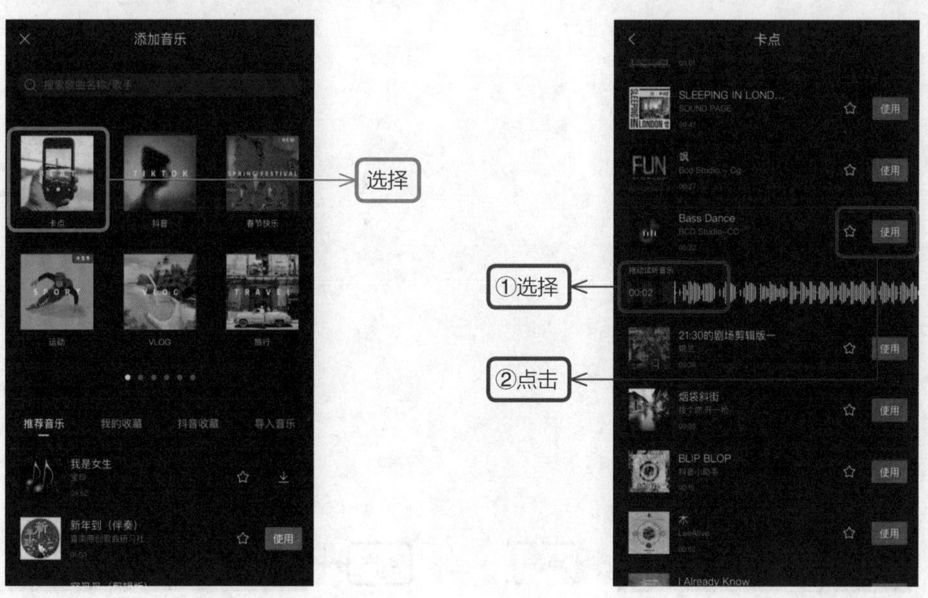

图 3–79　点击“卡点”按钮　　图 3–80　选择音乐

（10）添加音乐后，选中音频轨道，点击“踩点”按钮，如图 3-81 所示，然后拖动滑块打开“自动踩点”开关，选择“踩节拍Ⅱ”，此时在音频轨道下方出现的黄色鼓点就是节奏点的位置，点击☑按钮完成操作，如图 3-82 所示。

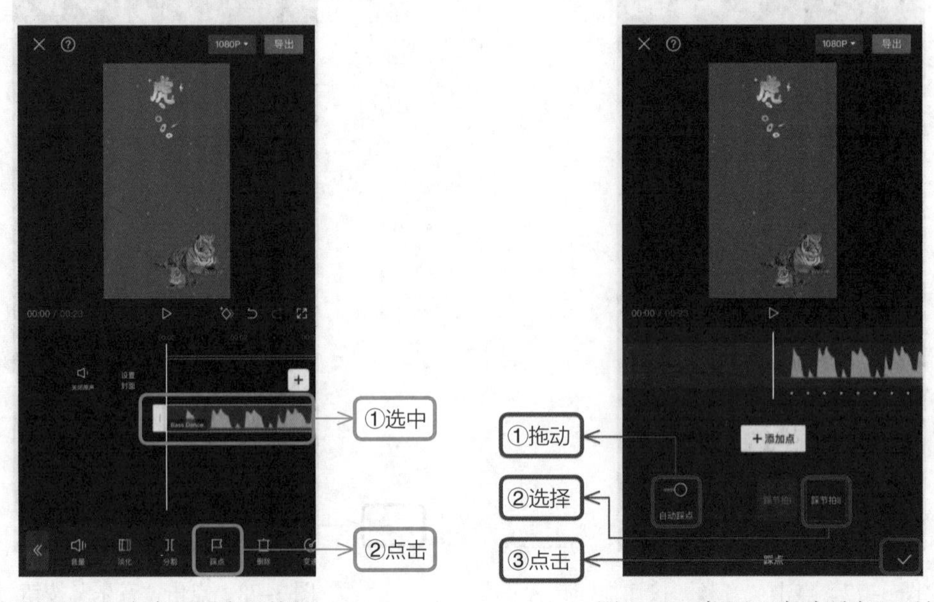

图 3-81　点击“踩点”按钮　　图 3-82　打开“自动踩点”开关

（11）在一级工具栏中点击“文本”按钮，如图 3-83 所示。在二级工具栏中点击“新建文本”按钮，如图 3-84 所示。

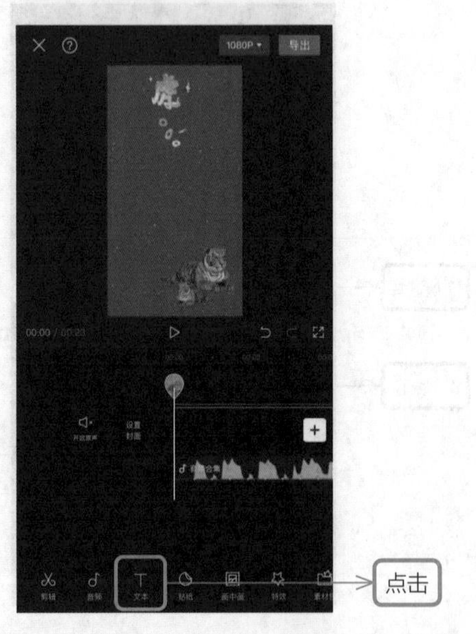

图 3-83　点击“文本”按钮

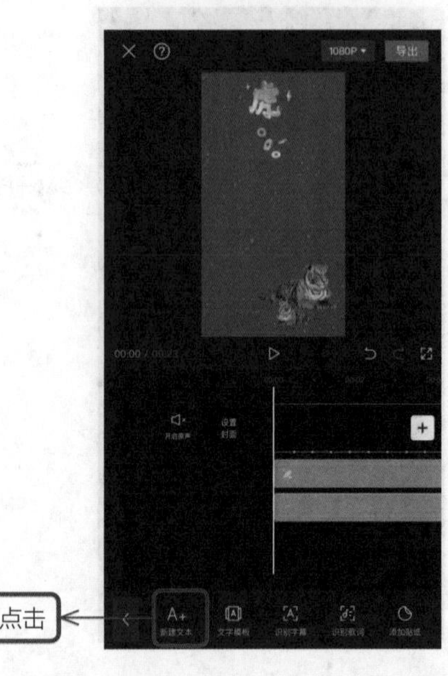

图 3-84　点击“新建文本”按钮

（12）输入文字后，选择字体样式，然后调整字体位置，拖动■可以调整字体大小，如图 3–85 所示。选中字体轨道，拖动白色方框调整文本的时长到节奏点的位置，如图 3–86 所示。

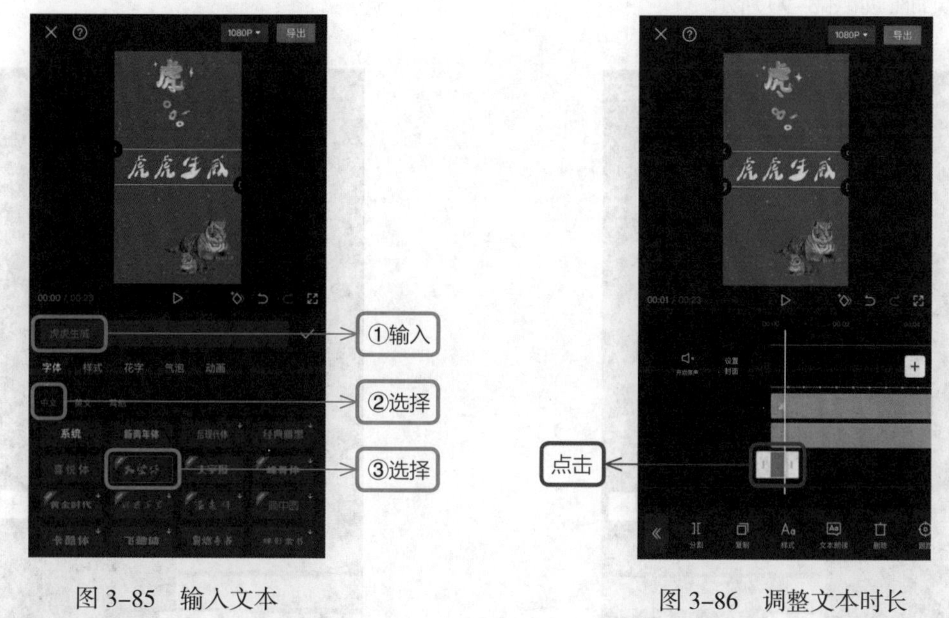

图 3–85　输入文本　　　　图 3–86　调整文本时长

（13）点击“新建文本”按钮，如图 3–87 所示；输入文字后，点击“动画”按钮，在“动画”选项卡中选择“入场动画”，再选择入场动画的样式，并调整动画时长为 0.1s，点击■按钮完成操作，如图 3–88 所示。

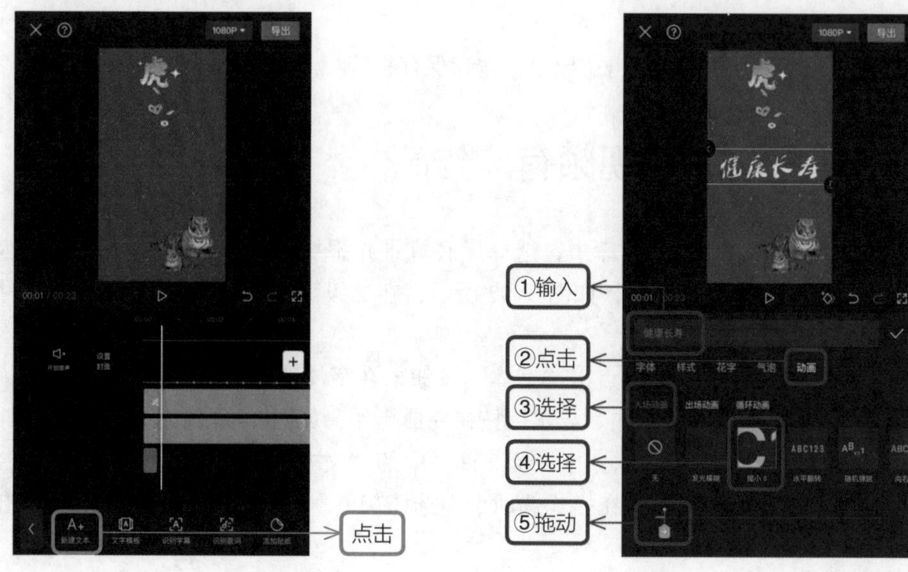

图 3–87　点击“新建文本”按钮　　　　图 3–88　选择入场动画

（14）拖动文本轨道上的白色方框并调整为与音频轨道上的节奏点对齐，如图 3–89 所示。

以此类推，按照第（13）步和第（14）步操作添加所有文本，完成后，点击◀按钮返回到主页面，如图 3–90 所示。

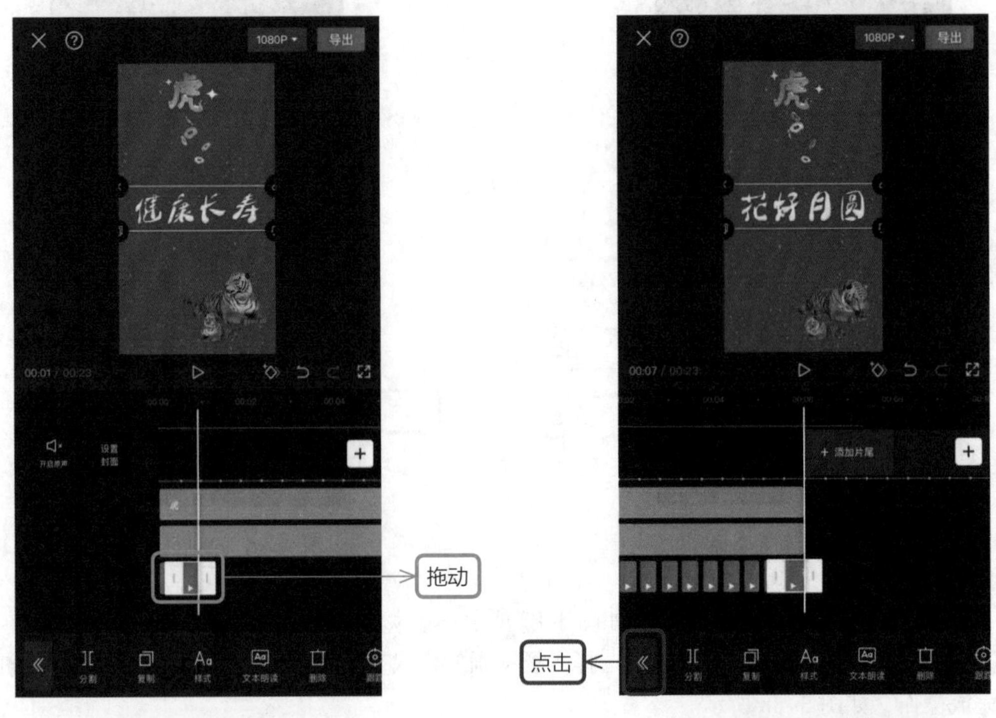

图 3–89　调整时长　　　　图 3–90　显示效果

最后，删除多余的音乐，点击“导出”按钮保存视频。

3.9　文字扫光，让视频有广告感

（1）在剪映 App 自带的素材库中，选择黑底背景并添加素材，如图 3–91 所示。然后在一级工具栏中点击“文本”按钮，如图 3–92 所示，在二级工具栏中点击“新建文本”按钮，如图 3–93 所示。

（2）在文本框中输入文字，点击“字体”按钮，在字体选项卡中选择喜欢的英文字体，在预览区域拖动◙放大字体，点击“导出”按钮完成操作，如图 3–94 所示。

（3）打开草稿箱里的视频，点击一级工具栏中的“文本”按钮，选中文本轨道，点击“样式”按钮，如图 3–95 所示。在样式选项卡中选择灰色，修改字体颜色，点击“导出”按钮，如图 3–96 所示。

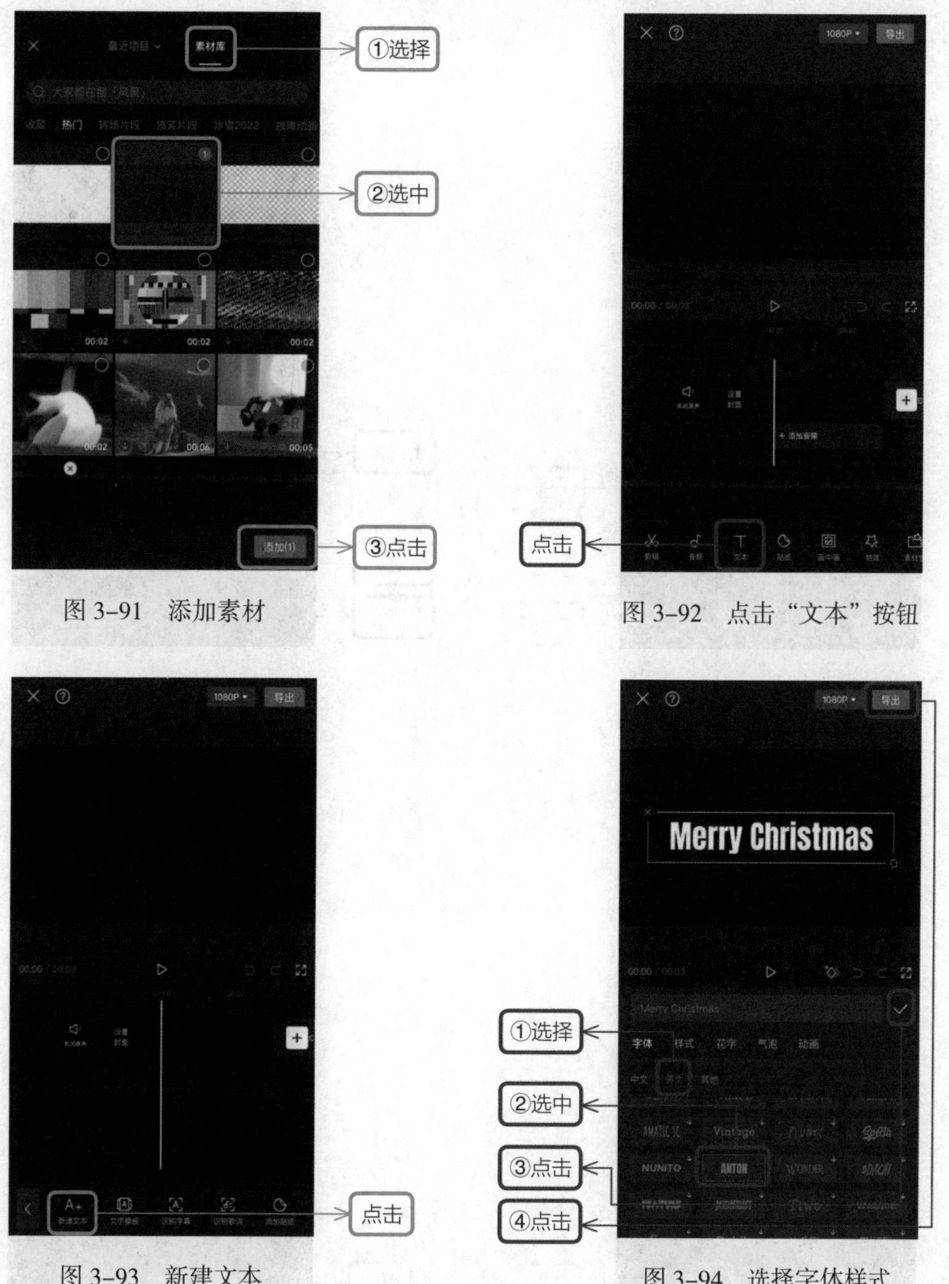

图 3-91　添加素材

图 3-92　点击“文本”按钮

图 3-93　新建文本

图 3-94　选择字体样式

（4）在一级工具栏中点击“画中画”按钮，如图 3-97 所示，进入二级工具栏，点击“新增画中画”按钮，如图 3-98 所示。

（5）在“最近项目”中，选择灰色字体的视频素材，点击“添加”按钮，如图 3-99 所示。

（6）在视频预览区域将文字视频拖动并放大，在编辑工具栏中点击“混合模式”按钮，如图 3–100 所示。

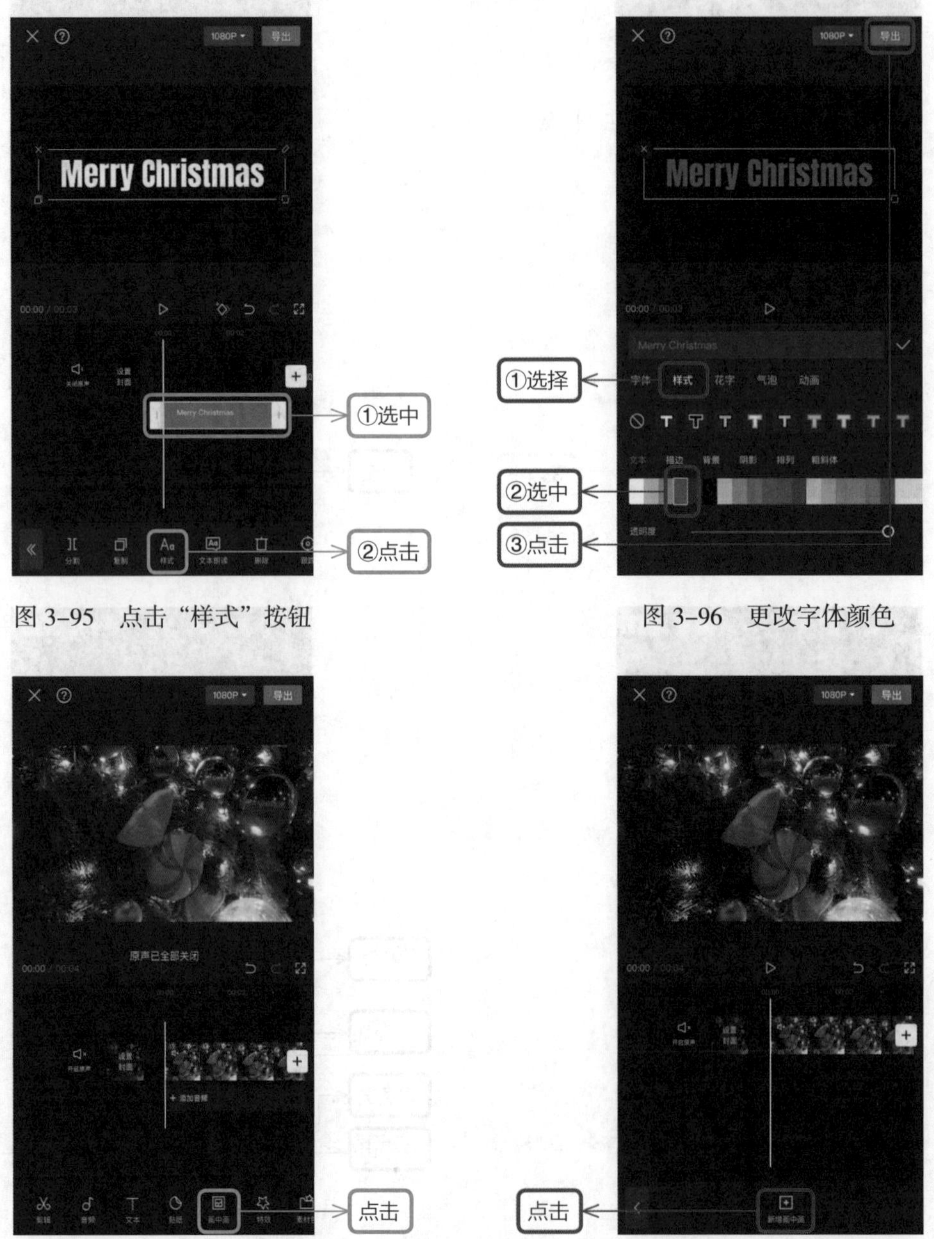

图 3–95　点击“样式”按钮

图 3–96　更改字体颜色

图 3–97　点击“画中画”按钮

图 3–98　点击“新增画中画”按钮

（7）选择混合模式中的“滤色”，拖动滑块调整视频的不透明度，点击✓按钮完成操作，如图 3–101 所示。

（8）再次点击“新增画中画”按钮，如图 3–102 所示。在“最近项目”中选择白色字体的视频，点击“添加”按钮，如图 3-103 所示。

图 3-99　添加视频 1　　　　图 3-100　点击“混合模式”按钮 1

图 3-101　选择混合模式 1

图 3-102　点击“新增画中画”按钮

（9）在预览区域中将白色字体的视频拖动并放大，点击“混合模式”按钮，如图 3-104 所示。

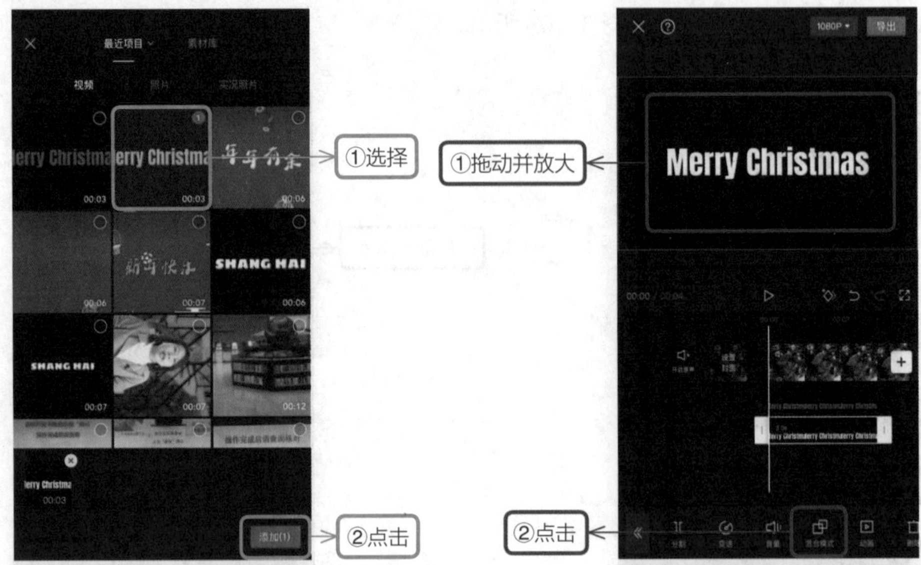

图 3–103　添加视频 2　　　　图 3–104　点击“混合模式”按钮 2

（10）选择混合模式中的“滤色”，拖动滑块调整视频的不透明度，点击☑按钮完成操作，如图 3–105 所示。

（11）选中上面的白色字体的视频轨道，点击◇按钮添加关键帧，再点击“蒙版”按钮，如图 3–106 所示。在蒙版样式中选择“镜面”样式，然后将蒙版由横向调为倾斜并将蒙版拖到字体以外的左上方，点击☑按钮完成操作，如图 3–107 所示。

图 3–105　选择混合模式 2　　　　图 3–106　点击“蒙版”按钮 1

（12）向后拖动视频，点击按钮添加关键帧。再点击“蒙版”按钮，如图 3–108 所示，将左上角的蒙版拖到中间位置，点击按钮完成操作，如图 3–109 所示。

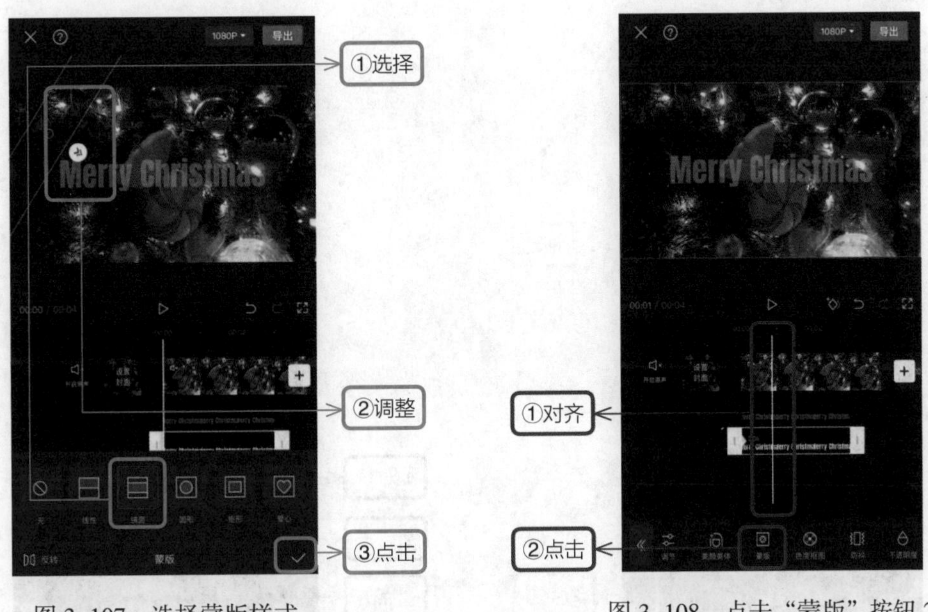

图 3–107　选择蒙版样式　　　　图 3–108　点击“蒙版”按钮 2

（13）继续向后拖动时间轴，点击按钮添加关键帧，再点击“蒙版”按钮，如图 3–110 所示。将蒙版从中间位置拖动到字体之外的右下角，点击按钮完成操作，如图 3–111 所示。

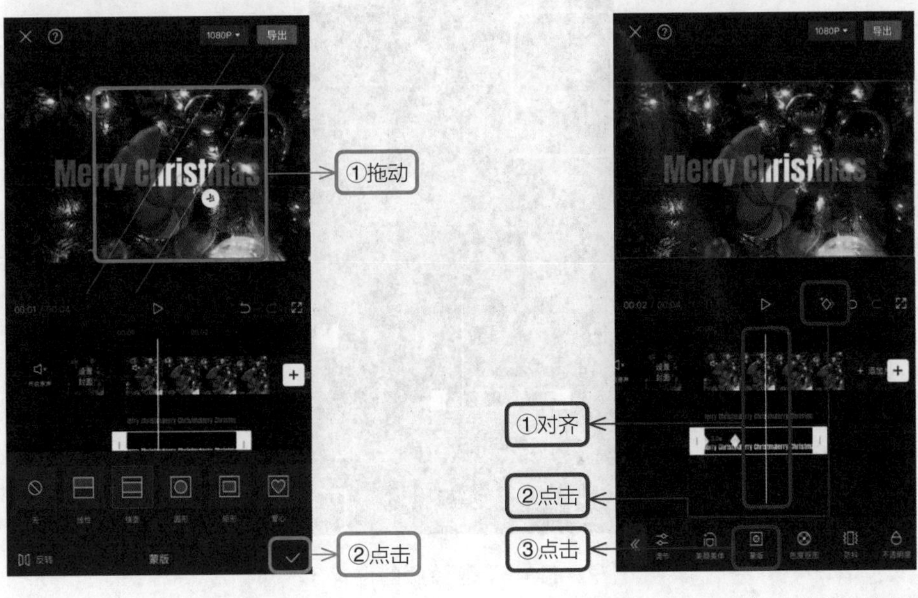

图 3–109　调整蒙版的位置 1　　　　图 3–110　点击“蒙版”按钮 3

（14）向后拖动时间轴，点击按钮添加关键帧，然后再点击“蒙版”按钮，如图 3-112 所示，将蒙版从字体以外到右下角的位置拖动到左上方的位置，点击按钮完成操作，如图 3-113 所示。

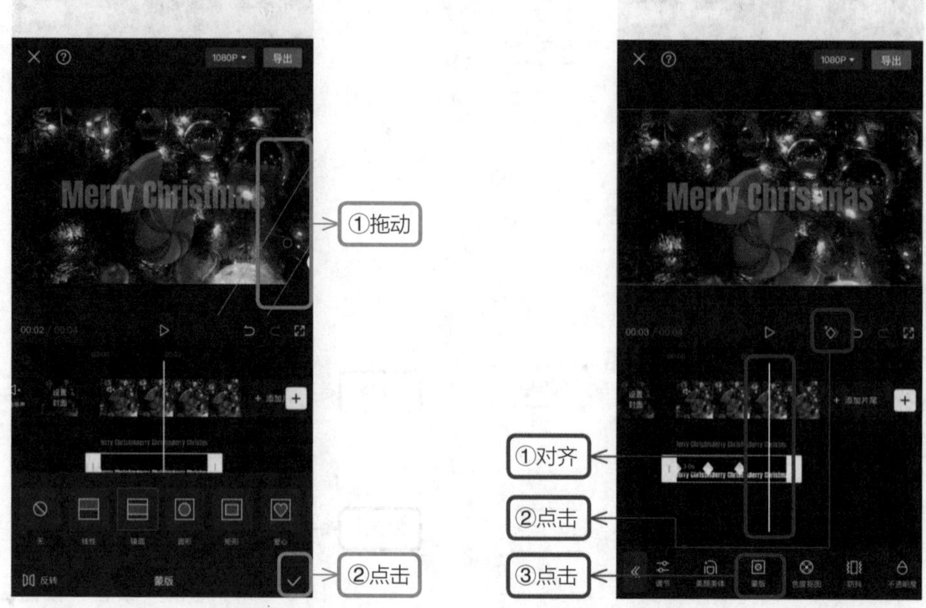

图 3-111　调整蒙版的位置 2

图 3-112　添加关键帧

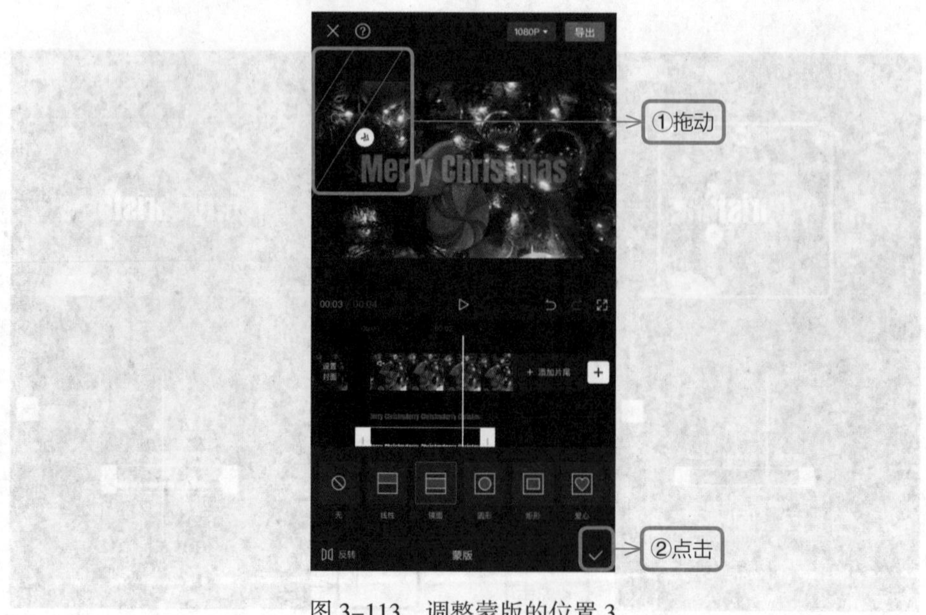

图 3-113　调整蒙版的位置 3

3.10　彩色文字，让文字穿上新衣

（1）在剪映 App 自带的素材库中挑选黑底素材，点击“添加”按钮，如图 3–114 所示。然后在一级工具栏中，点击“文本”按钮，如图 3–115 所示，进入二级工具栏，点击“新建文本”按钮，如图 3–116 所示。

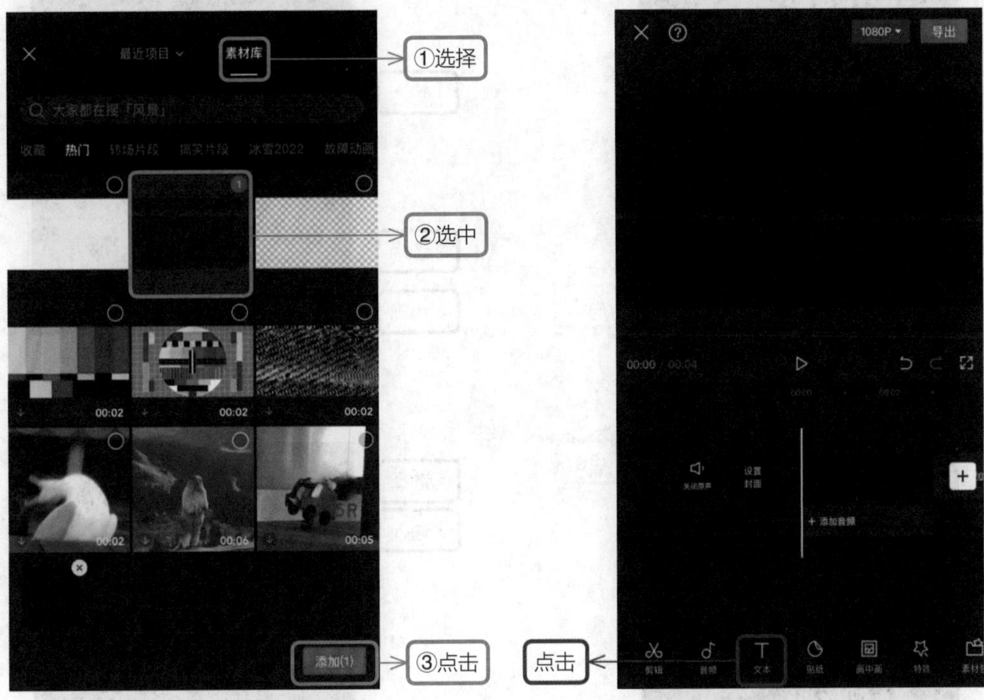

图 3–114　添加素材　　图 3–115　点击“文本”按钮

（2）在文本框中输入文字，然后在字体选项卡中选择喜欢的字体样式，点击■按钮完成设置，如图 3–117 所示。在预览区域拖动■将字体放大到合适的大小，点击“导出”按钮，如图 3–118 所示。

（3）继续进入剪映 App 自带的素材库，如图 3–119 所示。在搜索框中输入“彩色”，然后系统将会显示所有的彩色视频，挑选喜欢的视频，点击“添加”按钮，如图 3–120 所示。

（4）在一级工具栏中点击“比例”按钮，如图 3–121 所示。在比例选项卡中选择 16∶9，点击■按钮返回，如图 3–122 所示。

图 3-116　点击“新建文本”按钮

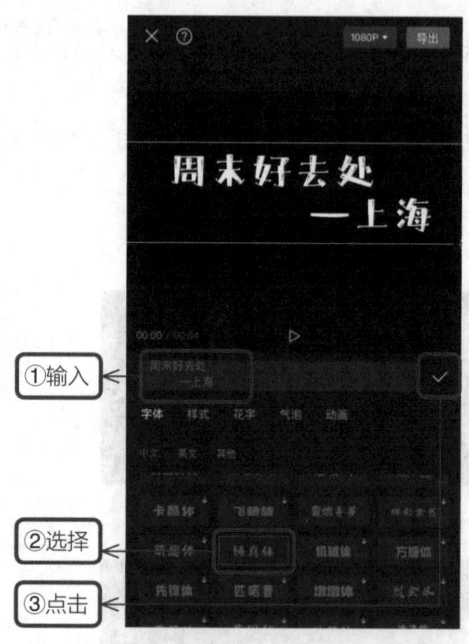

图 3-117　选择字体

图 3-118　导出视频

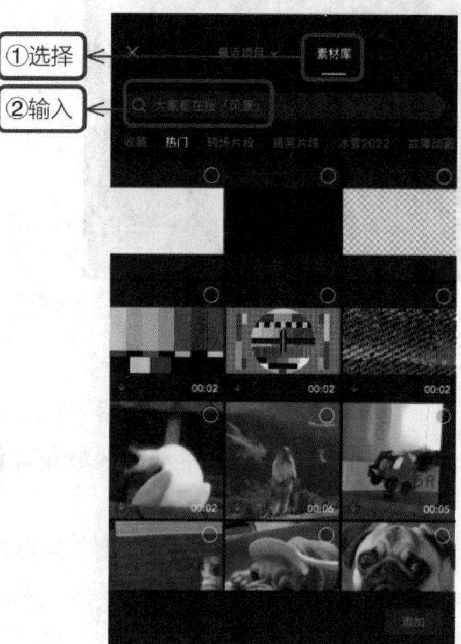

图 3-119　搜索素材

（5）我们需要将视频由竖版调整为横版并且填充满整个画面。选中视频轨道，在工具栏中点击“编辑”按钮，如图 3-123 所示，然后点击“旋转”按钮，如图 3-124 所示，再点击■按钮返回到主界面。

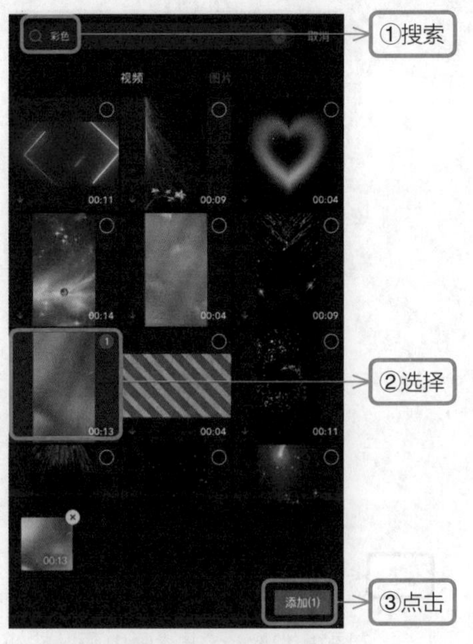

图 3-120　选择素材

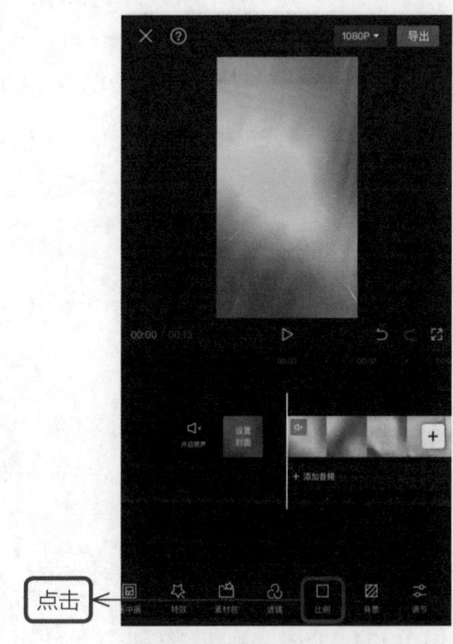

图 3-121　点击“比例”按钮

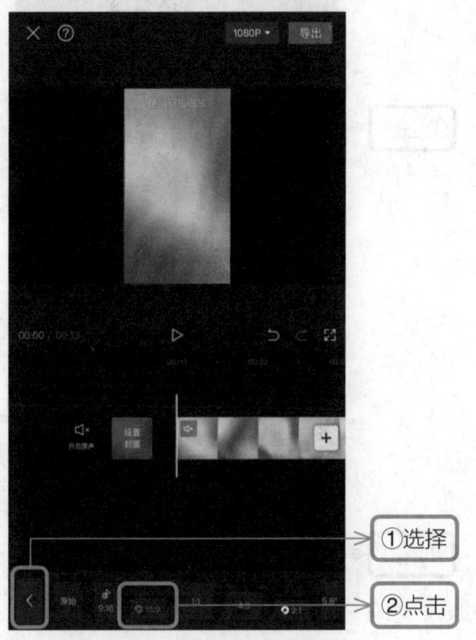

图 3-122　选择比例

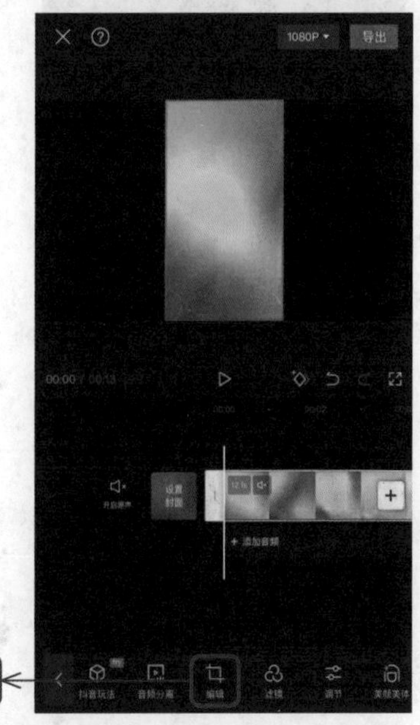

图 3-123　点击“编辑”按钮

（6）在一级工具栏中点击“画中画”按钮，如图 3-125 所示，然后点击“新增画中画”按钮，如图 3-126 所示。在“最近项目”中找到上一步保存的视频，选中并添加，如图 3-127 所示。

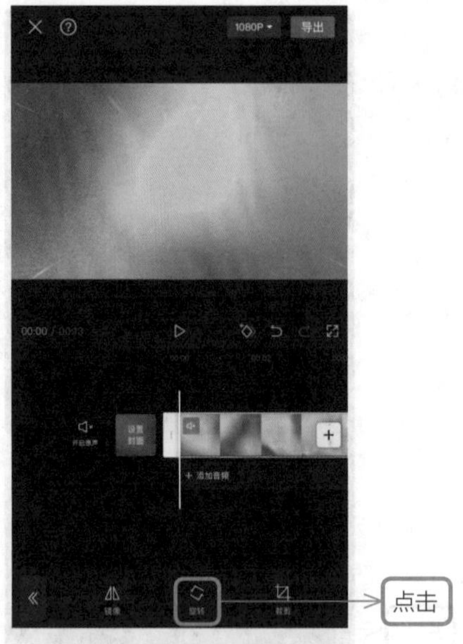

图 3–124　点击“旋转”按钮

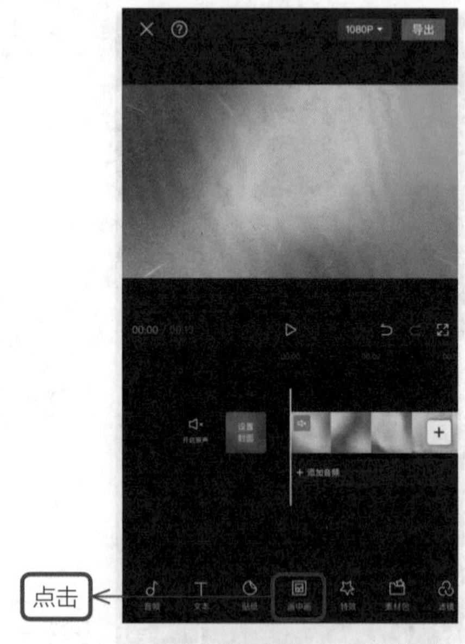

图 3–125　点击“画中画”按钮

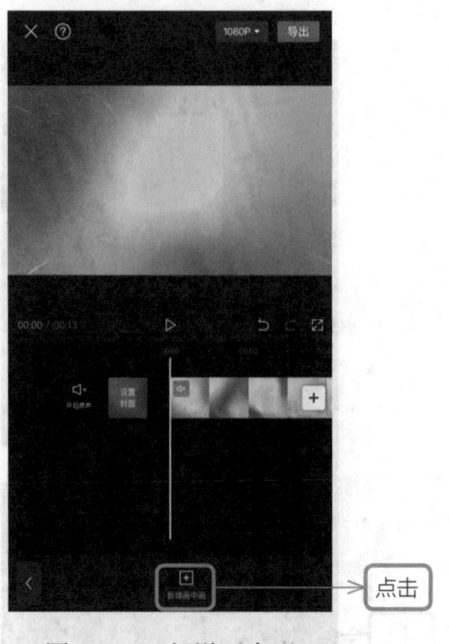

图 3–126　新增画中画

图 3–127　添加视频

（7）在预览区域拖动，将画中画的视频放大并与主视频一致，然后点击“混合模式”按钮，如图 3–128 所示。

（8）在混合模式选项卡中选择正片叠底，将不透明度调整到最大，然后点击按钮，导出文本视频，如图 3–129 所示。

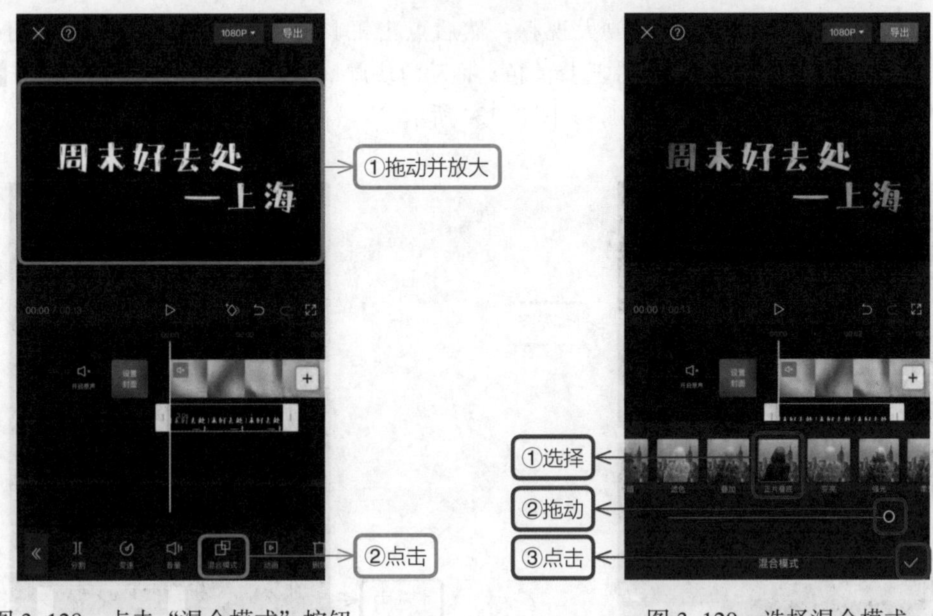

图 3-128　点击“混合模式”按钮

图 3-129　选择混合模式

（9）重新添加一段视频后，点击“关闭原声”按钮，在一级工具栏中，点击“画中画”按钮，如图 3-130 所示。

（10）点击“新增画中画”按钮，如图 3-131 所示，在“最近项目”中选择刚才保存为彩色字体的视频，点击“添加”按钮，如图 3-132 所示。

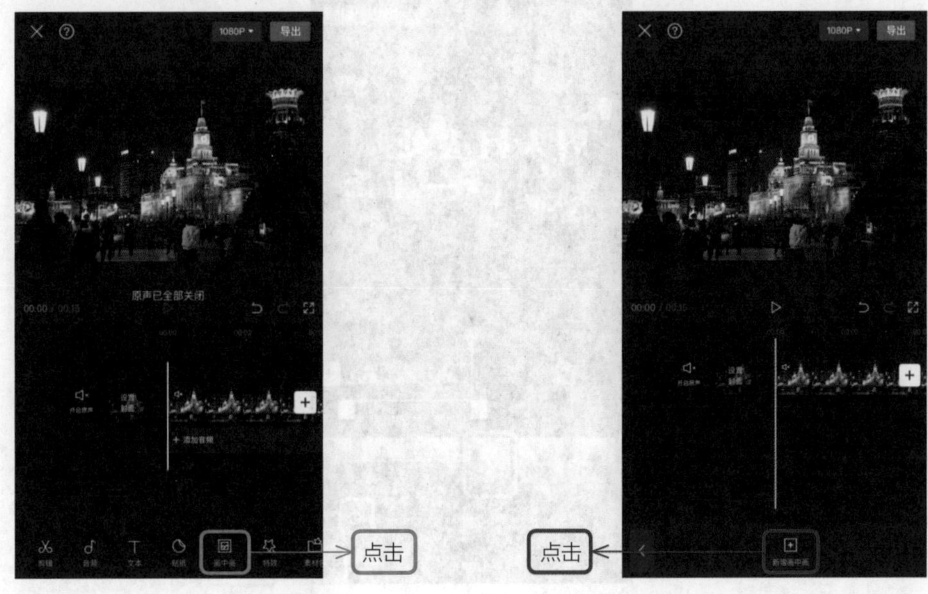

图 3-130　点击“画中画”按钮

图 3-131　点击“新增画中画”按钮

（11）在预览区域，拖动◼放大视频，然后点击工具栏中的“混合模式”按钮，如图 3–133 所示。在混合模式选项中选择滤色，拖动滑块调整视频的不透明度，然后点击✔按钮，再点击“导出”按钮导出视频，如图 3–134 所示。

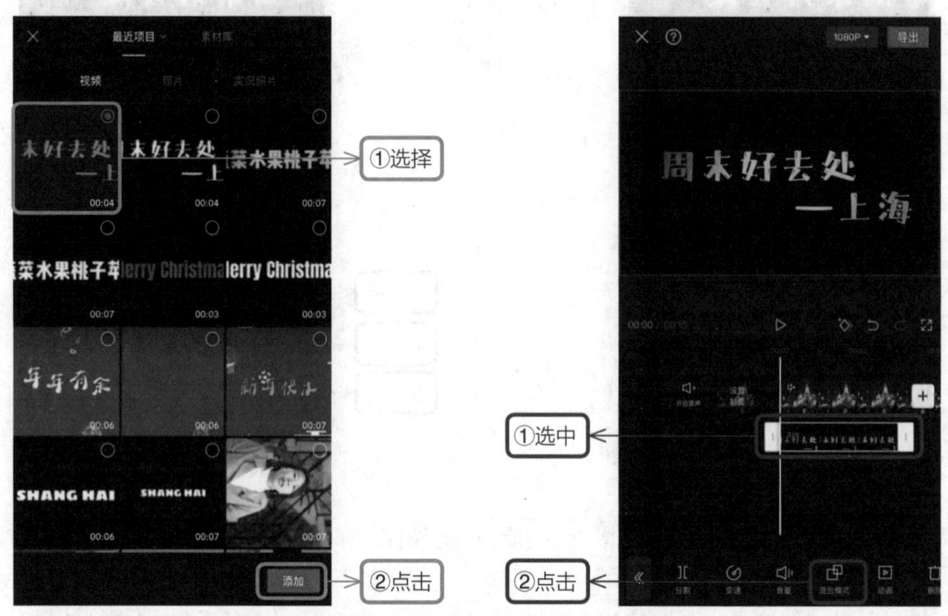

图 3–132　添加素材

图 3–133　点击“混合模式”按钮

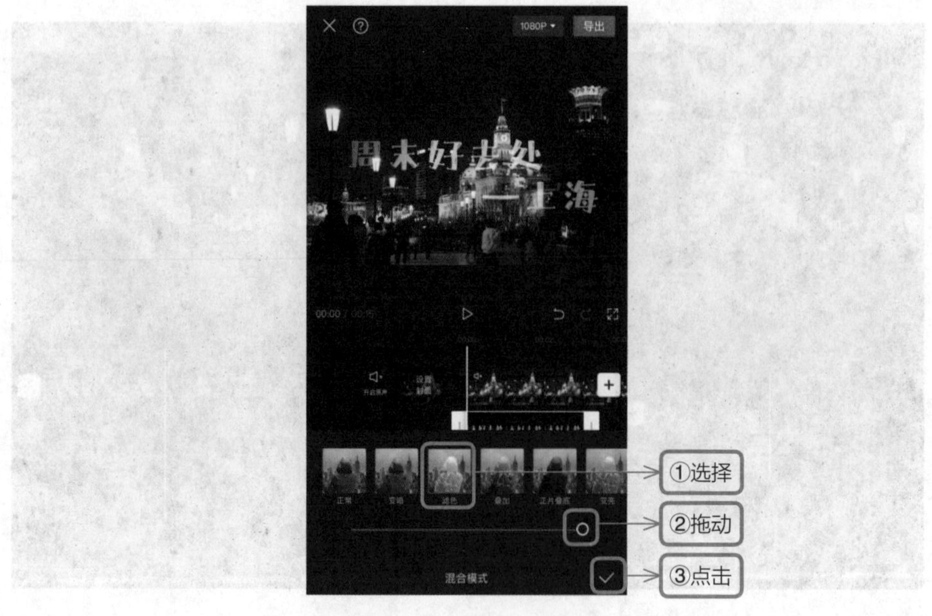

图 3–134　选择混合模式

第 4 章 声音处理，让视频充满感染力

4.1 音频分离，原片声音分离开

（1）在剪映 App 中导入一段视频，在一级工具栏中点击“音频”按钮，如图 4–1 所示。

（2）拖动二级工具栏中的菜单，点击“音频分离”按钮，如图 4–2 所示。

图 4–1 点击“音频”按钮

图 4–2 点击“音频分离”按钮

（3）此时，主视频轨道上的音频就被分离出来，成为一条单独的音频轨道了，如图 4–3 所示。

图 4–3　音频分离成功

4.2　降噪开关，优化视频的原音

如果拍摄环境比较嘈杂，在剪辑视频时就可以使用降噪功能，让声音清晰、立体。

（1）在剪映 App 中导入一段视频，在一级工具栏中点击“音频”按钮，如图 4–4 所示。

（2）拖动二级工具栏中的选项，点击“降噪”按钮，如图 4–5 所示。

图 4–4　点击“音频”按钮

图 4–5　点击“降噪”按钮

（3）拖动滑块，打开降噪开关，此时系统将会显示自动运算进度，如图 4–6 所示。

（4）系统运算后，点击☑按钮完成操作，如图 4–7 所示。

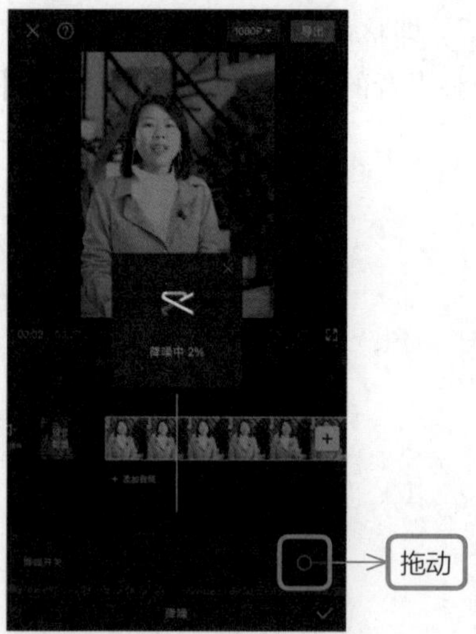

图 4–6　打开降噪开关

图 4–7　完成降噪

4.3　变速变声，调整声音增趣味

（1）在剪映 App 中导入一段视频，在一级工具栏中点击“剪辑”按钮，如图 4–8 所示，在二级工具栏中点击“变声”按钮，如图 4–9 所示。

图 4–8　点击“剪辑”按钮

图 4–9　点击“变声”按钮

（2）在声音样式选项卡中，选择“大叔”选项，然后点击按钮完成操作，如图 4–10 所示。此时视频声音就由自带的女生声音变成了大叔的声音。

（3）可以通过调整声音的速度让声音更有趣。在二级工具栏中，点击“变速”按钮，如图 4–11 所示，在变速的选项卡中选择“常规变速”，即整个视频的声音播放速度一致，整体过快或者过慢，如图 4–12 所示。然后拖动方块调整声音的播放速度，最后点击☑按钮完成操作，如图 4–13 所示。

图 4–10　选择声音样式

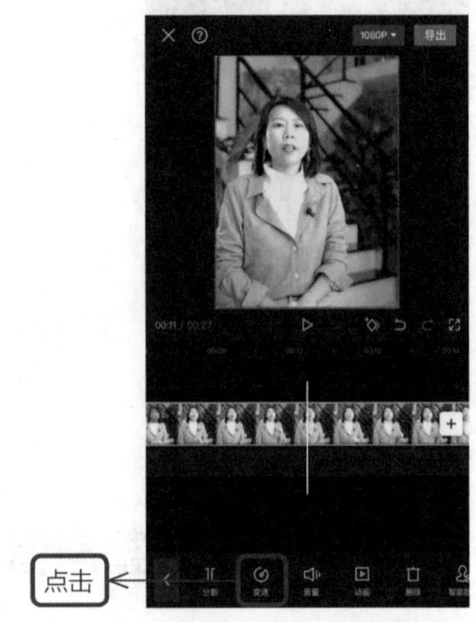

图 4–11　点击“变速”按钮

图 4–12　点击“常规变速”按钮

图 4–13　调整声音的播放速度

4.4　添加音效，增强场面氛围感

（1）在剪映 App 中导入一段视频，点击“关闭原声”按钮，在一级工具栏中点击“音频”按钮，如图 4-14 所示。

（2）在二级工具栏中，点击“音效”按钮，如图 4-15 所示。

图 4-14　点击“音频”按钮

图 4-15　点击“音效”按钮

（3）在音效选项卡中选择“环境音”。例如，视频里想要添加鸟叫声，选择喜欢的声音后，点击“使用”按钮即可，如图 4-16 所示。此时，音效将自动添加到视频中，形成单独的一条音效轨道，如图 4-17 所示。

（4）如果这个音效使用的频率非常高，那么可以点击☆按钮将其收藏，如图 4-18 所示。以后需要时直接打开音效收藏夹就能找到这个音效了，如图 4-19 所示。

图 4-16　选择音效

图 4-17　单独的音效轨道

图 4-18　点击“收藏”按钮

图 4-19　显示收藏夹

4.5　提取音乐，获取外部的音乐

（1）在剪映 App 中导入一段视频，点击“关闭原声”按钮，在一级工具栏中点击“音频”按钮，如图 4-20 所示。

（2）在二级工具栏中，点击“提取音乐”按钮，如图 4-21 所示，剪映将自动显示所有的视频。选择需要的视频，点击“仅导入视频的声音”按钮，如图 4-22 所示。此时被提取的音乐将会自动生成一条新的音频轨道，如图 4-23 所示，然后将多余的音频部分切割后删除即可。

图 4-20　点击“音频”按钮

图 4-21　点击“提取音乐”按钮

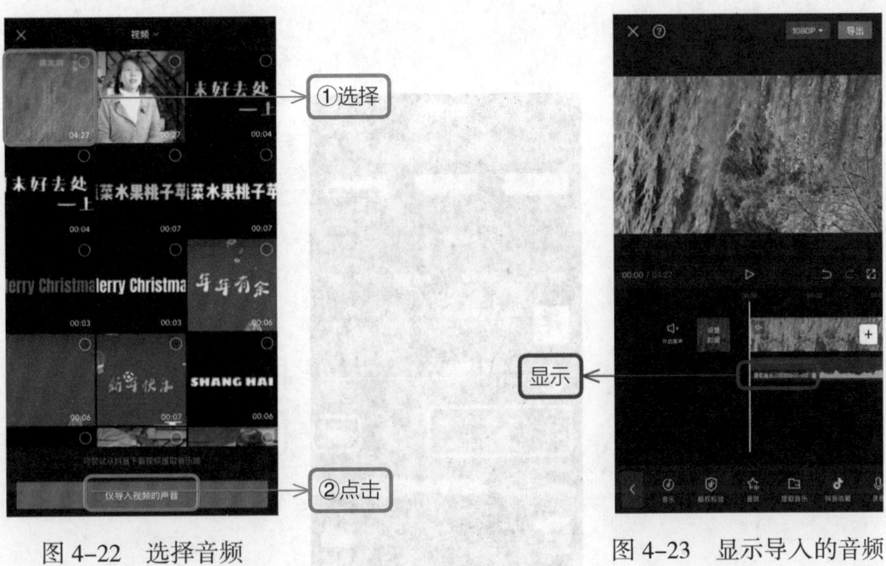

图 4-22　选择音频　　图 4-23　显示导入的音频

4.6　抖音收藏，轻松使用抖音音乐

人们经常在抖音里收藏喜欢的音乐，通过剪映的“抖音收藏”功能，可以将收藏的音乐直接使用在剪辑的视频里。

（1）在剪映 App 中导入一段视频，点击工具栏中的“音频”按钮，如图 4-24 所示。

（2）继续在二级工具栏中点击“抖音收藏”按钮，如图 4-25 所示。

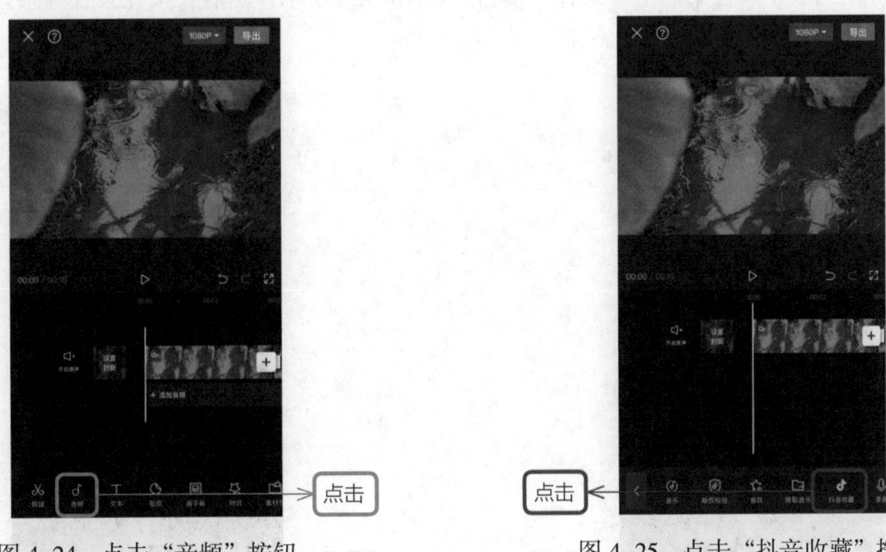

图 4-24　点击“音频”按钮　　图 4-25　点击“抖音收藏”按钮

（3）在选项卡中找到“抖音收藏”，选择喜欢的音乐，然后点击“使用”按钮，如图 4-26

所示，然后将多余的音频切割后删除。

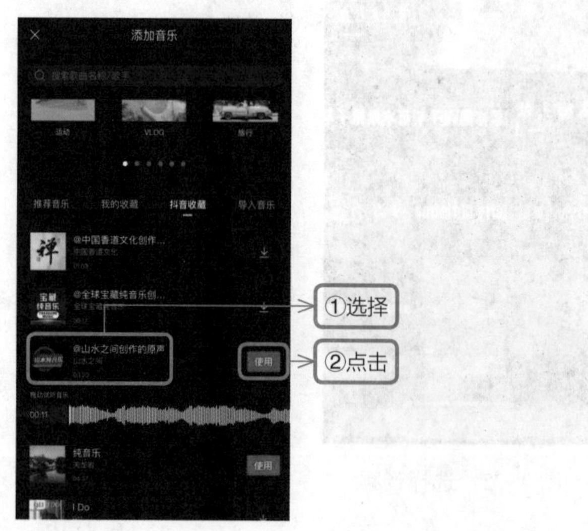

图 4–26　选择音乐

4.7　录音功能，直接添加上旁白

（1）在剪映 App 中导入一段视频，然后点击“关闭原声”按钮，在一级工具栏中点击“音频”按钮，如图 4–27 所示。

（2）在二级工具栏中点击“录音”按钮，如图 4–28 所示，然后长按住录音键录入声音，如图 4–29 所示。

图 4–27　点击“音频”按钮

图 4–28　点击“录音”按钮

（3）声音录制完毕后，点击☑（完成）按钮完成操作，如图 4–30 所示。

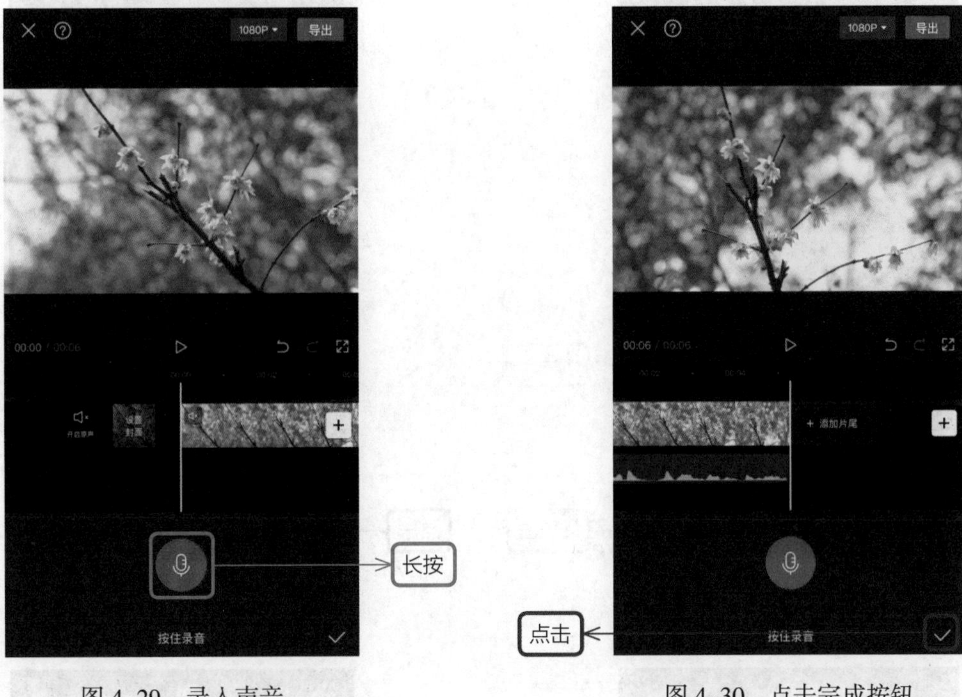

图 4–29　录入声音　　　图 4–30　点击完成按钮

4.8　淡入淡出，声音衔接更自然

在视频中，如果想要让声音从无到有，音量从小到大，那么可以使用音频的淡入和淡出功能。

（1）导入一段视频后，点击“关闭原声”按钮，再点击一级工具栏中的“音频”按钮，进入二级工具栏，如图 4–31 所示。

（2）在二级工具栏中，点击“音乐”按钮，如图 4–32 所示，在音乐选项卡中，选择“旅行”，如图 4–33 所示。

（3）在旅行类音乐清单中选择喜欢的音乐，并点击“使用”按钮，音乐就添加在音频轨道上了，如图 4–34 所示。

（4）双击音频轨道后会出现白色的方框，点击工具栏中的“淡化”按钮，如图 4–35 所示。

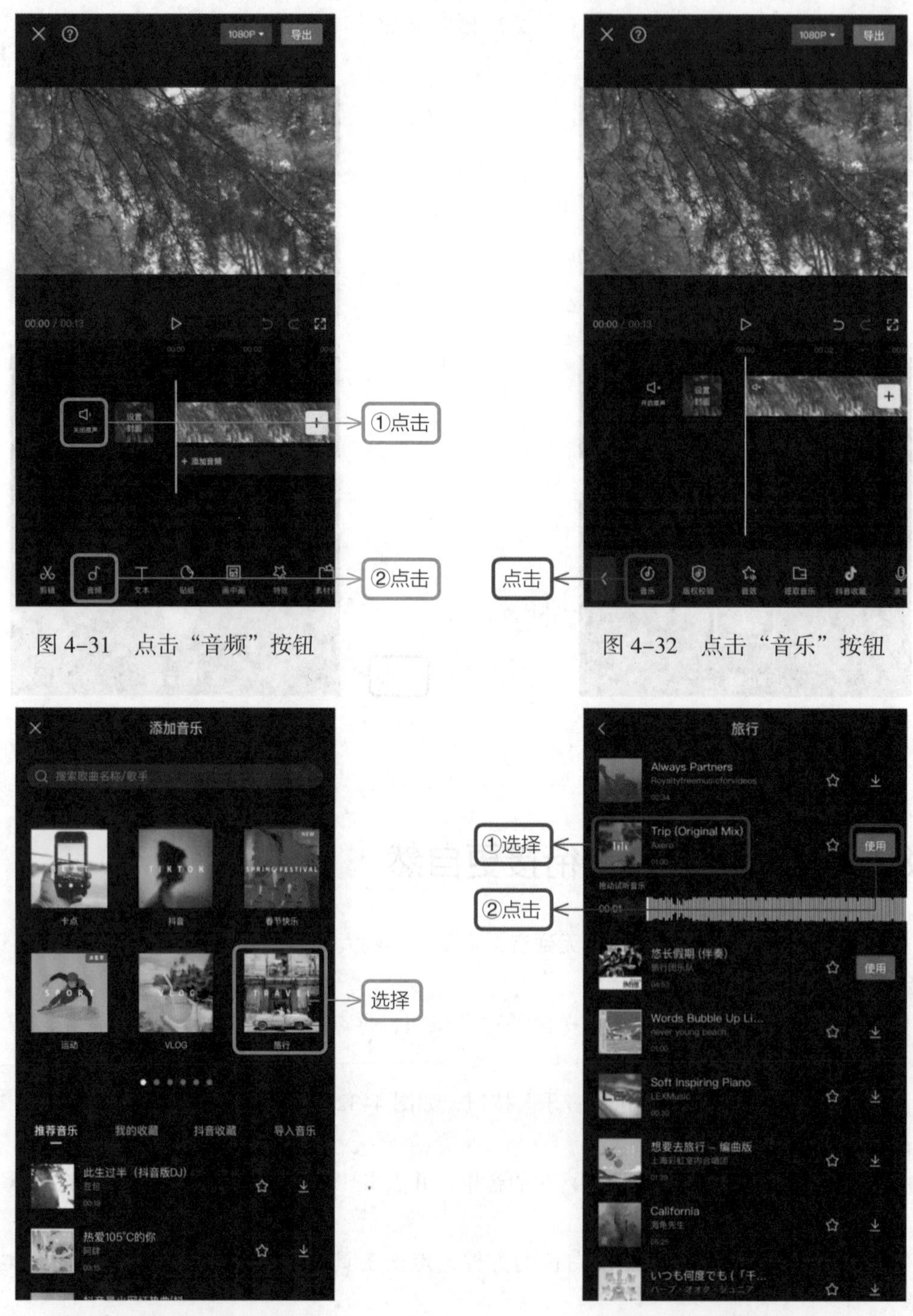

图 4–31　点击“音频”按钮

图 4–32　点击“音乐”按钮

图 4–33　选择旅行类音乐

图 4–34　选择并添加音乐

（5）拖动淡入时长的滑块，调整淡入时长，如图 4–36 所示，然后将音频拖动到结尾处，拖动滑块调整淡出时长，最后点击✓按钮完成操作，如图 4-37 所示。

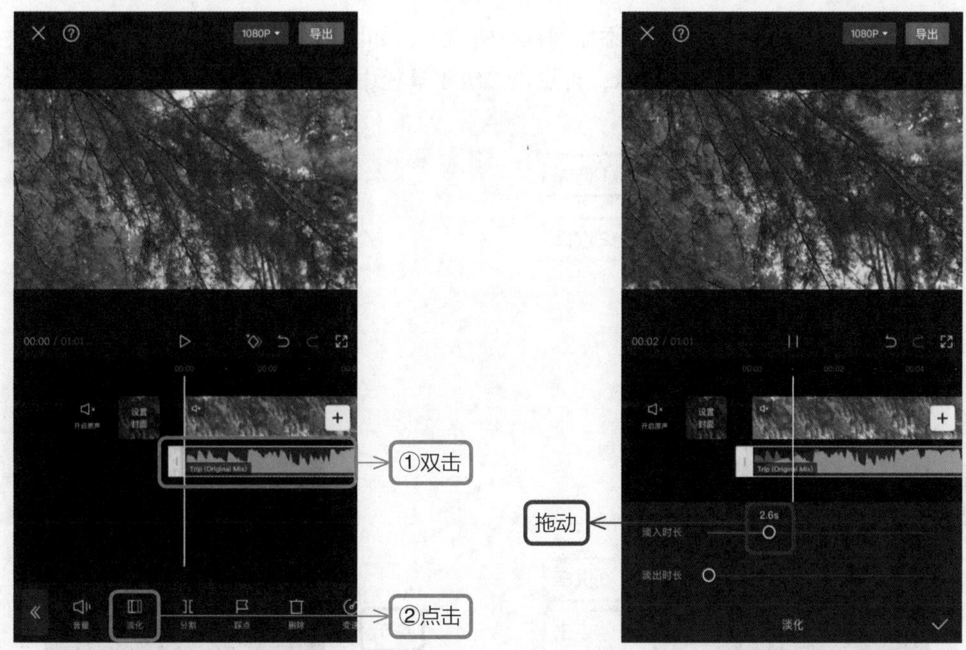

图 4-35　点击“淡化”按钮　　　　图 4-36　调整淡入时长

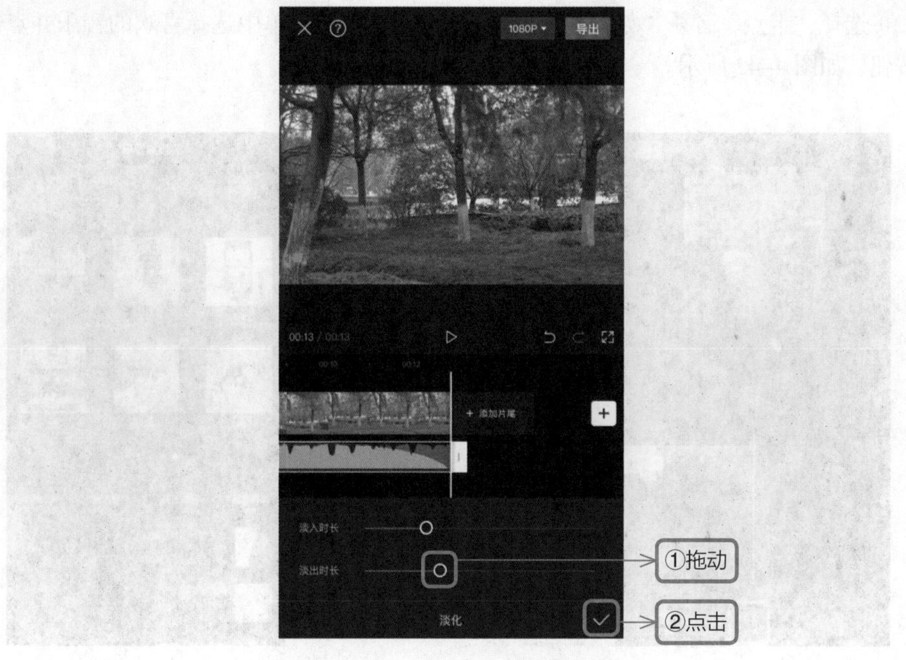

图 4-37　调整淡出时长

4.9 自动踩点，跟着节拍有动感

（1）在最近项目中选择照片并添加到视频轨道上，如图 4–38 所示，然后在一级工具栏中点击“音频”按钮，如图 4–39 所示，再点击二级工具栏中的“音效”按钮，如图 4–40 所示。

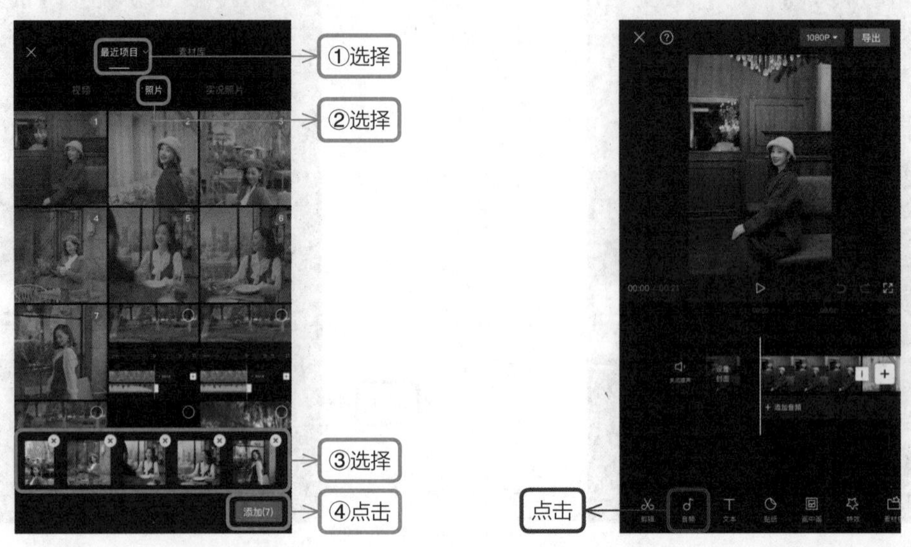

图 4–38 添加照片　　图 4–39 点击“音频”按钮

（2）选择“卡点”音乐，如图 4–41 所示，然后在音乐清单中选择喜欢的音乐并点击“使用”按钮，如图 4–42 所示。

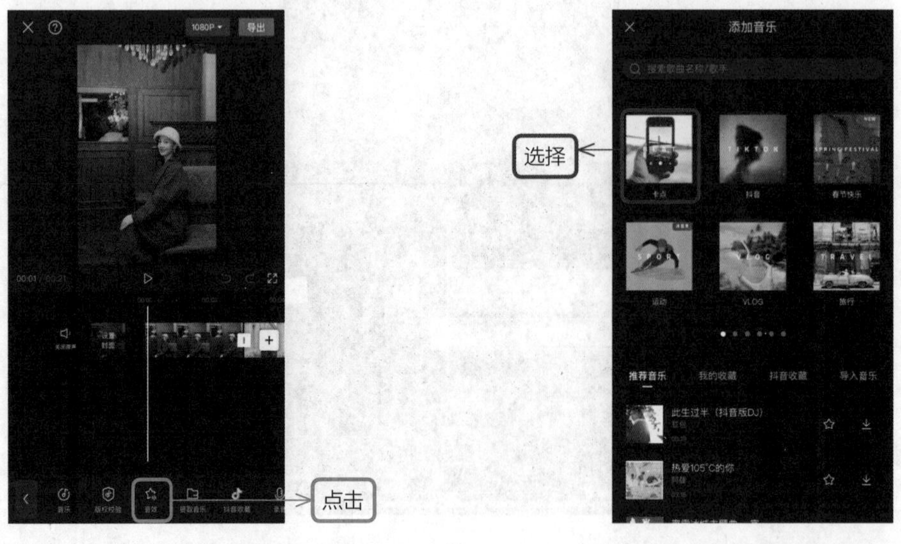

图 4–40 点击“音效”按钮　　图 4–41 选择卡点音乐

（3）截取所需的音频片段后，选中音频轨道，点击工具栏中的“踩点”按钮，如图 4–43 所示。拖动滑块，打开“自动踩点”开关，选择“踩节拍Ⅱ”，点击按钮完成操作，如图 4–44 所示。

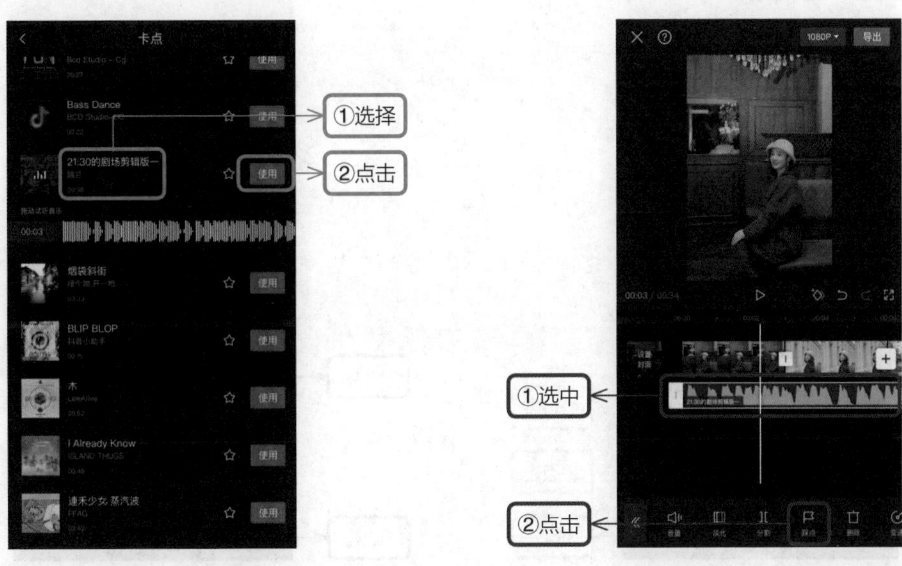

图 4–42　选择音乐　　　　图 4–43　点击“踩点”按钮

（4）将时间轴拖动到黄色节奏点位置上，然后点击选中的照片，拖动白色方框，将其调整与节奏点对齐，如图 4–45 所示。

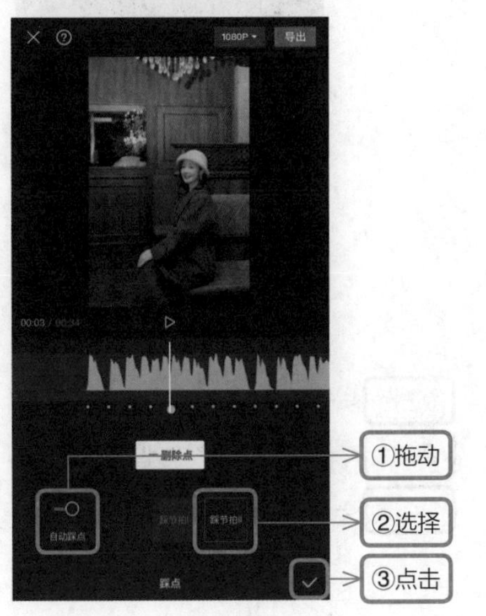

图 4–44　自动踩点

图 4–45　拖动并对齐

以此类推，继续拖动时间轴，按上面的步骤分别拖动余下的照片并与节奏点对齐，然后删除多余的音频，如图 4–46 所示。

（5）点击第一张照片，在工具栏中点击“动画”按钮，如图 4–47 所示，选择“组合动画”，如图 4–48 所示。

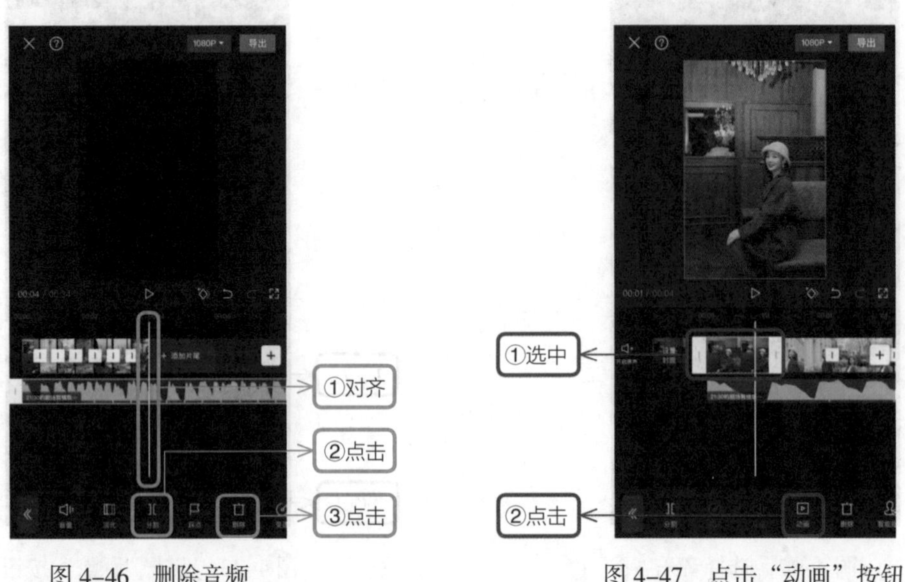

图 4–46　删除音频

图 4–47　点击“动画”按钮

（6）选择组合动画的样式，拖动滑块调整时长，点击✓按钮完成操作，如图 4–49 所示。

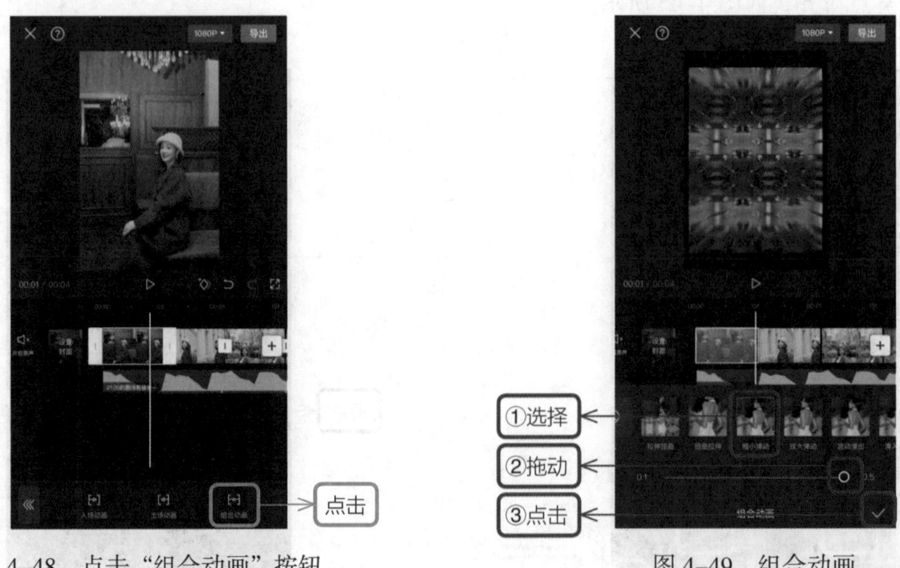

图 4–48　点击“组合动画”按钮

图 4–49　组合动画

以此类推，按以上操作步骤给所有的照片都添加上组合动画，然后点击“导出”按钮。

4.10　蒙版卡点，拯救废片好法宝

（1）导入一段视频后，点击“关闭原声”按钮，然后点击一级工具栏中的“音频”按钮，如图 4–50 所示。

（2）在二级工具栏中点击“音乐”按钮，如图 4–51 所示，选择“卡点”音乐，如图 4–52 所示。在卡点音乐清单中选择喜欢的音乐，点击“使用”按钮，如图 4–53 所示。

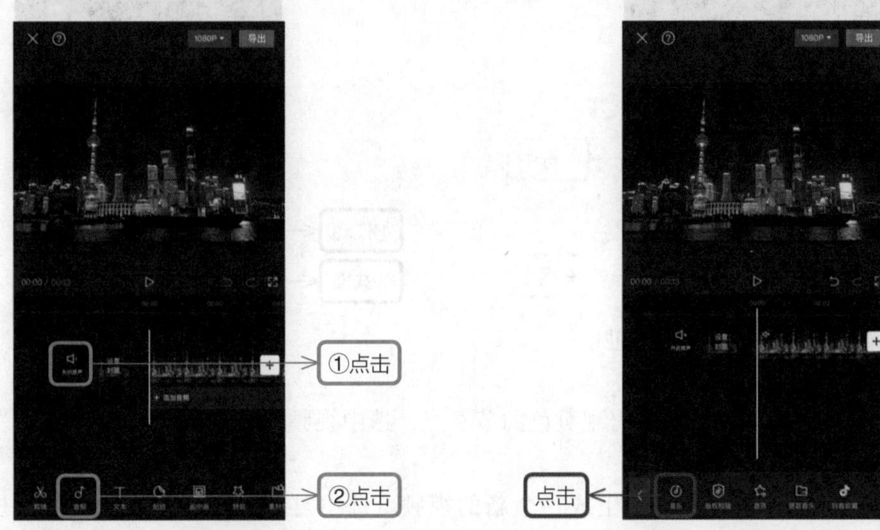

图 4–50　点击“音频”按钮　　图 4–51　点击“音乐”按钮

图 4–52　选择“卡点”音乐

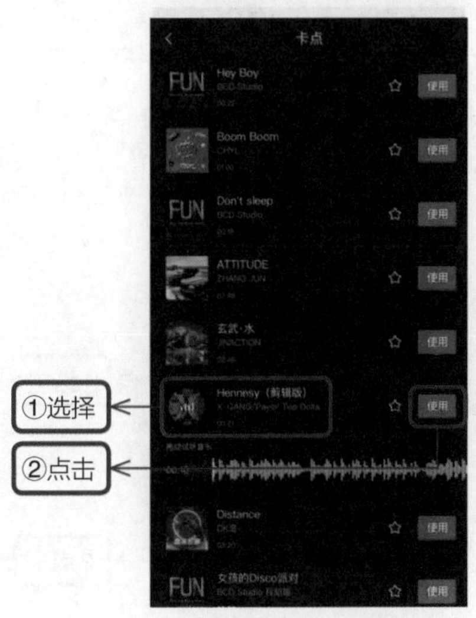

图 4–53　选择音乐

（3）选中音频轨道，点击工具栏中的“踩点”按钮，如图 4–54 所示。然后拖动滑块，打开“自动踩点”开关并选择“踩节拍Ⅱ”，点击✓按钮完成操作，如图 4–55 所示。

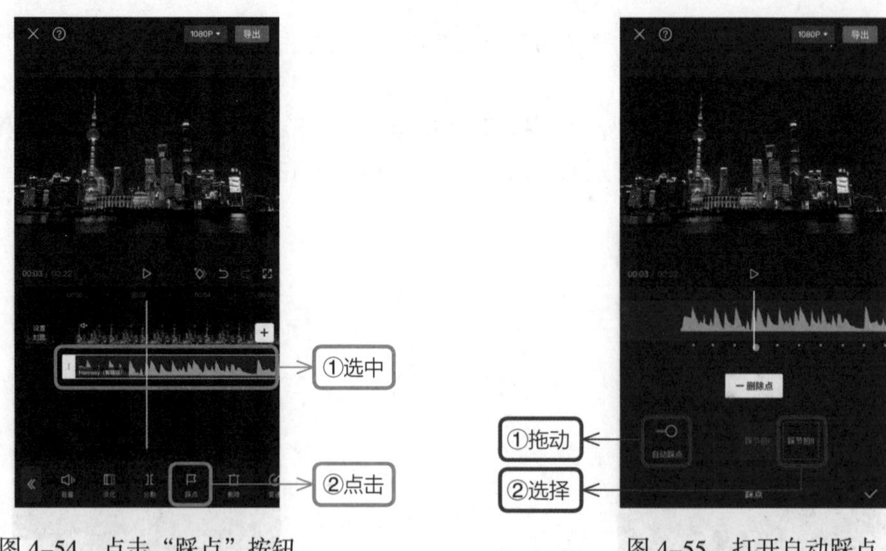

图 4–54　点击“踩点”按钮　　　　图 4–55　打开自动踩点

（4）此时音频轨道上就会出现黄色的节奏点，选中视频轨道，点击工具栏中的“复制”按钮，如图 4–56 所示。

（5）在原视频的结尾处会生成一个新的视频。选中复制的新视频，点击工具栏中的“切画中画”按钮，如图 4–57 所示。

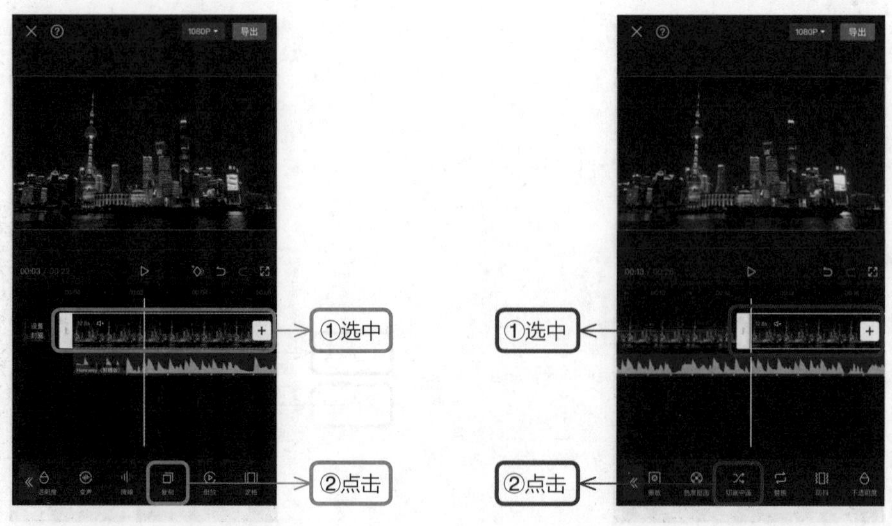

图 4–56　点击“复制”按钮　　　　图 4–57　点击“切画中画”按钮

（6）此时视频会自动调整到画中画轨道上，选中它并拖动到与主视频的起始位置对齐，如图 4–58 所示。

（7）选中主视频轨道，点击工具栏中的“滤镜”按钮，如图 4–59 所示，在滤镜选项卡中，点击“黑白”按钮并选择“赫本”，拖动滑块调整不透明度为最大，点击☑按钮完成操作，如图 4–60 所示。

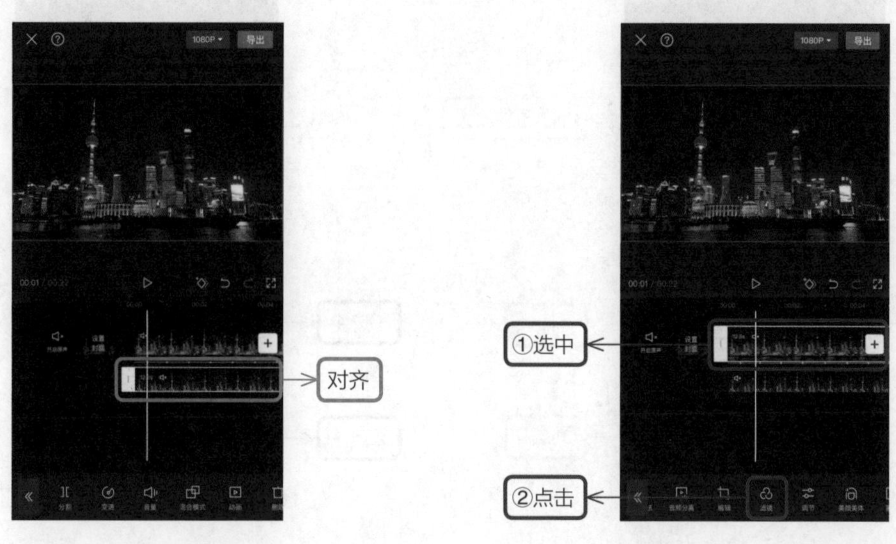

图 4–58　对齐视频　　图 4–59　点击“滤镜”按钮

（8）在预览区域，拖动并缩小画面，可以检查添加滤镜后的效果，如图 4–61 所示。

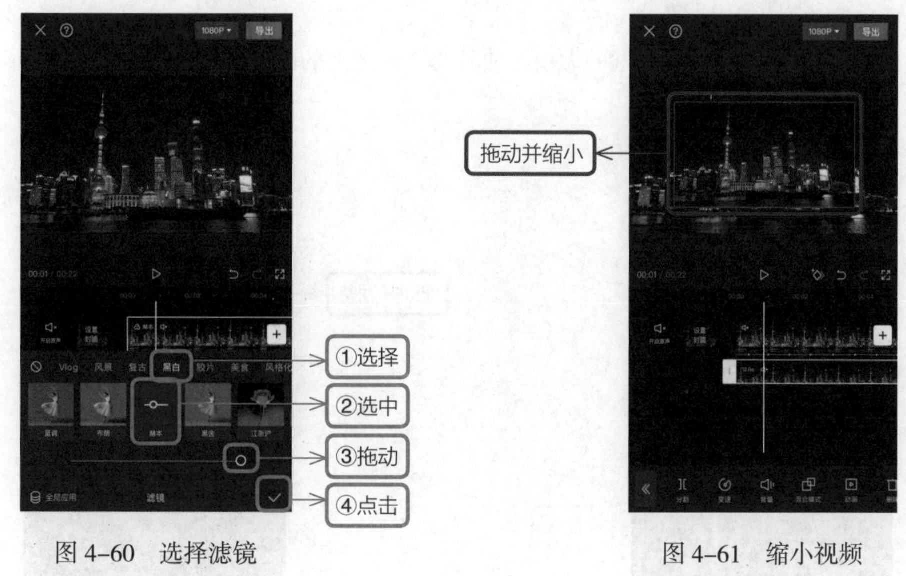

图 4–60　选择滤镜　　图 4–61　缩小视频

（9）在预览区域拖动并放大视频后，选中画中画轨道上的视频，然后点击工具栏中的

“分割”按钮，按照音频中的节奏点将视频进行分割，如图 4–62 所示。

（10）在画中画轨道，选中一段视频，然后点击工具栏中的“蒙版”按钮，如图 4–63 所示，在蒙版样式中选择“矩形”，如图 4–64 所示。

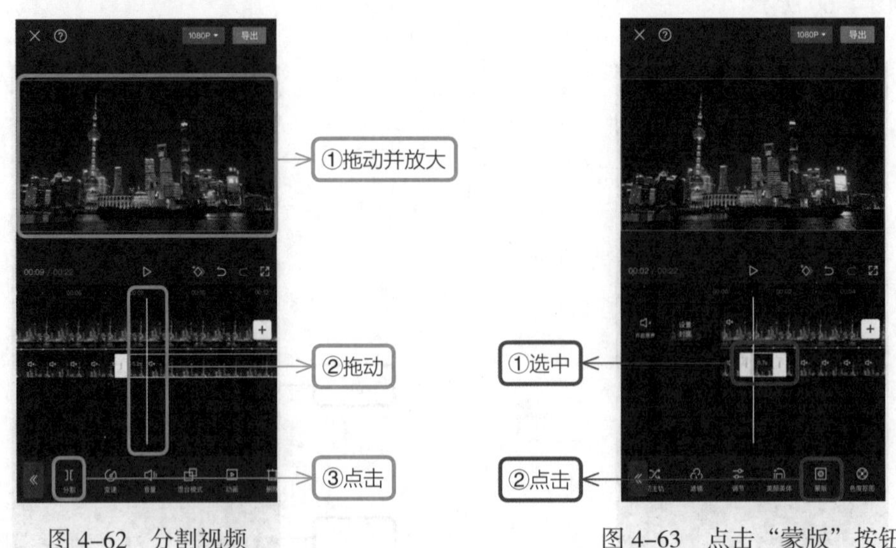

图 4–62　分割视频　　图 4–63　点击“蒙版”按钮

这时，预览区域将会出现矩形蒙版，蒙版框里是需要显示的画面内容，如果想要遮盖，则可以点击反转按钮。向上或向下拖动↕，可以调整矩形的高度；向左或向右拖动↔，可以调整矩形的宽度，向里或向外拖动◙，可以调整四个圆角的大小。向上或向下拖动≚，可以调整矩形边框的羽化程度。

（11）拖动并调整矩形蒙版框的大小，使其与主轨道上的画面重合，如图 4–65 所示。

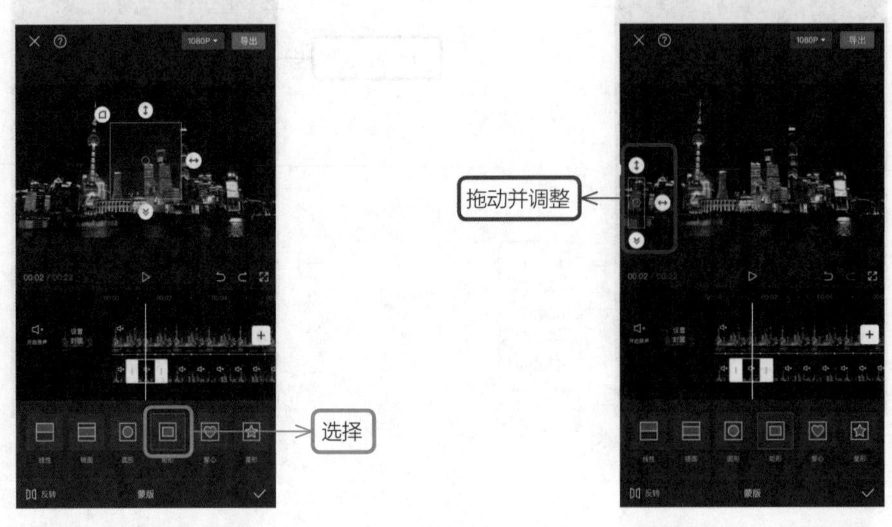

图 4–64　选择蒙版　　图 4–65　调整蒙版

以此类推，按以上步骤为后面的视频添加蒙版。

（12）选中画中画轨道中的一段视频，然后点击工具栏中的“动画”按钮，如图 4–66 所示。

（13）点击“入场动画”按钮，如图 4–67 所示，然后选择入场动画的样式“渐显”，拖动滑块，根据需求调整动画出现的时长，最后点击☑按钮完成操作，如图 4–68 所示。

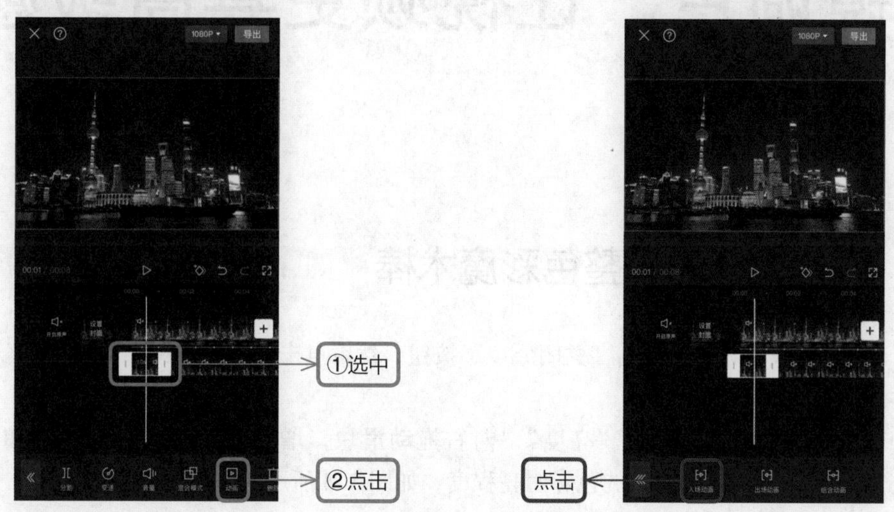

图 4–66　点击“动画”按钮　　图 4–67　点击“入场动画”按钮

图 4–68　选择入场动画样式

第 5 章
滤镜调色，让视频更具高级感

5.1 画面调节，调整色彩魔术棒

（1）导入一段视频后，点击“关闭原声”按钮，然后点击一级工具栏中的“调节”按钮，如图 5-1 所示。

（2）在调节选项卡中选择“亮度”，向右拖动滑块，增加画面的曝光亮度，如图 5-2 所示。选择“光感”，还原画面的色彩明亮程度，如图 5-3 所示。

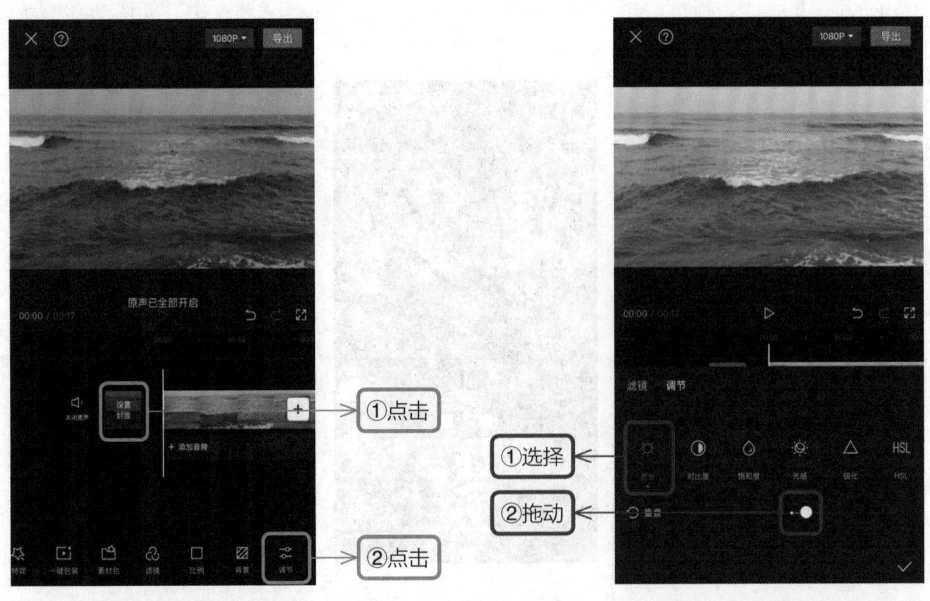

图 5-1 点击“调节”按钮

图 5-2 调节亮度

（3）选择“阴影”，向左拖动滑块，让画面的阴影部分更暗，如图 5-4 所示。然后选择“色温”并向左拖动滑块，让画面变得更蓝，如图 5-5 所示。

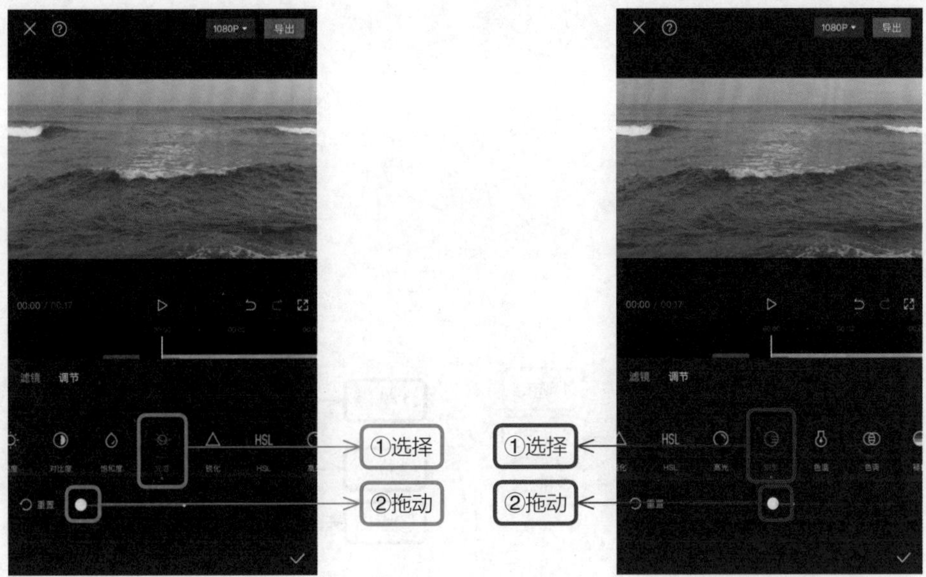

图 5-3　调节光感

图 5-4　调节阴影

（4）选择“色调”，向左拖动滑块让画面的色调偏绿，如图 5-6 所示。选择 HSL，点击◎，向右拖动色调滑块让画面的色调更蓝，向右拖动饱和度滑块增加蓝色的鲜艳度，如图 5-7 所示。

（5）选择◎，向右拖动饱和度滑块，点击✓按钮完成操作，如图 5-8 所示。

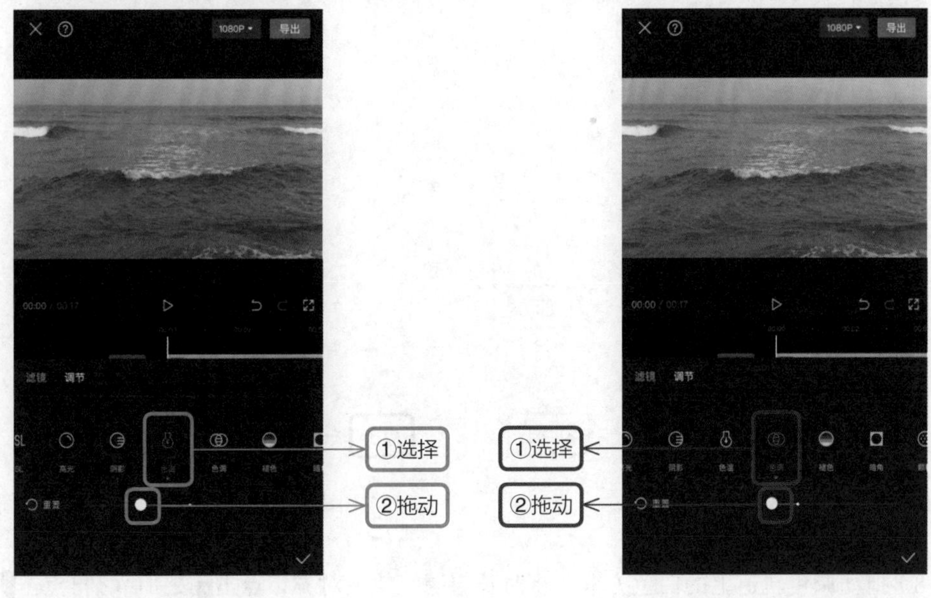

图 5-5　调节色温

图 5-6　调节色调

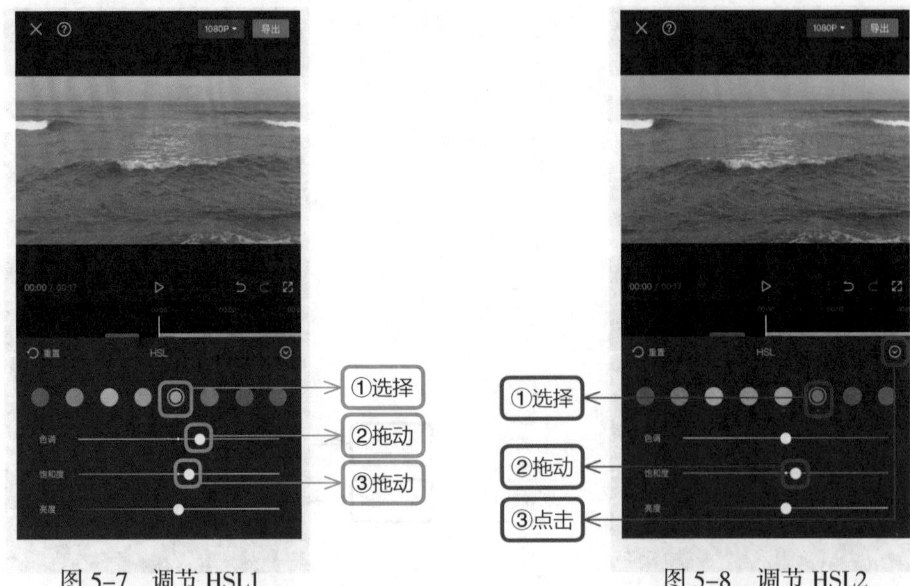

图 5-7　调节 HSL1　　　　图 5-8　调节 HSL2

（6）选中滤镜轨道，向右拖动白色方框，点击按钮返回上一层，如图 5-9 所示。

（7）点击“新增调节”按钮，如图 5-10 所示，在新增调节选项卡中选择“亮度”，向右拖动滑块，点击按钮完成操作，如图 5-11 所示。

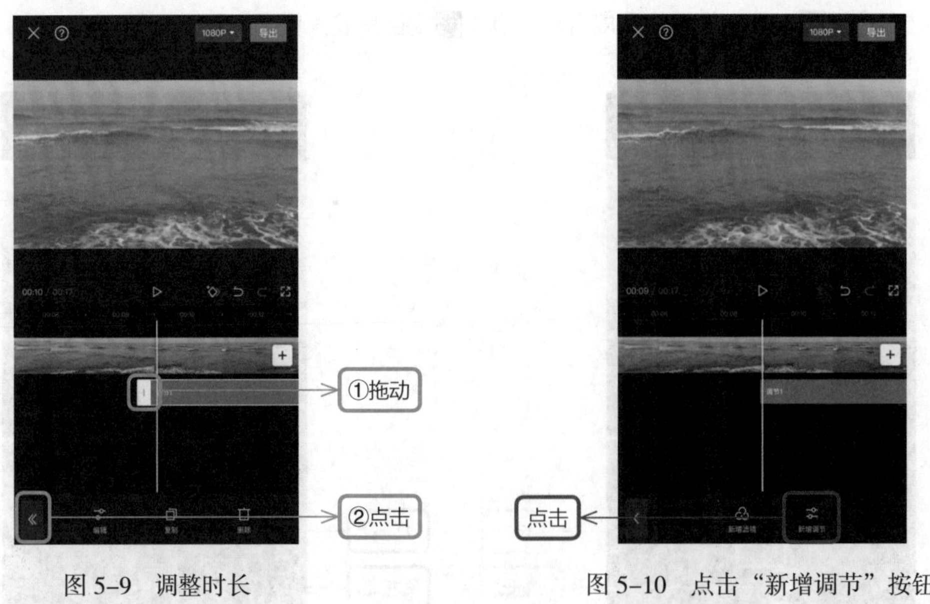

图 5-9　调整时长　　　　图 5-10　点击“新增调节”按钮

（8）拖动调色轨道上的白色方框，将时长与滤镜轨道对齐，点击按钮后，再点击按钮返回主页，如图 5-12 所示。

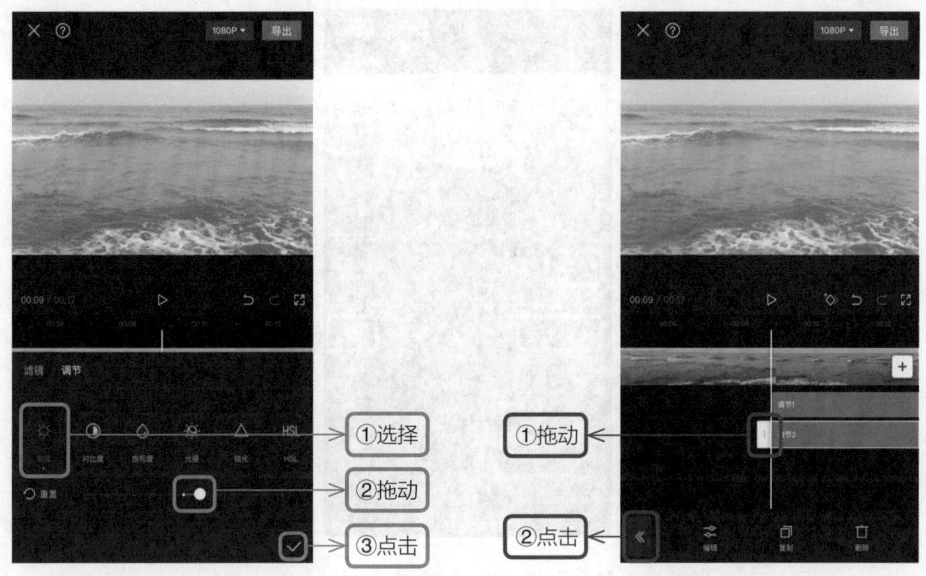

图 5-11　调节亮度　　图 5-12　调整时长

（9）点击一级工具栏中的“音频”按钮，如图 5-13 所示；继续点击二级工具栏中的“音效”按钮，如图 5-14 所示。

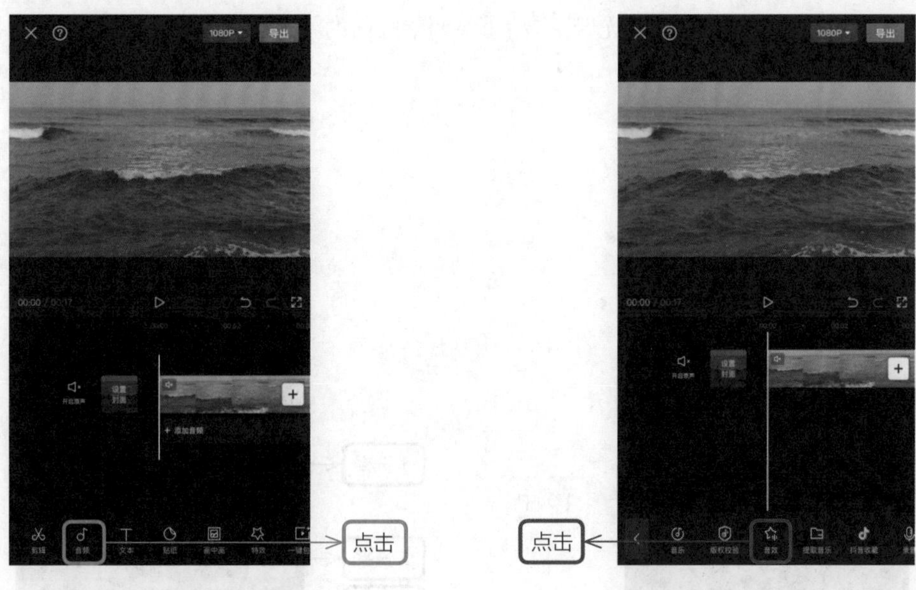

图 5-13　点击“音频”按钮　　图 5-14　点击“音效”按钮

（10）在搜索框中输入“海浪”，然后选择合适的音效，点击“使用”按钮，如图 5-15 所示。

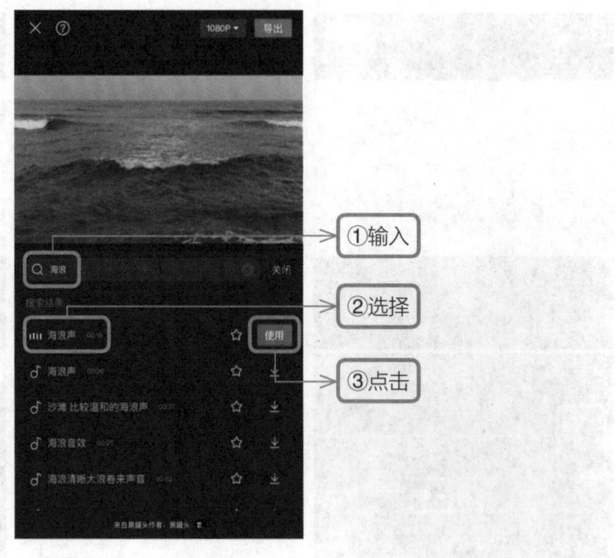

图 5-15　选择音效

5.2　清新油画，俘获年轻人的心

（1）导入一段视频并选中，点击工具栏中的“滤镜”按钮，如图 5-16 所示。在滤镜选项卡中选择“室内”中的“仲夏绿光”，拖动滑块调整画面的不透明度，点击✓按钮完成操作，如图 5-17 所示。

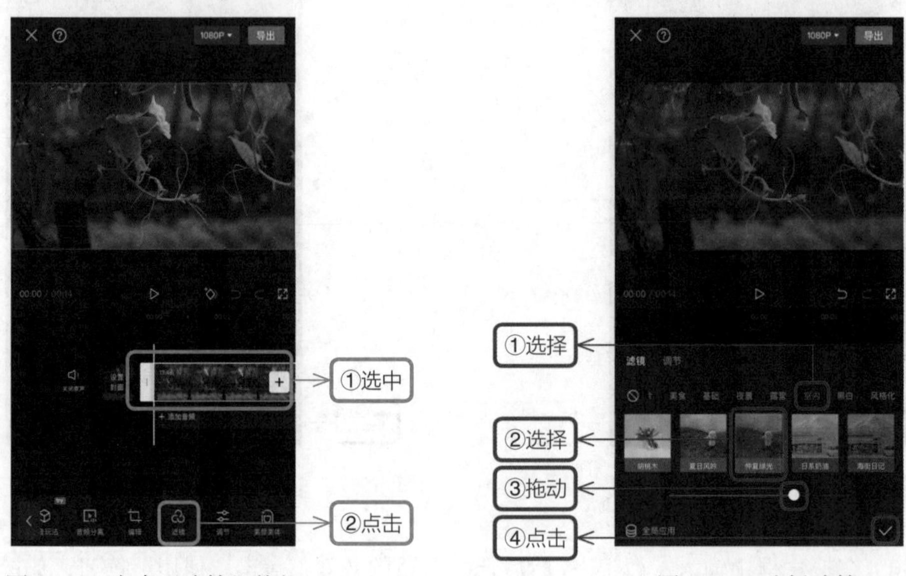

图 5-16　点击“滤镜”按钮　　　　图 5-17　选择滤镜

（2）点击工具栏中的“调节”按钮，如图 5–18 所示，在调节选项卡中，选择“亮度”，然后向右拖动滑块，将画面整体变亮，如图 5–19 所示。然后选择“色温”，向左拖动滑块，调整画面颜色偏蓝，如图 5–20 所示。

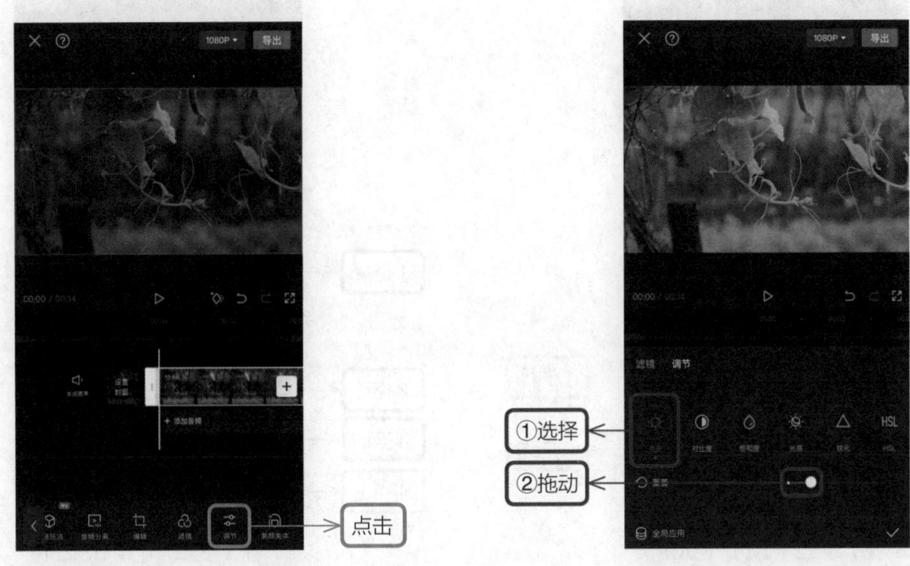

图 5–18　点击“调节”按钮　　图 5–19　调节亮度

（3）选择“色调”，向左拖动滑块，调整画面颜色偏绿，如图 5–21 所示。

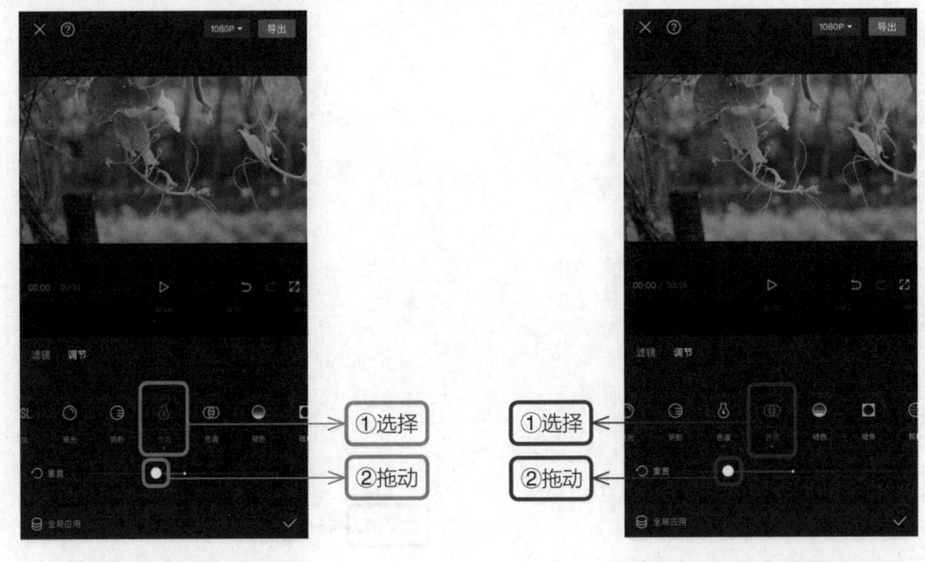

图 5–20　调节色温　　图 5–21　调节色调

（4）选择调整 HSL，在选项卡中选择，将饱和度滑块向右拖动，增加绿色的鲜艳度，如图 5-22 所示。选择◎，将色调滑块向右拖动，色彩将偏向于绿色，将饱和度滑块向左拖动，降低饱和度，如图 5-23 所示。

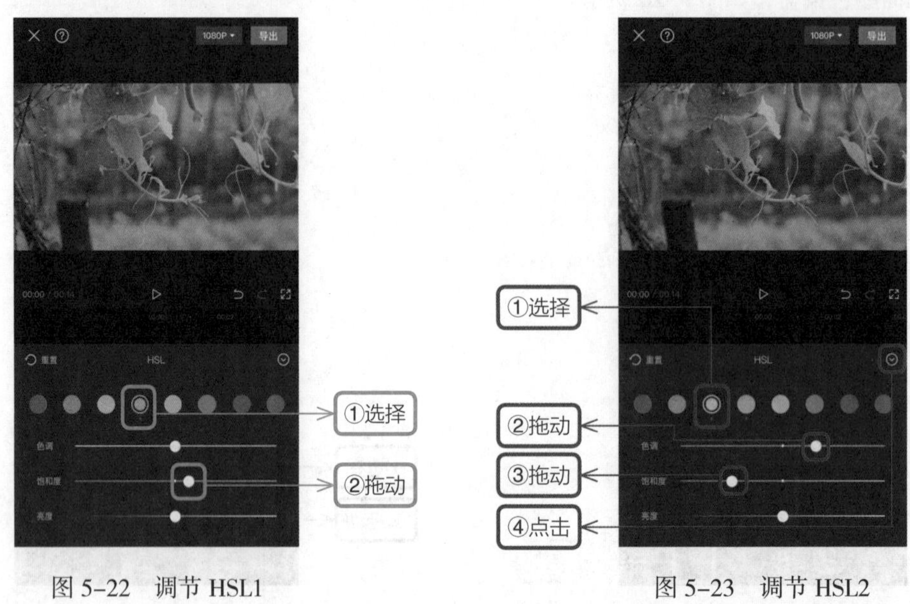

图 5-22　调节 HSL1　　　　图 5-23　调节 HSL2

（5）在选项卡中选择“锐化”，向右拖动滑块，让画面的锐度增强，如图 5-24 所示。选择“饱和度”，向左拖动滑块，降低画面的整体饱和度，点击✓按钮完成操作，如图 5-25 所示。

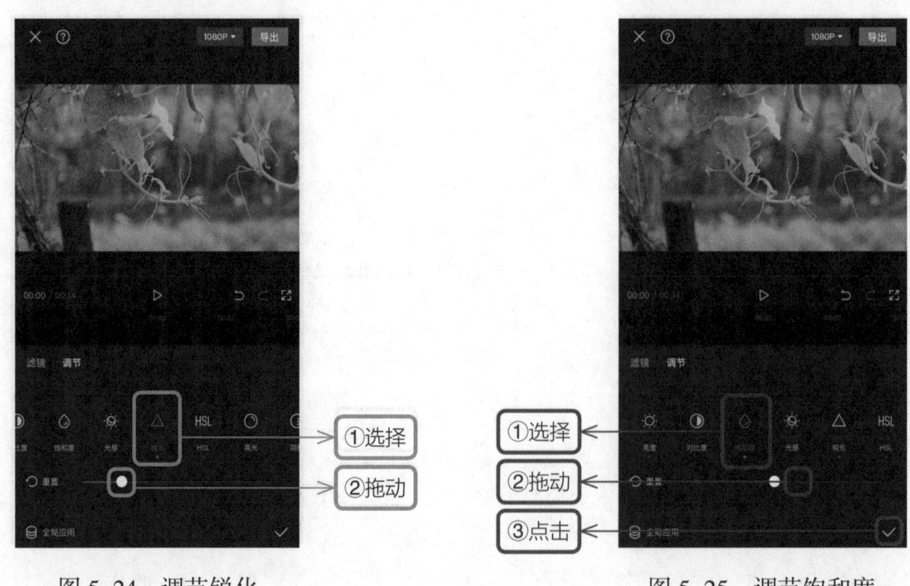

图 5-24　调节锐化　　　　图 5-25　调节饱和度

（6）在一级工具栏中，点击“画中画”按钮，如图 5-26 所示，再点击“新增画中画”

按钮，如图 5–27 所示。

图 5–26　点击“画中画”按钮　　　图 5–27　点击“新增画中画”按钮

（7）从“最近项目”中选择视频素材，点击“添加”按钮，如图 5–28 所示，然后选中画中画视频轨道，点击工具栏中的“蒙版”按钮，如图 5–29 所示。

图 5–28　添加素材　　　图 5–29　点击“蒙版”按钮

（8）选择“线性”，然后旋转蒙版由横向变为竖向，点击☑按钮完成操作，如图 5–30 所示，再点击“导出”按钮保存视频，如图 5–31 所示。

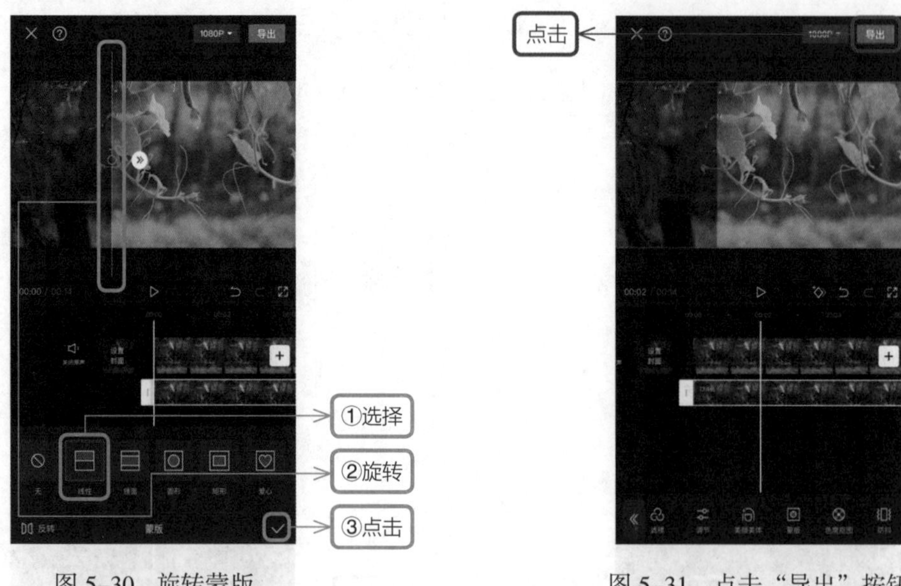

图 5-30　旋转蒙版　　　　图 5-31　点击“导出”按钮

5.3　唯美暗调，艺术气息更浓郁

（1）导入一段视频后，点击“关闭原声”按钮，再点击工具栏中的“滤镜”按钮，如图 5-32 所示。

（2）在滤镜选项卡“影视级”中选择“高饱和”，拖动滑块调整不透明度，再点击☑按钮完成操作，如图 5-33 所示。

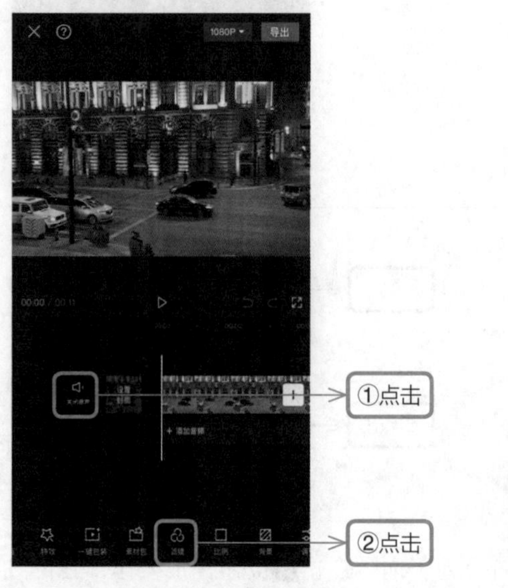

图 5-32　点击“滤镜”按钮

图 5-33　选择滤镜

（3）点击工具栏中的“调节”按钮，如图 5–34 所示，在选项卡中选择“亮度”，向左拖动滑块，将画面的整体亮度调暗，如图 5–35 所示。

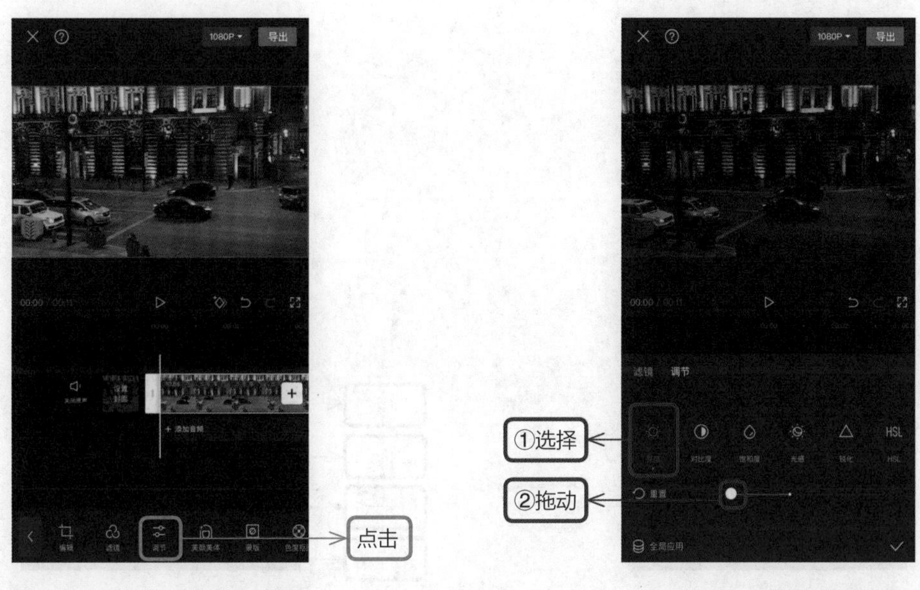

图 5–34　点击“调节”按钮　　　　图 5–35　调节亮度

（4）选择“对比度”，向右拖动滑块，调整整个画面的明暗对比度，如图 5–36 所示。选择“光感”，向左拖动滑块，降低色彩的光感，如图 5–37 所示。

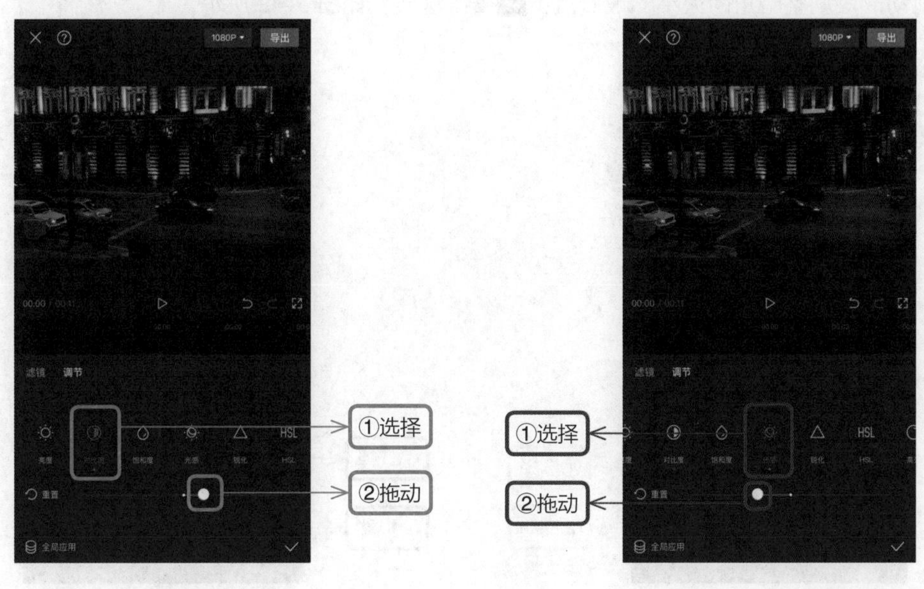

图 5–36　调节对比度　　　　图 5–37　调节光感

（5）选择“锐化”，拖动滑块，让画面的锐度增强，如图 5-38 所示。选择 HSL，点击◙，拖动色调滑块，调整颜色为偏黄，拖动饱和度滑块，降低此颜色的饱和度，拖动亮度滑块，降低此颜色的亮度，如图 5-39 所示。

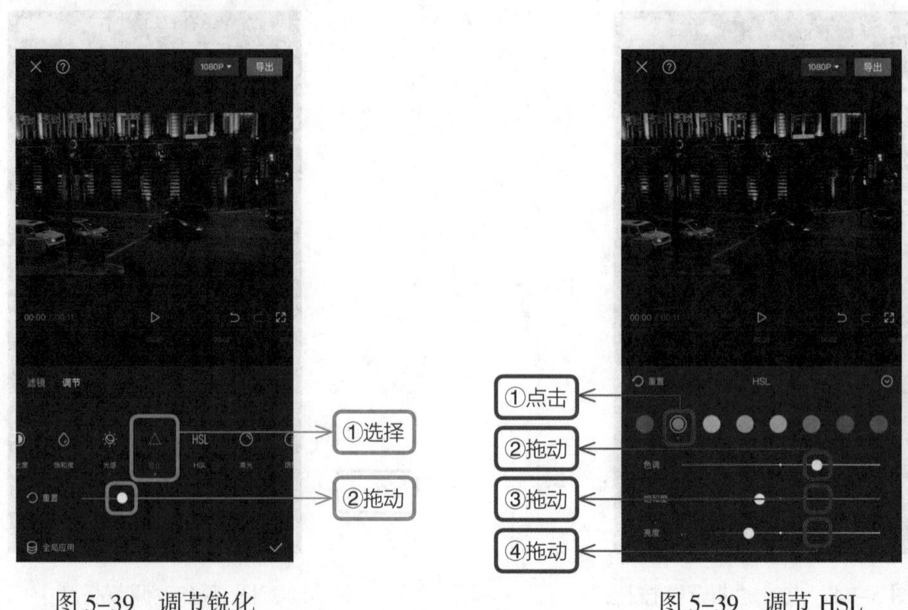

图 5-39　调节锐化　　图 5-39　调节 HSL

（6）选择“阴影”，然后向左拖动滑块，让画面变得更暗，如图 5-40 所示。选择“色温”，然后向左拖动滑块，让整体画面偏蓝，色调偏冷，如图 5-41 所示。选择“暗角”，然后向右拖动滑块调整暗角的大小，最后点击☑按钮返回，如图 5-42 所示。

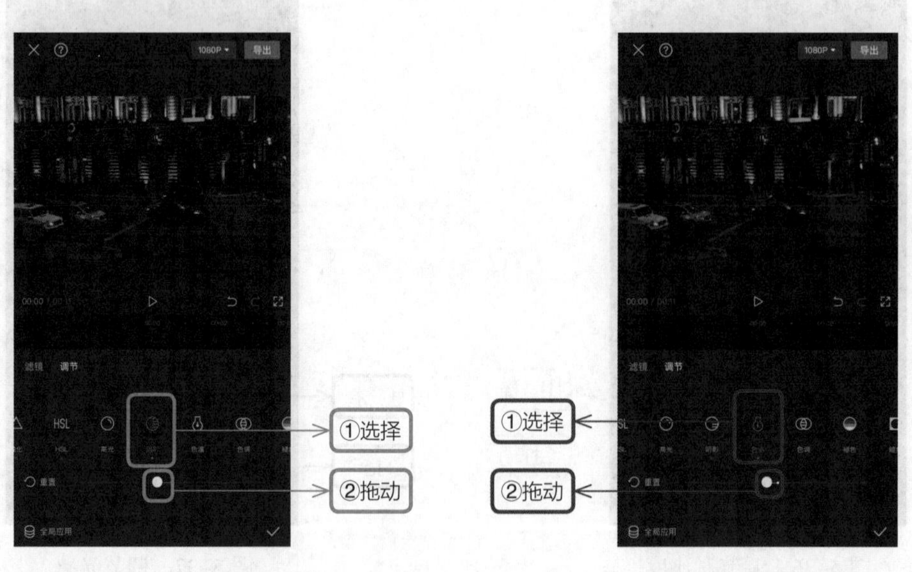

图 5-40　调节阴影　　图 5-41　调节色温

（7）在一级工具栏中点击“画中画”按钮，如图 5-43 所示，然后再点击“新增画中画”按钮，如图 5-44 所示。

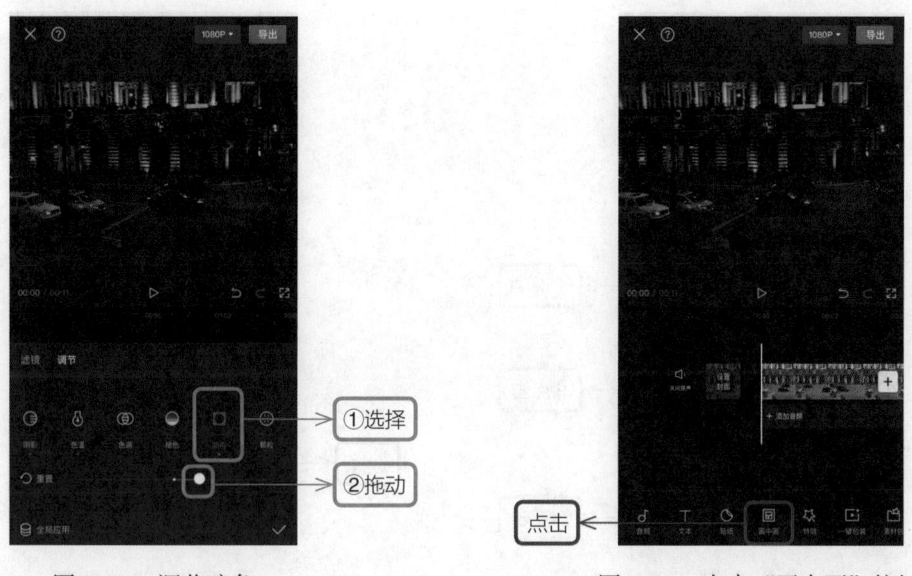

图 5-42　调节暗角　　　　图 5-43　点击“画中画”按钮

（8）从“最近项目”中选择原视频，点击“添加”按钮，如图 5-45 所示，然后选中该视频轨道，在视频起始处点击◇按钮添加关键帧，然后再点击工具栏中的“蒙版”按钮，如图 5-46 所示。

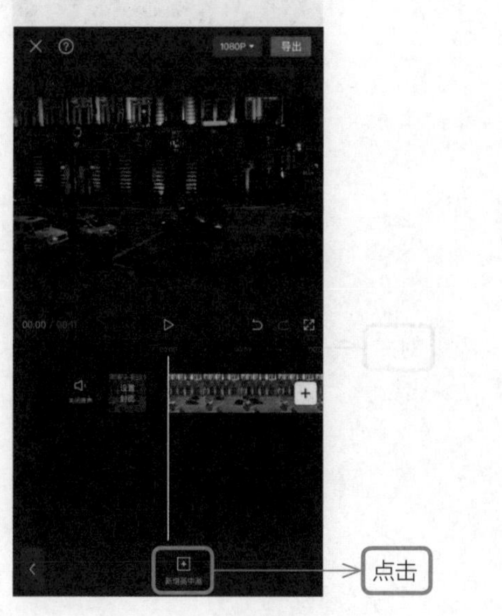

图 5-44　点击“新增画中画”按钮

图 5-45　添加视频

（9）选择蒙版样式为“线性”，如图 5–47 所示，旋转调整蒙版，将其由横向旋转至竖向后拖动到画面外隐藏，如图 5–48 所示。

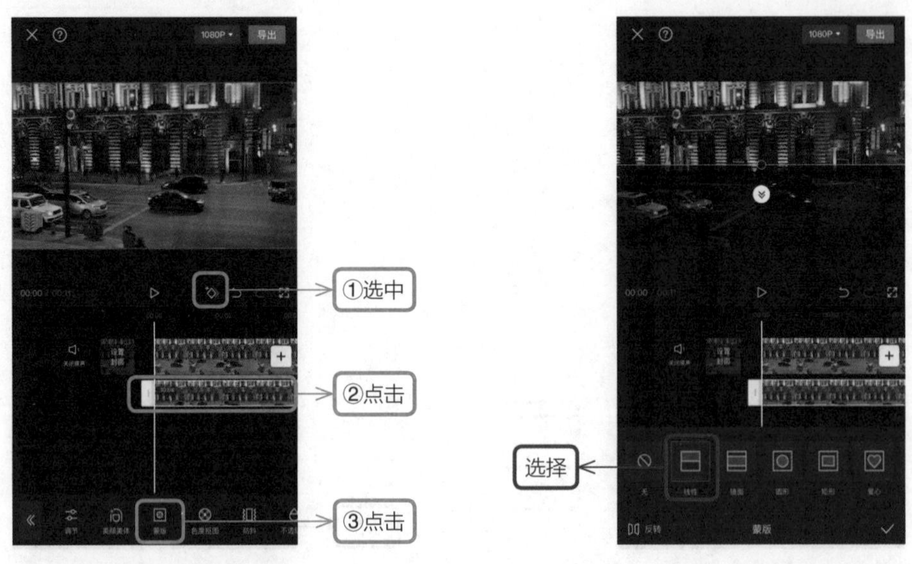

图 5–46　点击“蒙版”按钮

图 5–47　选择蒙版

（10）在时间线区域，点击视频并向后拖动，将时间轴对齐在 6s 处，如图 5–49 所示，然后将线性蒙版从左下角拖动到右上角隐藏，点击✓按钮完成操作，如图 5–50 所示。

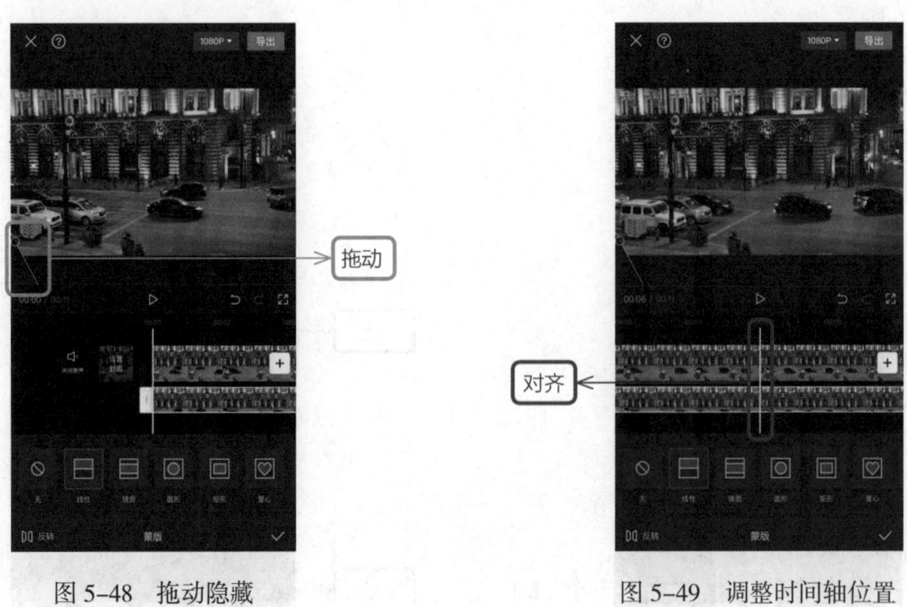

图 5–48　拖动隐藏

图 5–49　调整时间轴位置

（11）此时在轨道上将会自动生成关键帧，点击“导出”按钮保存视频，如图 5–51 所示。

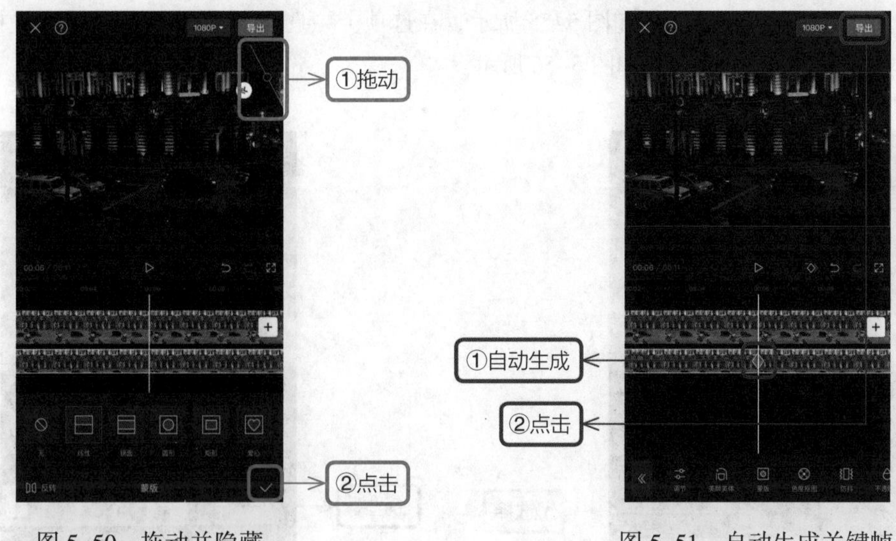

图 5–50　拖动并隐藏　　图 5–51　自动生成关键帧

5.4　奶油风格，油画光泽有质感

（1）导入一段视频后，选中视频轨道，将时间轴对齐在第 3s 处，点击一级工具栏中的“分割”按钮，如图 5–52 所示。

（2）选中分割后的一段视频，点击工具栏中的“滤镜”按钮，如图 5–53 所示，在选项卡中选择“室内”中的“淡奶油”，然后拖动滑块调整画面的不透明度，最后点击☑按钮完成操作，如图 5–54 所示。

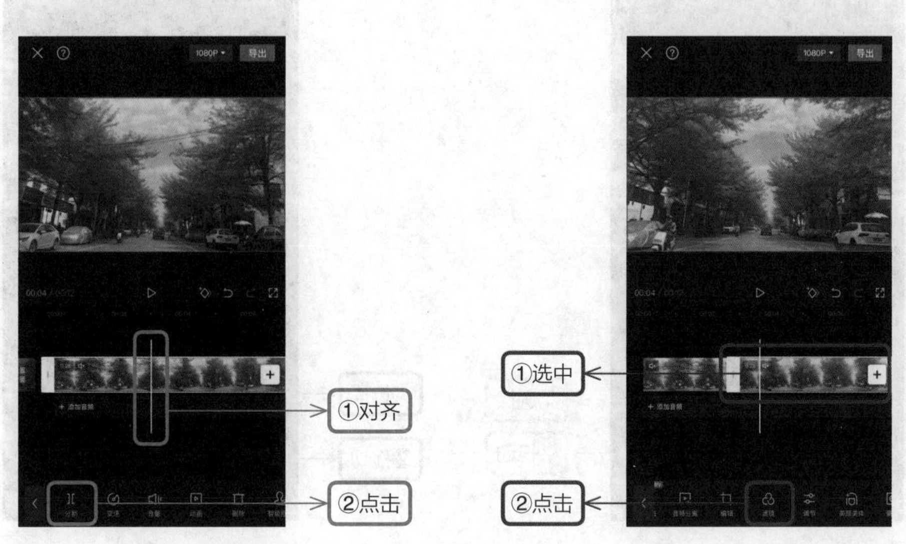

图 5–52　点击“分割”按钮　　图 5–53　点击“滤镜”按钮

（3）点击“调节”按钮，如图 5-55 所示，在选项卡中选择“对比度”，然后向左拖动滑块，减弱画面的明暗对比度，如图 5-56 所示。

图 5-54　选择滤镜　　　　图 5-55　点击“调节”按钮

（4）选择“色温”，然后向右拖动滑块，使画面色温变暖，如图 5-57 所示。选择“色调”，然后向左拖动滑块，使画面的整个色调偏绿，如图 5-58 所示。

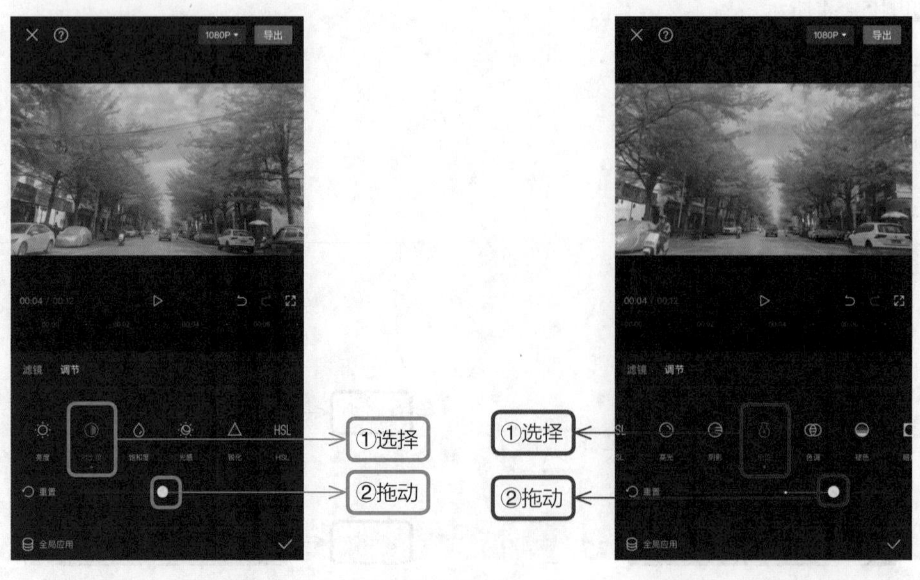

图 5-56　调节对比度　　　　图 5-57　调节色温

（5）选择“饱和度”，然后向右拖动滑块，增加画面色彩的鲜艳度，如图 5–59 所示。选择“光感”，然后向左拖动滑块，降低画面的色彩明亮程度，如图 5–60 所示。

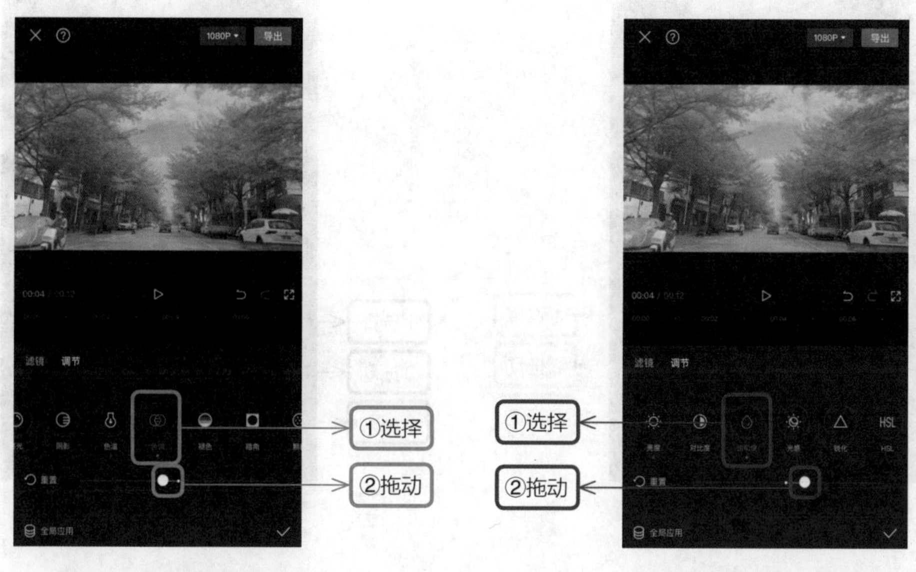

图 5–58　调节色调　　　　图 5–59　调节饱和度

（6）选择 HSL 中的黄色，向左拖动色调滑块，然后向右拖动饱和度滑块，如图 5–61 所示。选择 HSL 中的绿色，向左拖动色调滑块，然后向右拖动饱和度滑块，如图 5–62 所示。选择 HSL 中的青色，向右拖动色调滑块，然后向右拖动饱和度滑块，如图 5–63 所示。

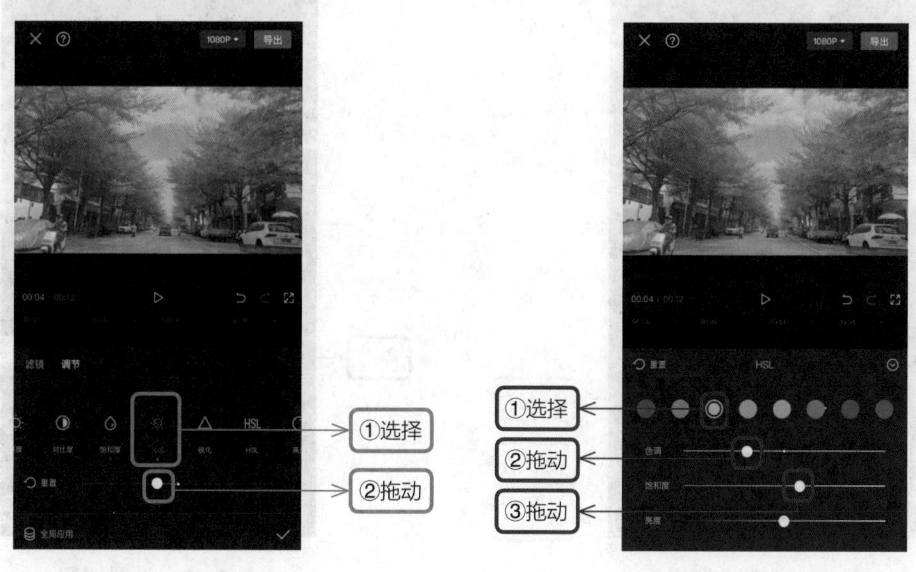

图 5–60　调节光感　　　　图 5–61　调节 HSL1

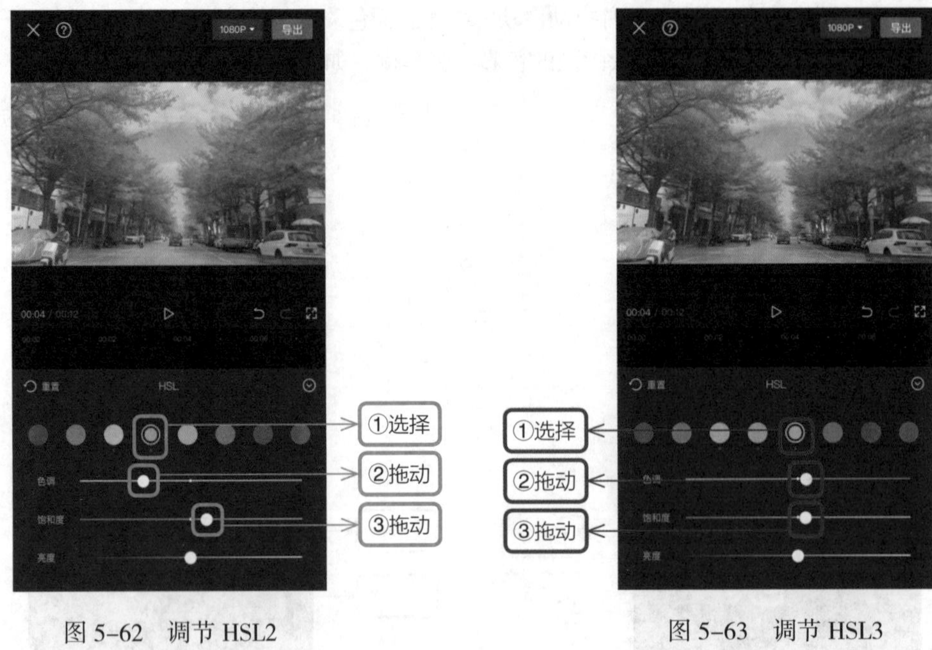

图 5-62　调节 HSL2　　　图 5-63　调节 HSL3

（7）选择“阴影”，然后向左拖动滑块，点击☑按钮完成操作，如图 5-64 所示。

（8）点击两段视频连接处的▯，如图 5-65 所示，在转场选项卡中选择“基础转场”中的“叠化”，然后拖动滑块调整转场时长，最后点击☑按钮完成操作，如图 5-66 所示。

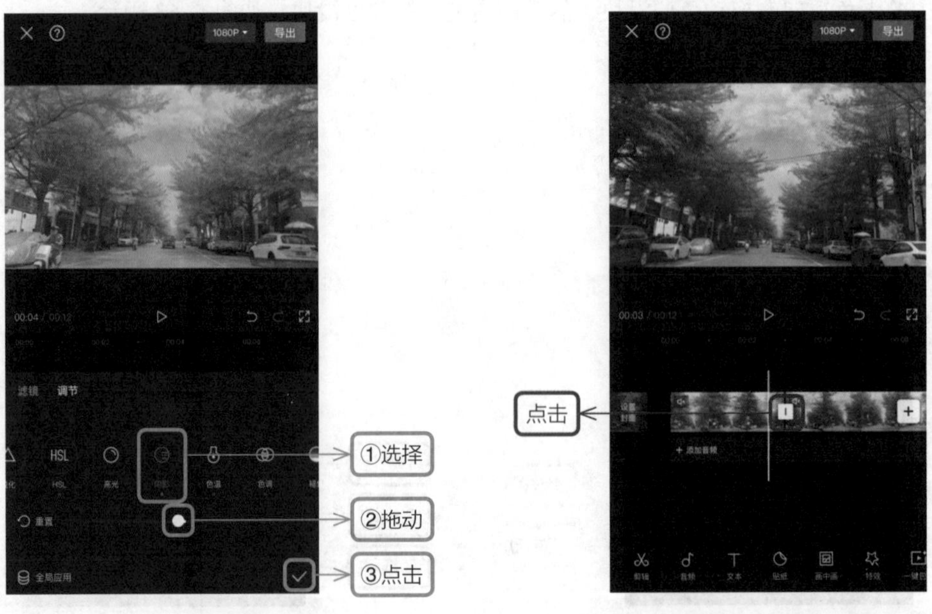

图 5-64　调节阴影　　　图 5-65　设置转场

图 5-66　选择转场样式

5.5　古风色调，浓郁唯美古装梦

（1）导入一段视频后，点击“关闭原声”按钮，然后选中视频轨道，点击工具栏中的“滤镜”按钮，如图 5-67 所示。

（2）在选项卡中选择“精选”中的“德古拉”，然后拖动滑块调整画面的不透明度，最后点击✓按钮完成操作，如图 5-68 所示。

图 5-67　点击“滤镜”按钮

图 5-68　选择滤镜

（3）选中视频，在工具栏中点击“调节”按钮，如图 5-69 所示，然后在选项卡中选择“饱和度”，向左拖动滑块降低色彩的鲜艳程度，如图 5-70 所示。

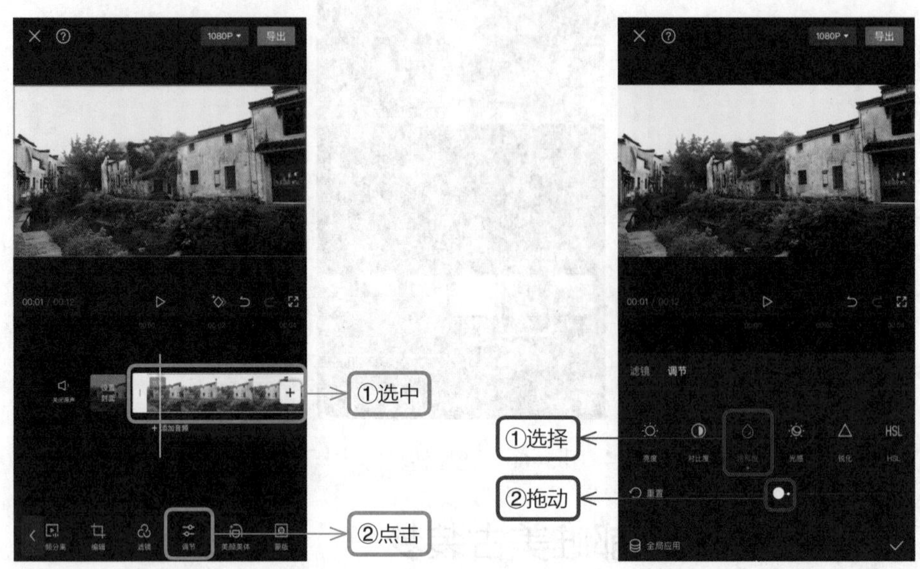

图 5-69　点击“调节”按钮　　图 5-70　调节饱和度

（4）选择“光感”，然后向左拖动滑块，如图 5-71 所示。选择“锐化”，然后向右拖动滑块，使画面的锐度增强，如图 5-72 所示。

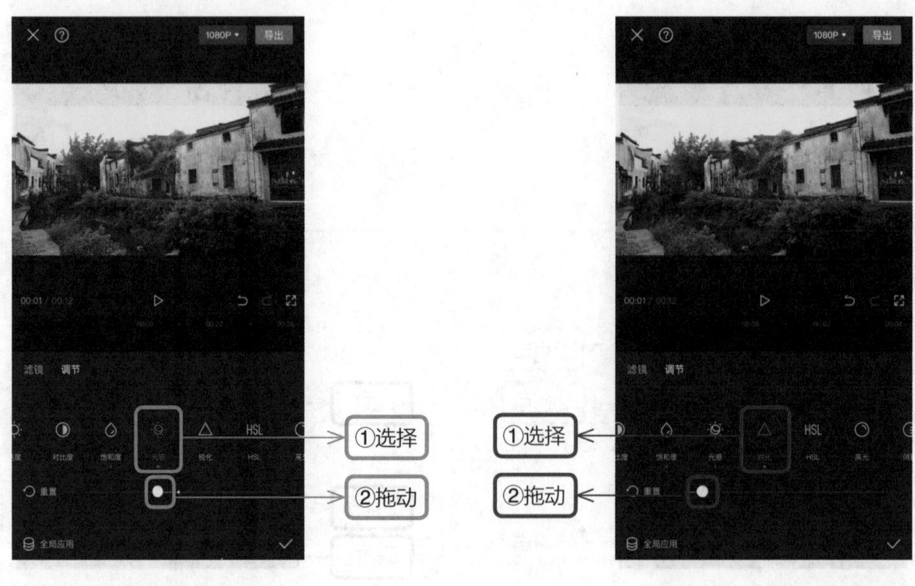

图 5-71　调节光感　　图 5-72　调节锐化

（5）选择 HSL 中的红色，然后向右拖动色调滑块，如图 5-73 所示。选择 HSL 中的橙色，然后向左拖动色调滑块，再向右拖动饱和度滑块，如图 5-74 所示。选择 HSL 中的绿色，然后向右拖动色调滑块，再向左拖动饱和度滑块，如图 5-75 所示。

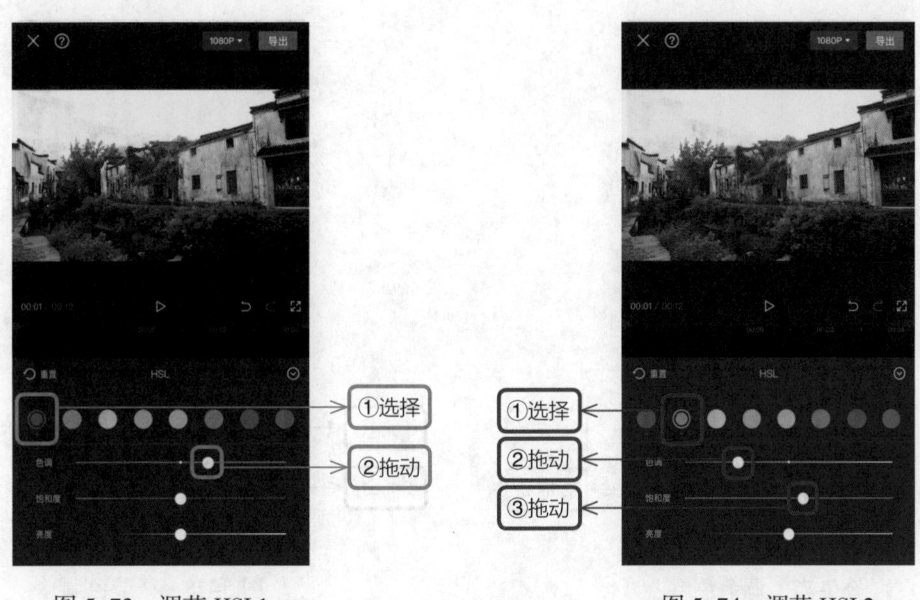

图 5-73　调节 HSL1　　图 5-74　调节 HSL2

（6）选择“高光”，然后向左拖动滑块降低画面中高光区域的亮度，如图 5-76 所示。

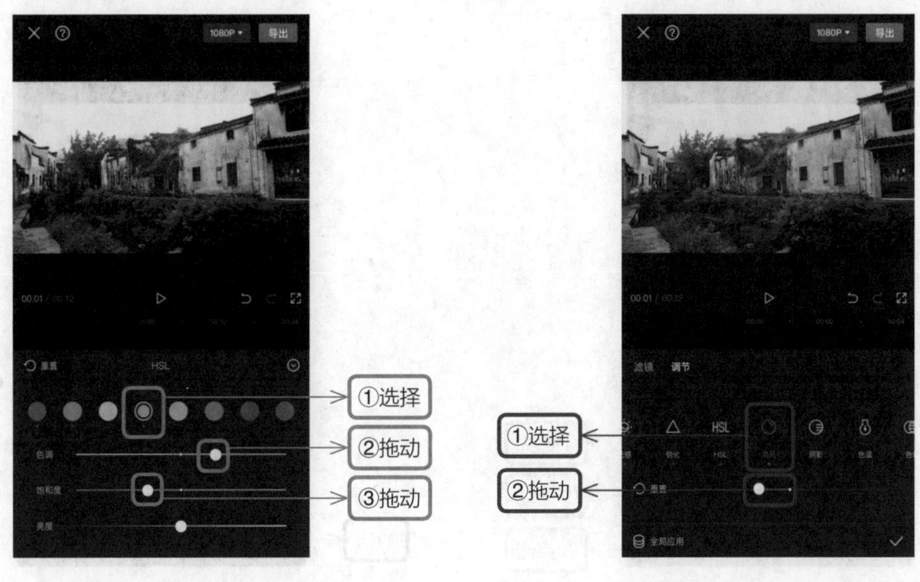

图 5-75　调节 HSL3　　图 5-76　调节高光

（7）选择“色温”，然后向左拖动滑块调整画面的色温偏冷，如图 5-77 所示。选择“色调”，然后向左拖动滑块调整画面的色调偏绿，如图 5-78 所示。选择“褪色”，然后拖动滑块给画面增加一点灰度，最后点击☑按钮完成操作，如图 5-79 所示。

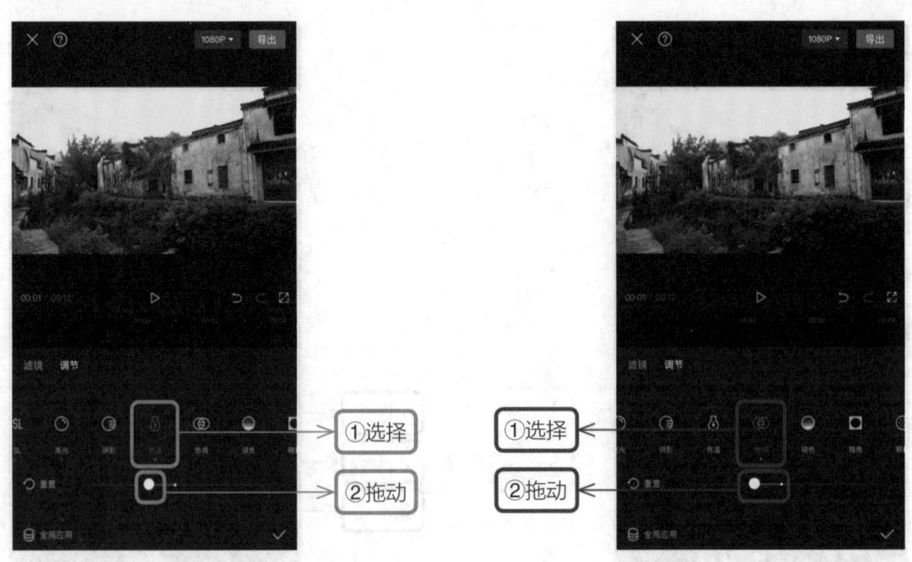

图 5-77　调节色温

图 5-78　调节色调

（8）在一级工具栏中点击“画中画”按钮，如图 5-80 所示，然后再点击“新增画中画”按钮，如图 5-81 所示。

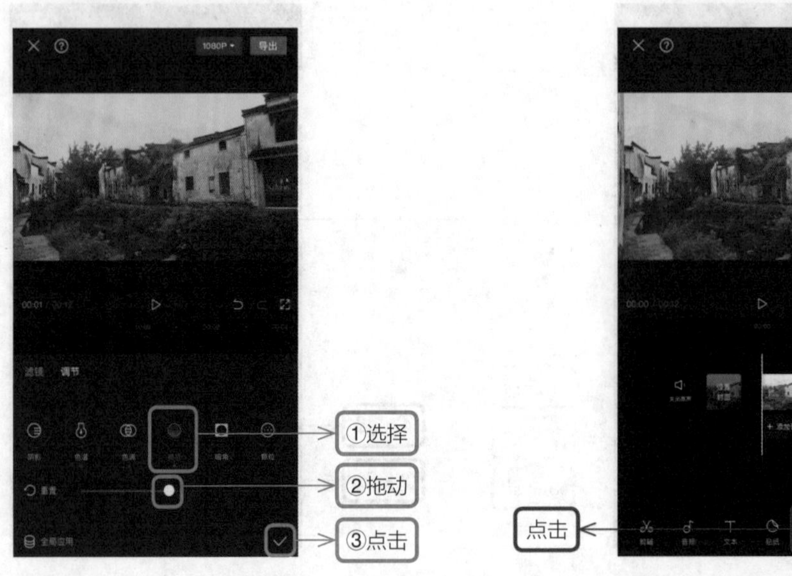

图 5-79　调节灰度

图 5-80　点击“画中画”按钮

（9）在“最近项目”中选择原视频，点击“添加”按钮，如图 5-82 所示，然后选中画中画视频轨道，截取 3s 视频后，点击工具栏中的“动画”按钮，如图 5-83 所示。

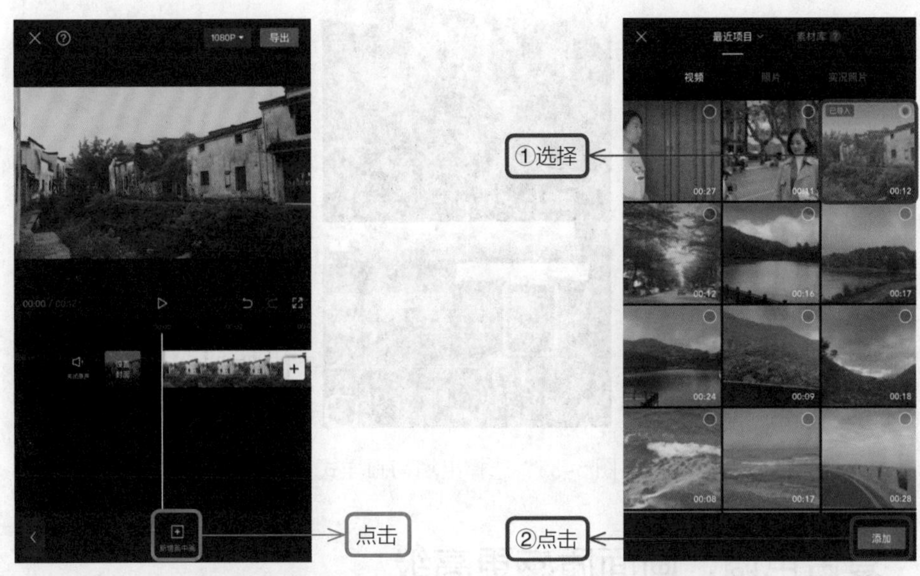

图 5-81 点击“新增画中画”按钮

图 5-82 添加视频

（10）点击“出场动画”按钮，如图 5-84 所示，动画样式选择“渐隐”，然后拖动滑块调整动画的时长，最后点击☑按钮完成操作，如图 5-85 所示。

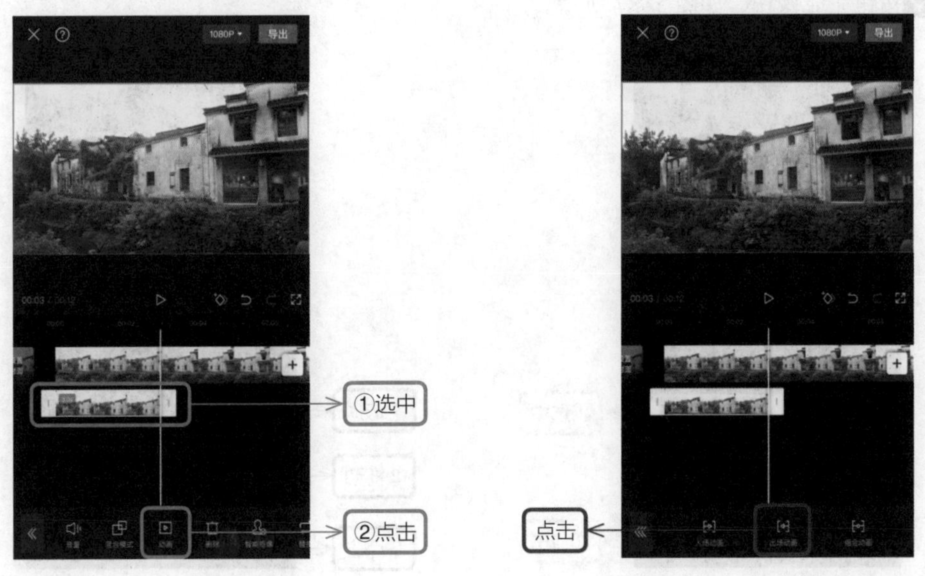

图 5-83 点击“动画”按钮

图 5-84 点击“出场动画”按钮

图 5-85　选择出场动画样式

5.6　复古色调，画面质感更高级

（1）在剪映 App 中导入一段视频后，点击"关闭原声"按钮，选中视频轨道，点击工具栏中的"滤镜"按钮，如图 5-86 所示。

（2）在"复古胶片"选项卡中选择"松果棕"，然后拖动滑块调整画面的不透明度，最后点击✓按钮完成操作，如图 5-87 所示。

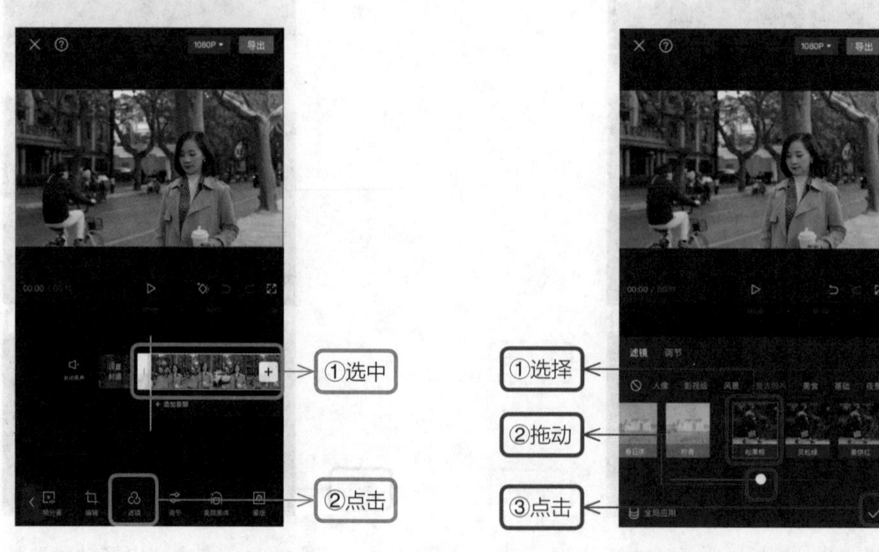

图 5-86　点击"滤镜"按钮　　　　图 5-87　选择滤镜

（3）选中视频，点击工具栏中的“调节”按钮，如图 5-88 所示，选择“亮度”，然后向左拖动滑块，将画面整体亮度调暗，如图 5-89 所示。

图 5-88　点击“调节”按钮

图 5-89　调节亮度

（4）选择“光感”，然后向左拖动滑块使画面的色彩变暗，如图 5-90 所示。选择“锐化”，然后拖动滑块，增强画面的锐度，如图 5-91 所示。

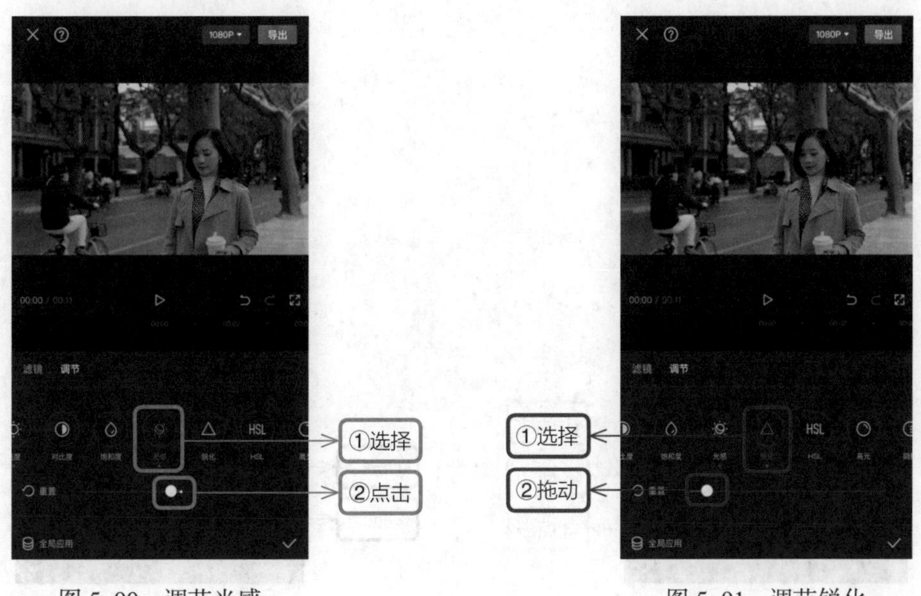

图 5-90　调节光感

图 5-91　调节锐化

（5）选择 HSL 中的橙色，向左拖动色调滑块，将橙色调变得更浓，然后向右拖动饱和度滑块，增强色彩的鲜艳度，再向左拖动亮度滑块，调节画面的亮度，如图 5-92 所示。

（6）选择 HSL 中的黄色，向左拖动色调滑块，将画面中的黄色调得更黄，如图 5-93 所示。选择 HSL 中的绿色，向左拖动色调滑块，将画面中的绿色调得偏黄，点击☑按钮完成操作，如图 5-94 所示。

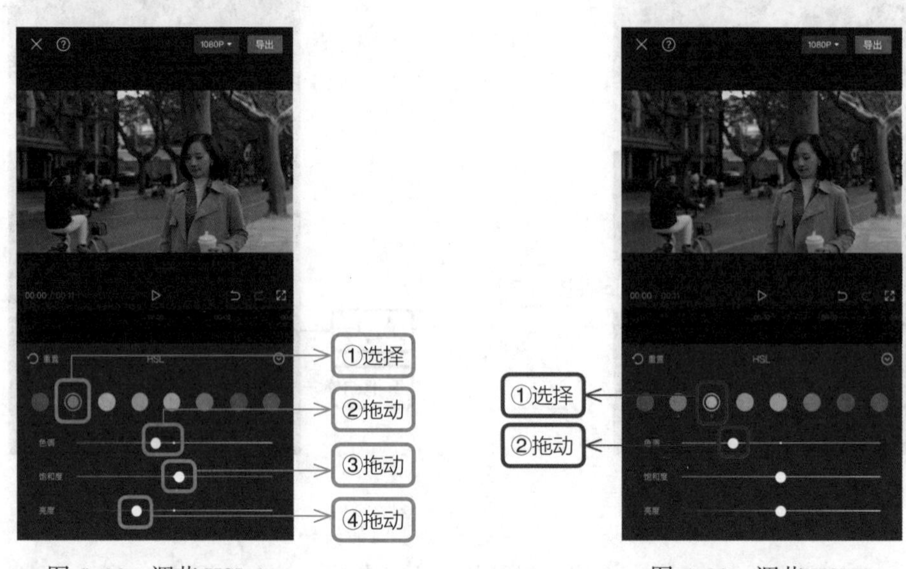

图 5-92 调节 HSL 1　　图 5-93 调节 HSL 2

（7）选择“色温”，向右拖动滑块，将画面色温变暖，如图 5-95 所示。

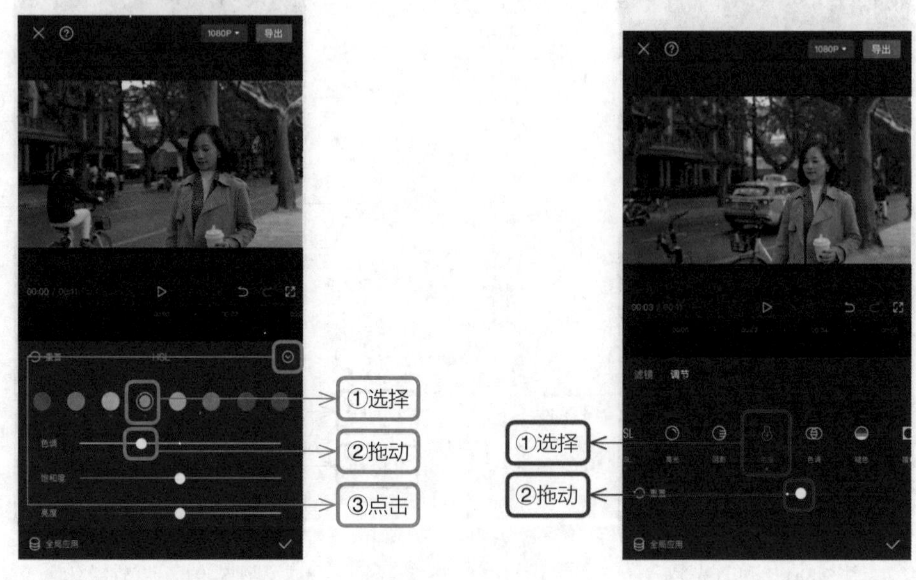

图 5-94 调节 HSL 3　　图 5-95 调节色温

（8）选择“褪色”，拖动滑块，给画面增加一点灰度，如图 5-96 所示。

（9）选择“颗粒”，拖动滑块，让画面变得有颗粒度，更有质感，点击☑按钮完成操作，如图 5-97 所示，再点击〈（返回）按钮返回到主页，如图 5-98 所示。

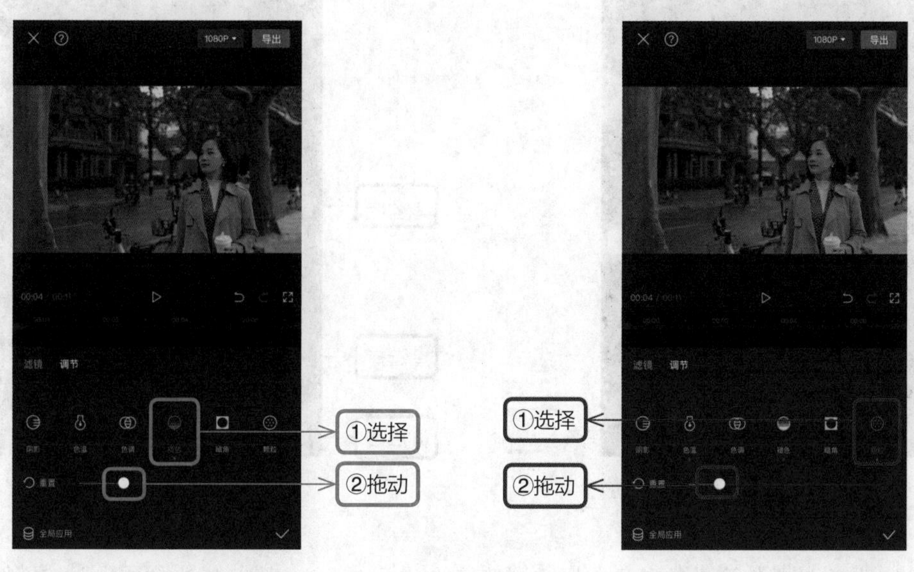

图 5-96　调节画面灰度　　　　图 5-97　调节颗粒

（10）点击一级工具栏中的“特效”按钮，如图 5-99 所示，再点击“画面特效”按钮，如图 5-100 所示，在“边框”选项卡中选择“不规则黑框”并点击☑按钮，如图 5-101 所示。

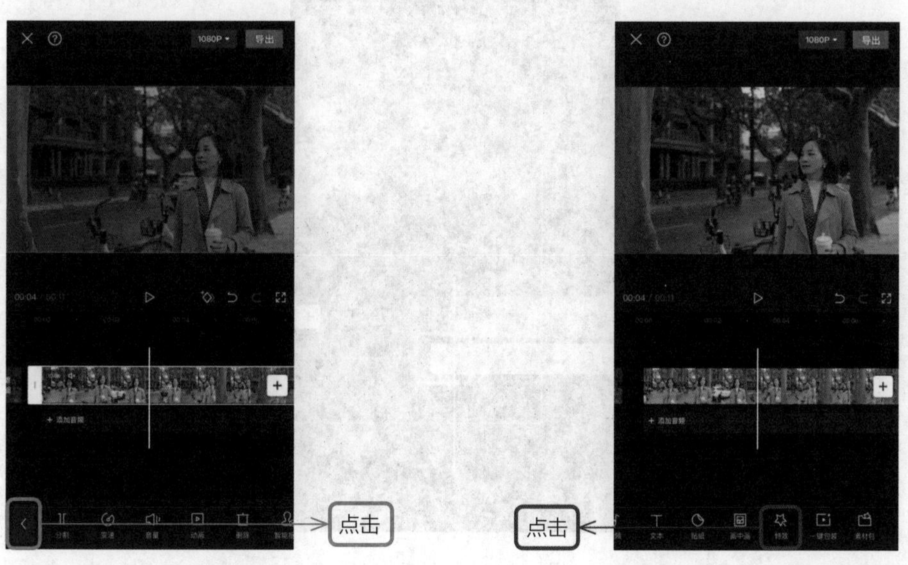

图 5-98　点击返回按钮　　　　图 5-99　点击“特效”按钮

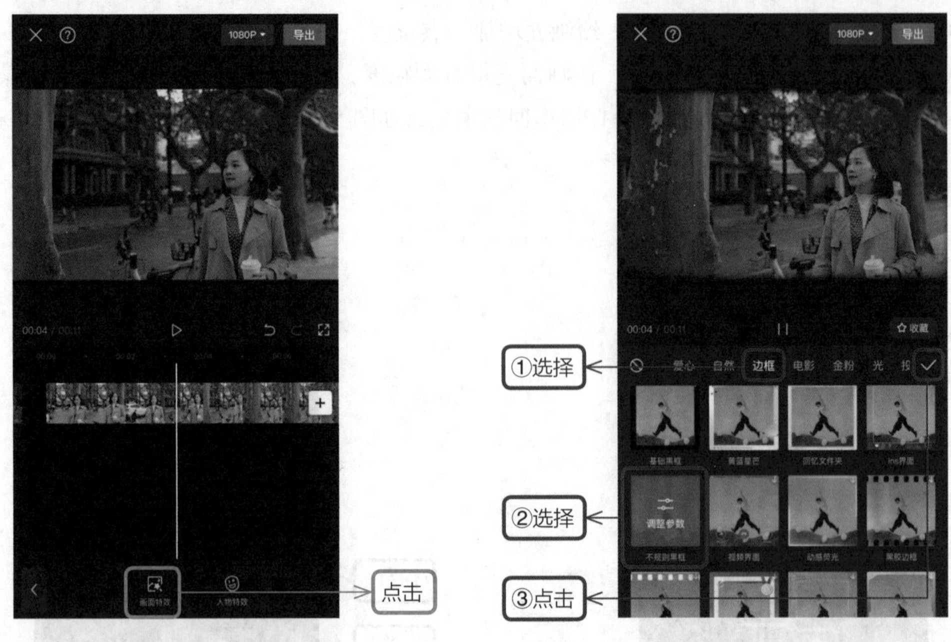

图 5–100　点击“画面特效”按钮　　图 5–101　选择特效

（11）拖动特效轨道上的白色方框，调整它的时长与视频一致，点击“导出”按钮保存视频，如图 5–102 所示。

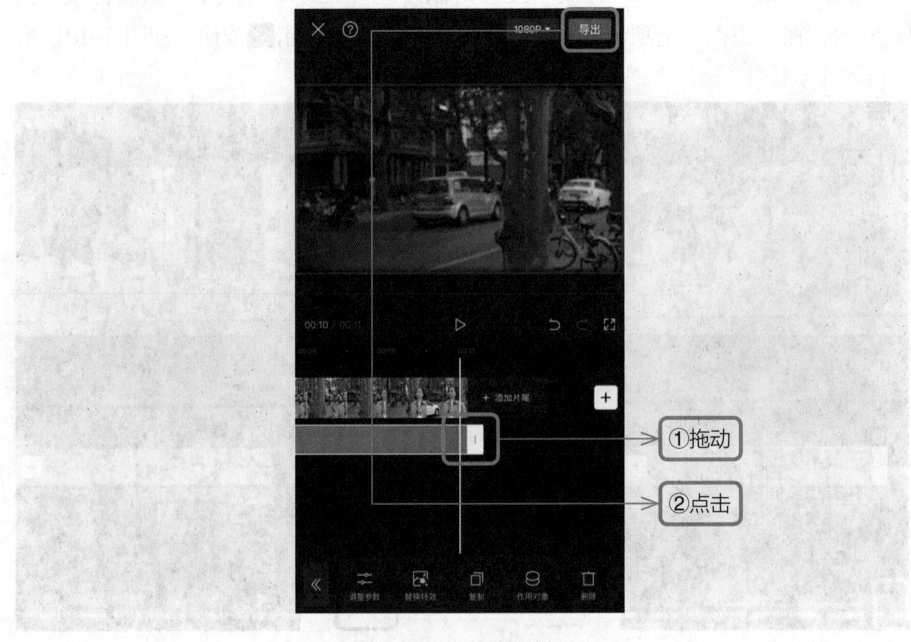

图 5–102　调整时长

第6章 片头片尾，高阶玩法花样多

6.1 滚动片头，像胶卷一样滚动播放

（1）在剪映 App 中导入一段视频，点击“关闭原声”按钮，如图 6–1 所示，然后选中主视频轨道，时间轴对齐在视频起始位置，点击◇按钮添加关键帧，如图 6–2 所示。

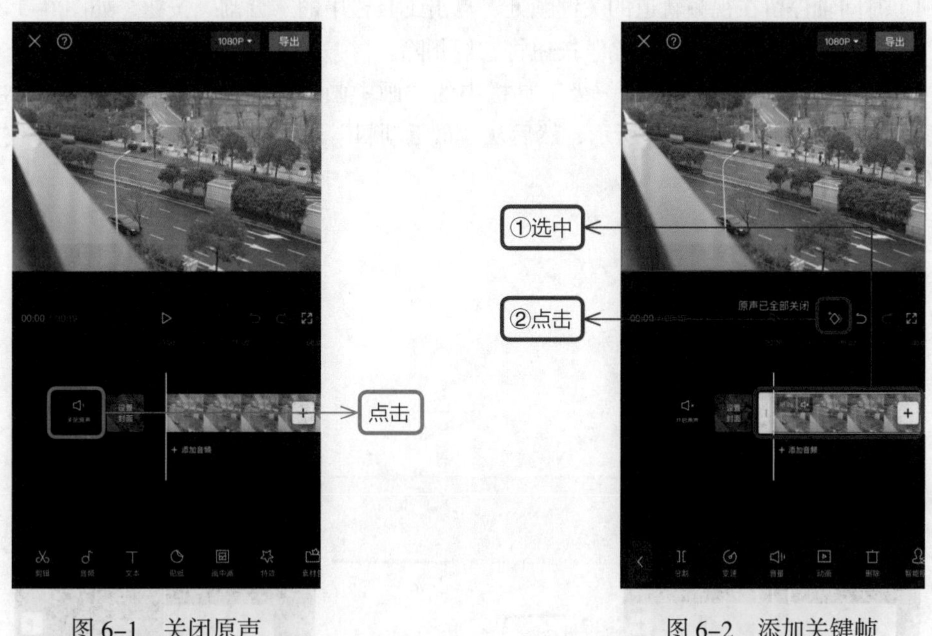

图 6–1　关闭原声　　　　图 6–2　添加关键帧

（2）将时间轴拖到第 3s 处，将视频画面从右向左挪出画面，如图 6–3 所示。

（3）画面拖出以后，在时间轴的位置将会自动生成新的关键帧，如图 6–4 所示。注意，拖动画面时会出现蓝色线条，表示视频是居中平行的。

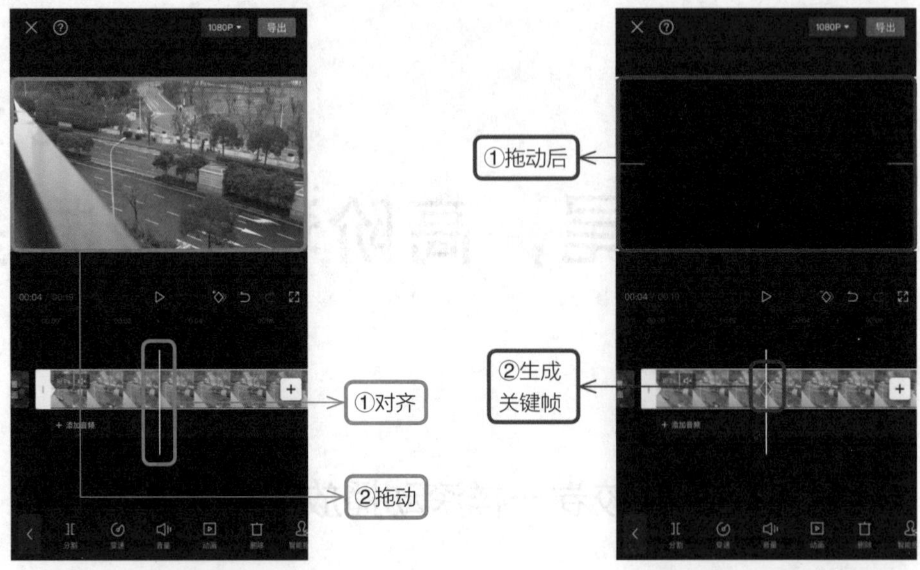

图 6–3　拖动视频　　　　图 6–4　自动生成关键帧

（4）时间轴停留在视频轨道的关键帧处，点击工具栏中的“分割”按钮，如图 6–5 所示，选中后面多余的视频，点击“删除”按钮将它们删除。

（5）新增画中画视频，点击一级工具栏中的“画中画”按钮，如图 6–6 所示，再点击“新增画中画”按钮，如图 6–7 所示，然后从“最近项目”中选择视频并点击“添加”按钮，如图 6–8 所示。

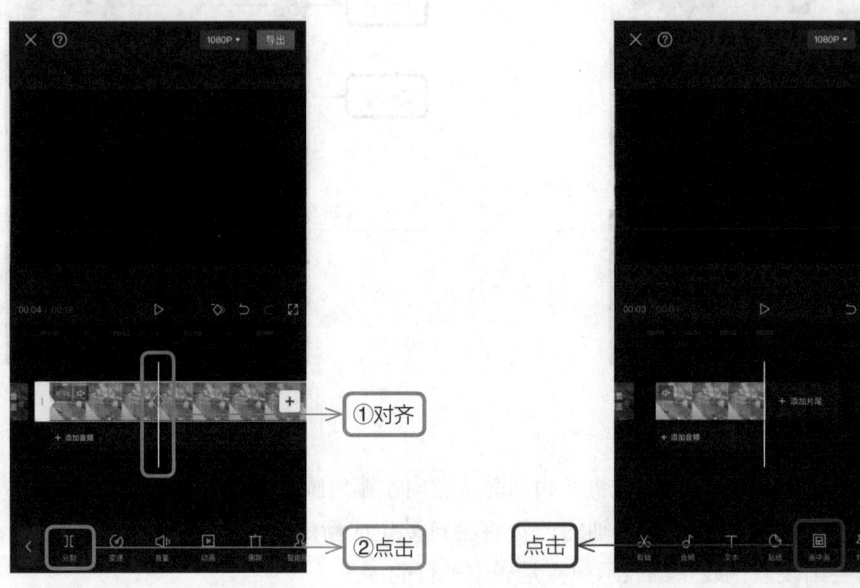

图 6–5　分割视频　　　　图 6–6　点击“画中画”按钮

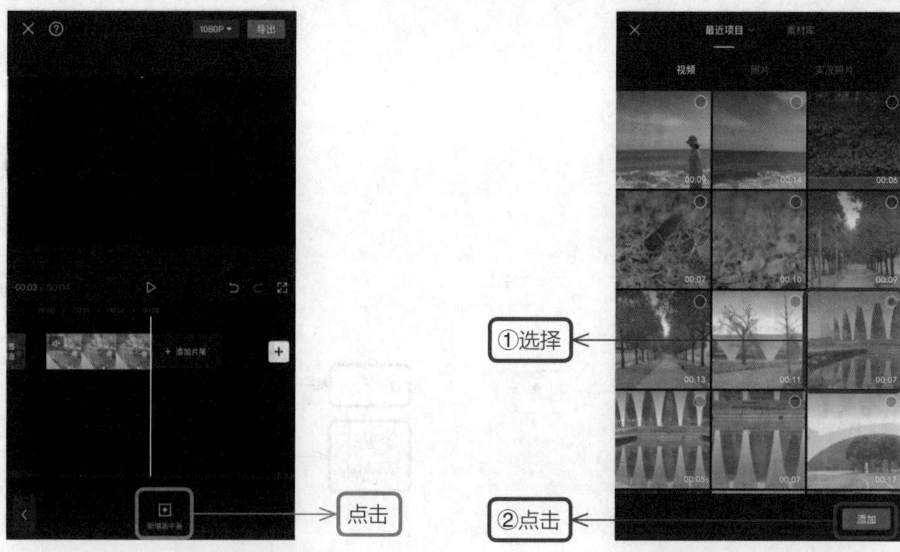

图 6–7　单击“新增画中画”按钮　　　　图 6–8　添加素材

（6）选中并拖动画中画视频轨道，将其与主视频轨道对齐，然后再选中画中画视频轨道，点击◇按钮添加关键帧，如图 6–9 所示。此时时间轴将停留在关键帧处（方框显示红色），然后将画中画轨道的画面从左向右拖动并移出当前的画面，如图 6–10 所示。

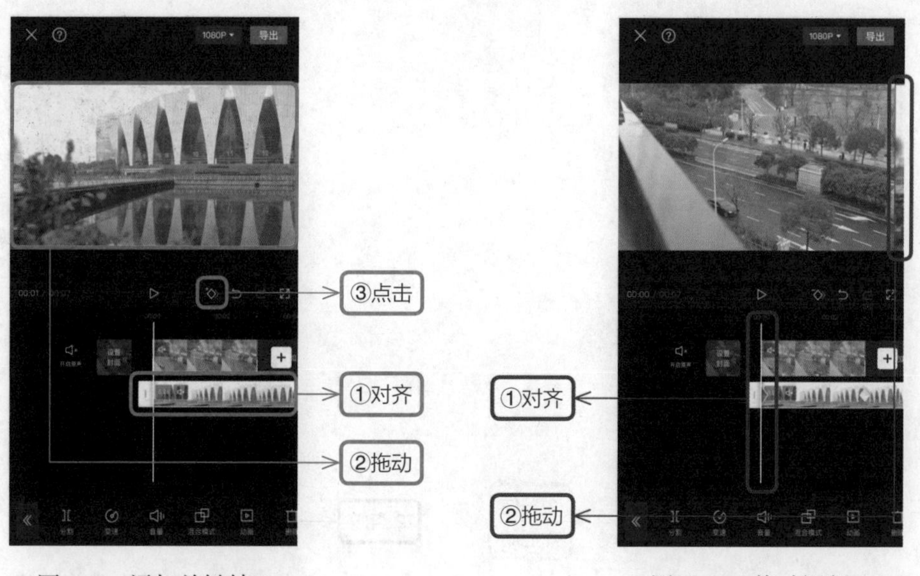

图 6–9　添加关键帧 1　　　　图 6–10　拖动视频 1

（7）将时间轴拖到第 3s 处，如图 6–11 所示，将上一步移出的画面从右向左拖动并填满画面，此时会自动生成关键帧，如图 6–12 所示。

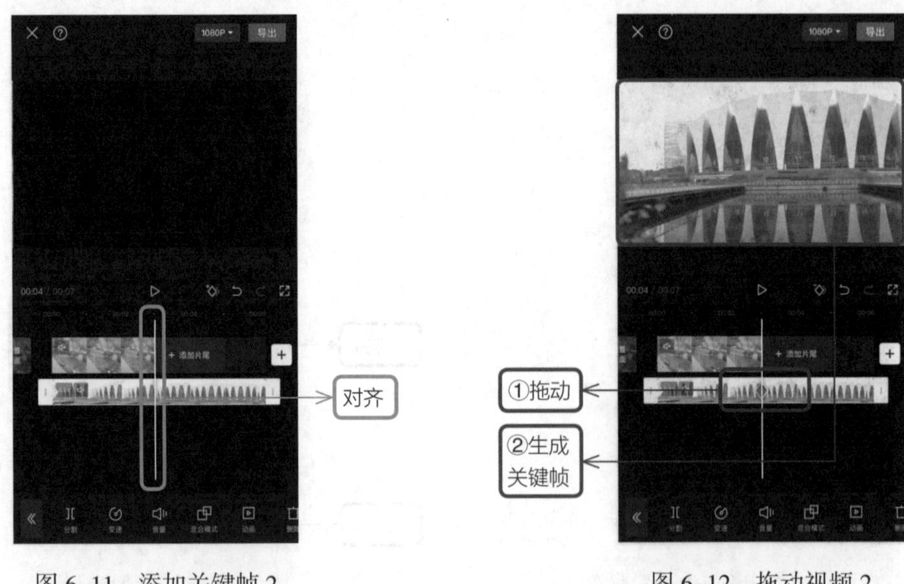

图 6-11　添加关键帧 2　　图 6-12　拖动视频 2

（8）将时间轴拖动到第 6s 处，将画中画的视频画面从右向左拖动并移出画面，如图 6-13 所示。之后将显示黑色背景，在画中画轨道上会自动生成新的关键帧，然后删除关键帧后面多余的视频，如图 6-14 所示。

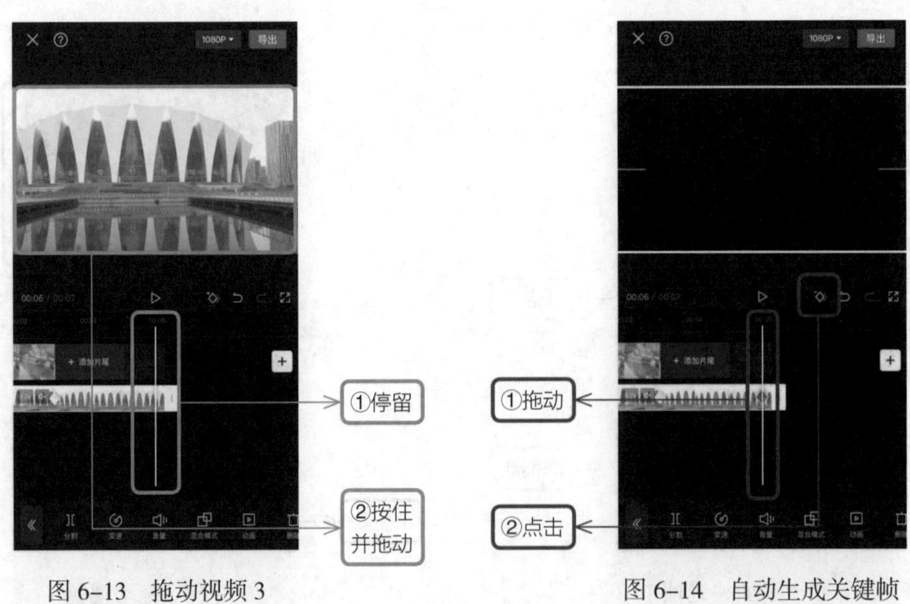

图 6-13　拖动视频 3　　图 6-14　自动生成关键帧

以此类推，按照上面的方法添加新的画中画轨道。

（9）将第二条画中画视频轨道拖动到第 3s 处，点击◇按钮添加关键帧，如图 6-15 所示。此时时间轴将停留在关键帧处（方框显示红色），然后将选中的画中画轨道画面从左向右拖动并移出当前画面，如图 6–16 所示。

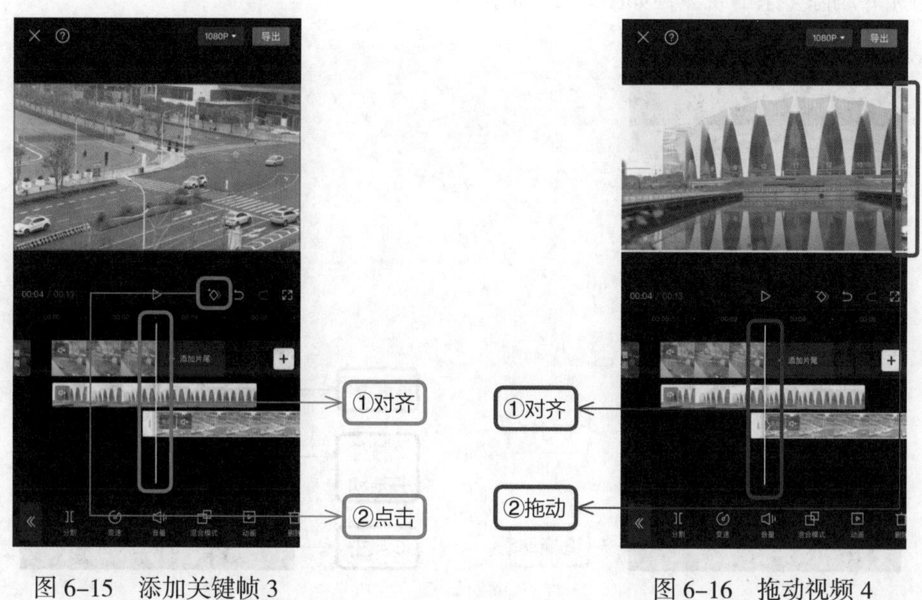

图 6–15　添加关键帧 3　　图 6–16　拖动视频 4

（10）将时间轴拖到第 6s 处，将上一步移出的画面从右向左拖动并填满画面，如图 6–17 所示，此时系统将会自动生成新的关键帧，如图 6–18 所示。

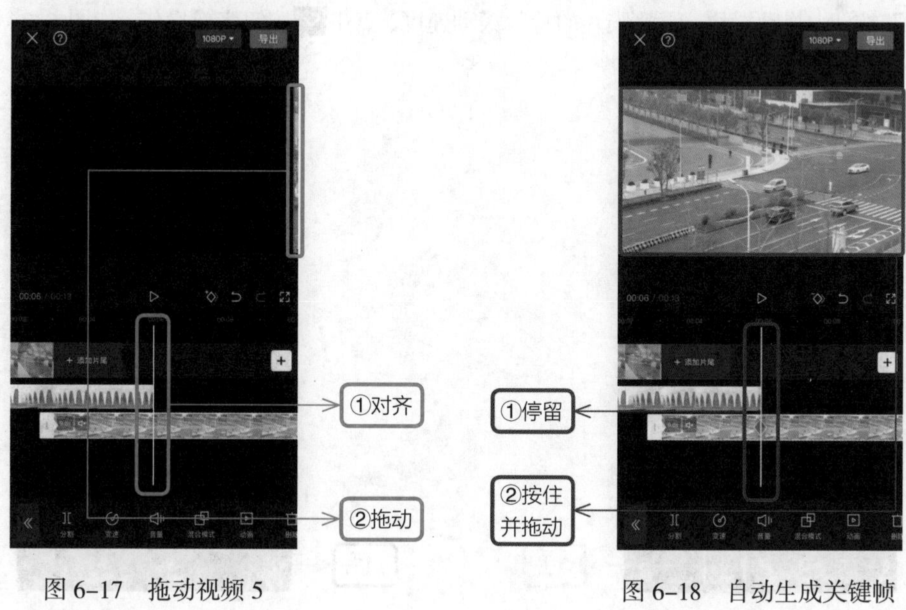

图 6–17　拖动视频 5　　图 6–18　自动生成关键帧

（11）将时间轴拖动到第 9s 处，然后将画面从右向左继续拖动并移出画面，如图 6–19 所示。画中画轨道上将会自动生成新的关键帧，时间轴仍停留在第 9s 处，点击工具栏中的“分割”按钮并删除多余的视频，如图 6–20 所示。

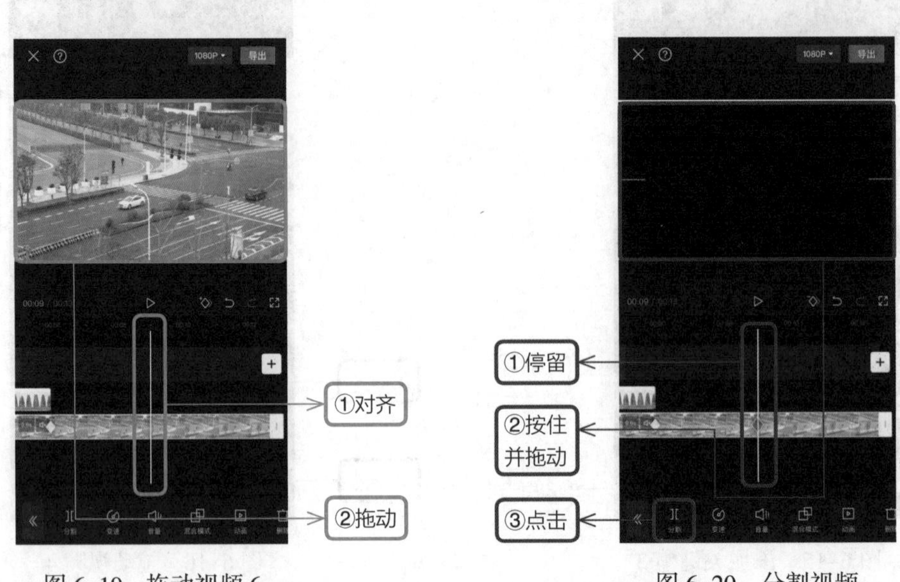

图 6–19　拖动视频 6　　　　图 6–20　分割视频

（12）在一级工具栏中，点击“特效”按钮，如图 6–21 所示，然后点击“画面特效”按钮，如图 6–22 所示。在特效选项卡中，选择“复古”|“胶片Ⅲ”，如图 6–23 所示。点击“调整参数”按钮，拖动滑块，调整胶片的特效滚动速度，点击✓按钮完成操作，如图 6–24 所示。

图 6–21　点击“特效”按钮

图 6–22　点击“画面特效”按钮

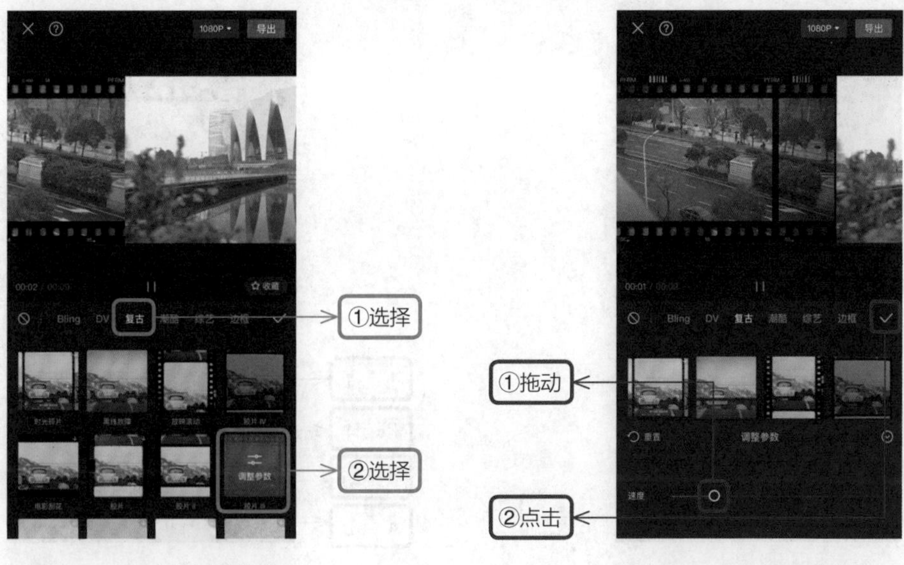

图 6–23　选择特效样式

图 6–24　调整参数

（13）添加胶片特效以后，选中特效轨道，在工具栏中点击“作用对象”按钮，如图 6–25 所示，然后点击“全局应用”按钮，如图 6–26 所示。

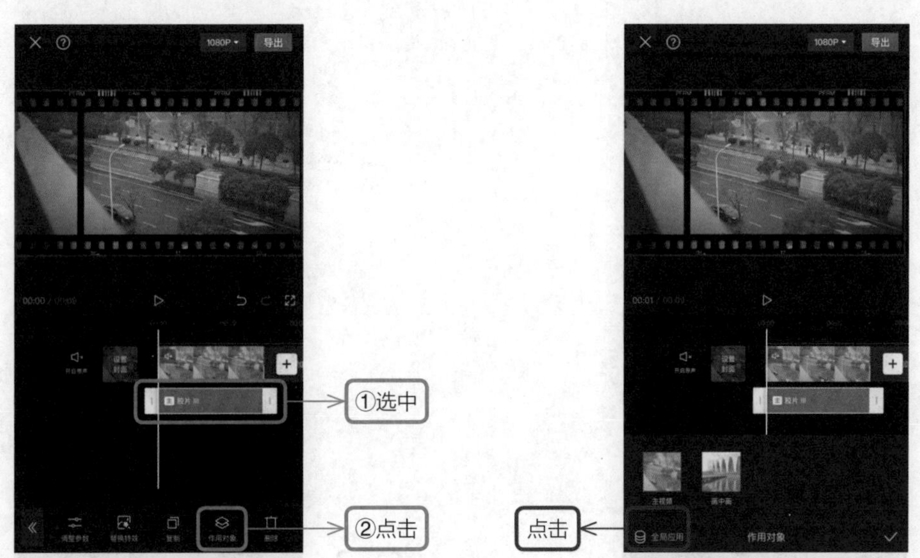

图 6–25　点击“作用对象”按钮

图 6–26　点击“全局应用”按钮

（14）在一级工具栏中，点击“滤镜”按钮，如图 6–27 所示。在滤镜选项卡中选择“复古”，在其中挑选喜欢的滤镜，如“三洋 VPC”，拖动滑块，调整画面的不透明度为最大，点击✓按钮完成操作，如图 6–28 所示。

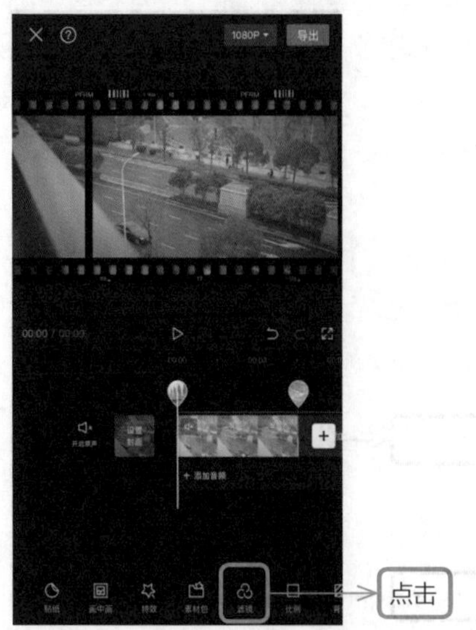

图 6–27　点击“滤镜”按钮

图 6–28　选择滤镜

（15）在一级工具栏中点击“特效”按钮，如图 6–29 所示，然后再点击“画面特效”按钮，如图 6–30 所示，在复古选项卡中选择“色差故障Ⅱ”，点击✓按钮完成操作，如图 6–31 所示。

图 6–29　点击“特效”按钮

图 6–30　点击“画面特效”按钮

（16）选中画中画特效“色差故障Ⅱ”的轨道，在工具栏中点击“作用对象”按钮，如图 6–32 所示，然后点击“全局应用”按钮，如图 6–33 所示。

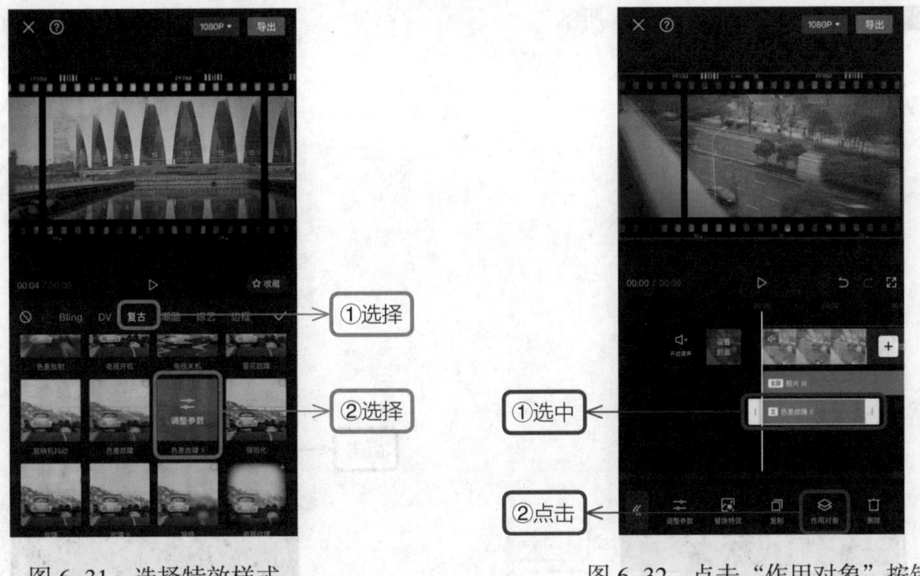

图 6–31　选择特效样式

图 6–32　点击“作用对象”按钮

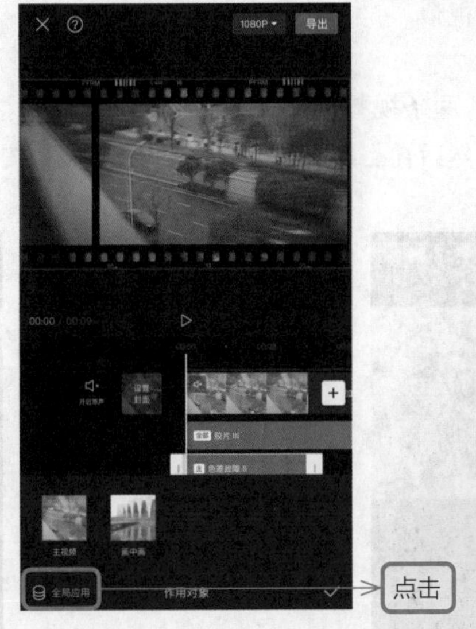

图 6–33　点击“全局应用”按钮

6.2　渐变擦除，上下帧融合转场

（1）在剪映 App 中选择两段视频，点击“添加”按钮并关闭视频的原声，如图 6–34 所示。

（2）在两条视频的交接处，点击[I]（转场）按钮，如图 6–35 所示，此时剪映系统将会弹出转场选项卡，在“基础转场”选项卡中选择“渐变擦除”，然后拖动滑块调整转场的时长，点击☑按钮完成操作，如图 6–36 所示。

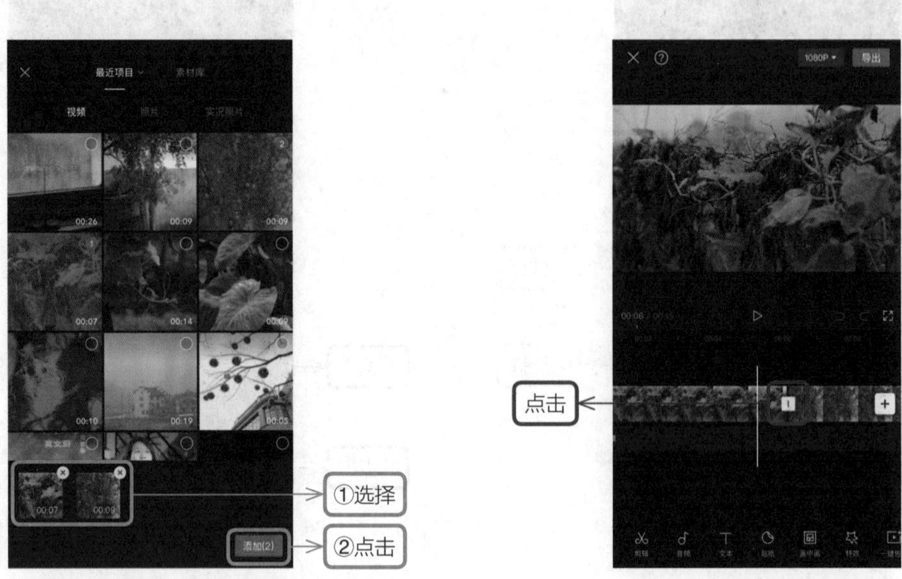

图 6–34　添加视频　　　　图 6–35　点击转场按钮

（3）添加完转场后，两条视频衔接处的图形就变成⧓，接着在一级工具栏中点击“音频”按钮，如图 6–37 所示，然后在二级工具栏中点击“音效”按钮，如图 6–38 所示。

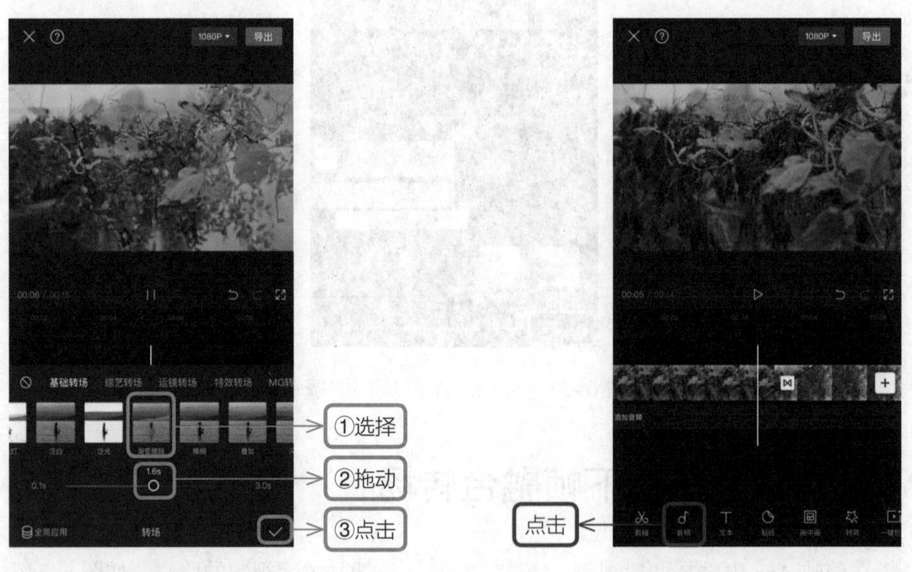

图 6–36　添加转场样式　　　　图 6–37　点击“音频”按钮

（4）在搜索框中输入“雨声”，然后在搜索结果列表中，挑选喜欢的雨声音效并点击“使用”按钮，如图 6–39 所示。

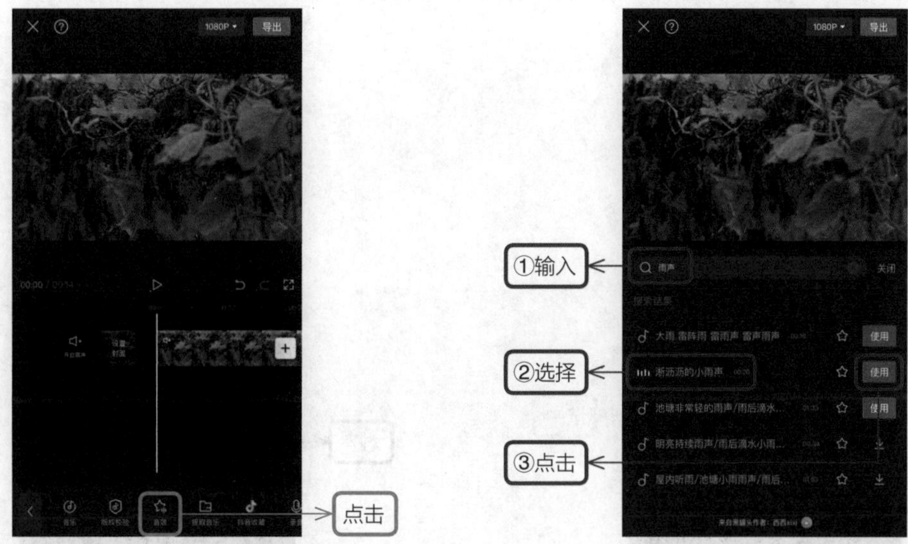

图 6–38　点击“音效”按钮 1　　图 6–39　选择音效 1

（5）选中音频轨道，拖动白色方框调整音频时长与视频的交接处对齐，然后点击二级工具栏中的“音效”按钮，如图 6–40 所示。

（6）在搜索框中输入“雨声”，在搜索结果中挑选喜欢的雨声音效并点击“使用”按钮，如图 6–41 所示。

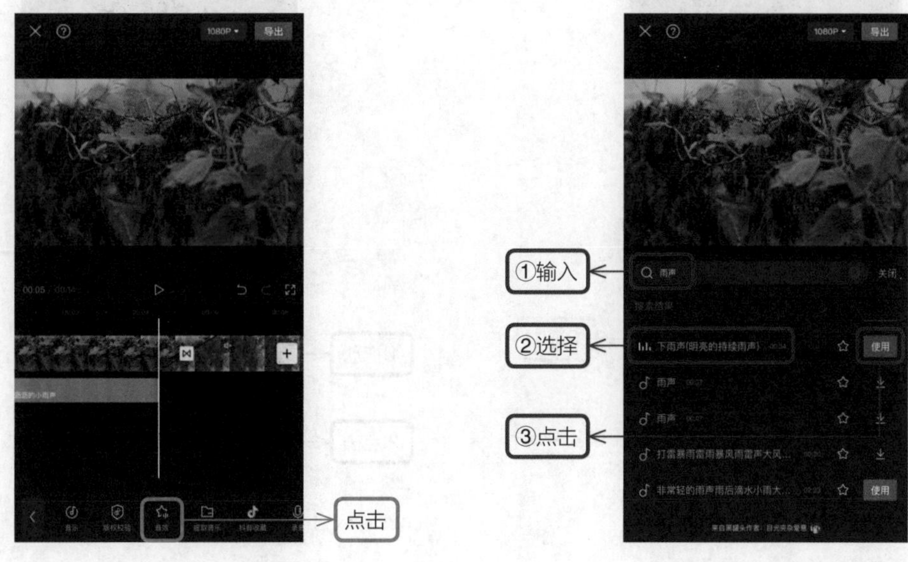

图 6–40　点击“音效”按钮 2　　图 6–41　选择音效 2

（7）新的音效将会显示在轨道后段，选中第二条音效轨道，如图 6–42 所示，然后拖动第二条音效轨道并向下移，此时将会生成一条新的音频轨道，如图 6–43 所示。

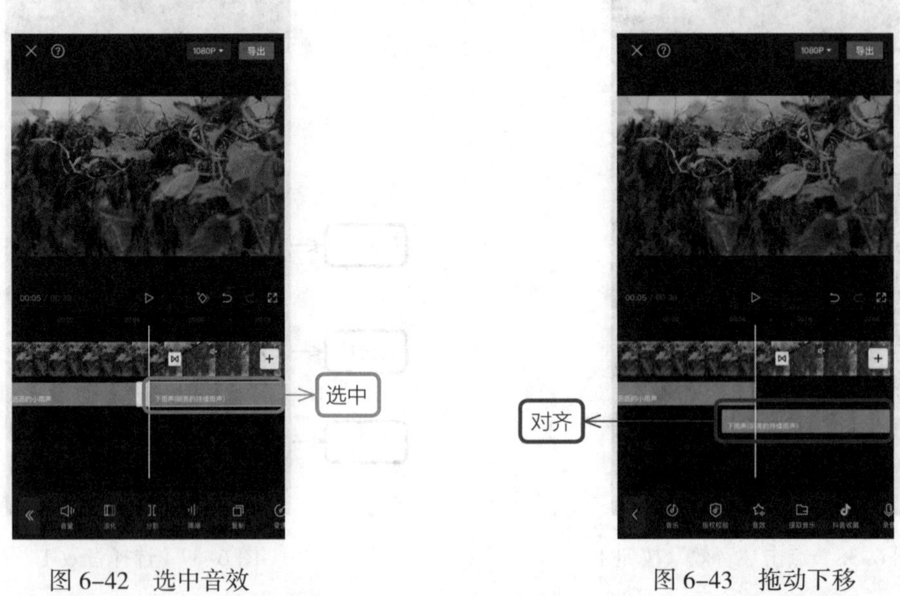

图 6–42　选中音效　　　　图 6–43　拖动下移

（8）为了让音效衔接流畅，选中第一条音效轨道，点击编辑栏中的“淡化”按钮，如图 6–44 所示，拖动滑块，调整音效的淡出时长，点击☑按钮完成操作，如图 6–45 所示。

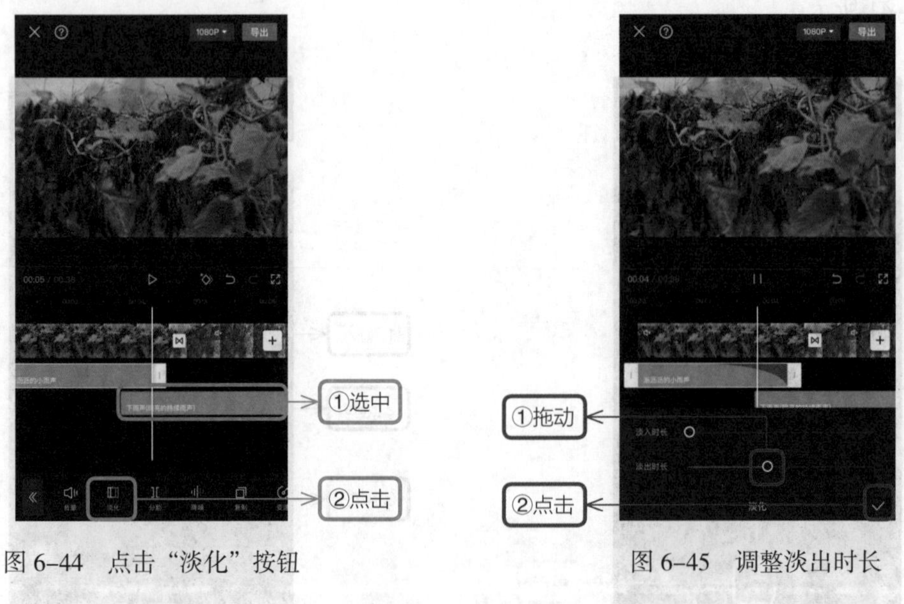

图 6–44　点击“淡化”按钮　　　　图 6–45　调整淡出时长

（9）选中第 2 条音效轨道，点击编辑栏中的“淡化”按钮，如图 6–46 所示，然后拖动滑块调整它的淡入时长，点击按钮让声音缓慢上升，衔接流畅，如图 6–47 所示。

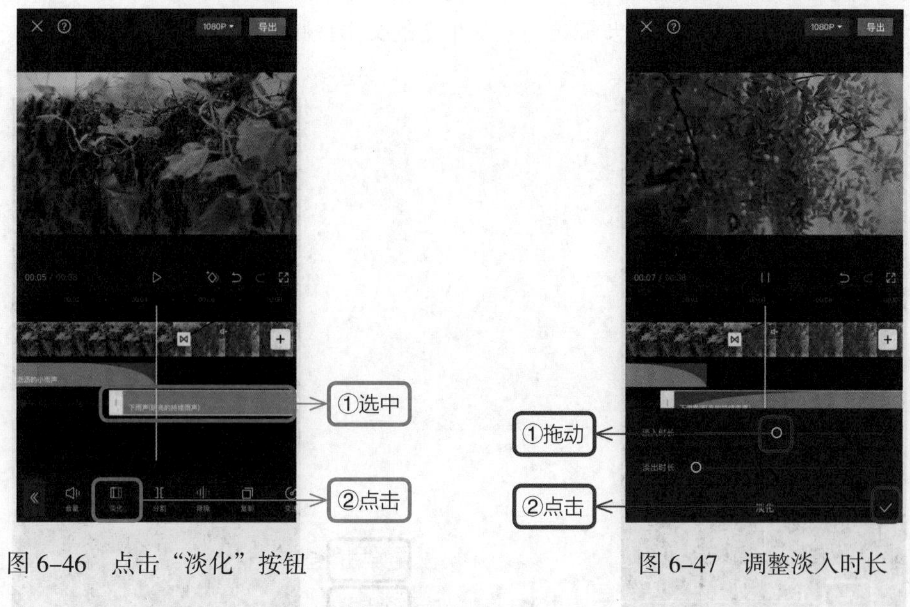

图 6–46　点击“淡化”按钮　　　　图 6–47　调整淡入时长

6.3　文字交错，双排错位有动感

（1）在剪映的素材库中选择黑底素材，点击“添加”按钮，如图 6–48 所示。

（2）拖动视频后面的白色方框，调整视频时长为 11s，然后在一级工具栏中点击“文本”按钮，如图 6–49 所示。

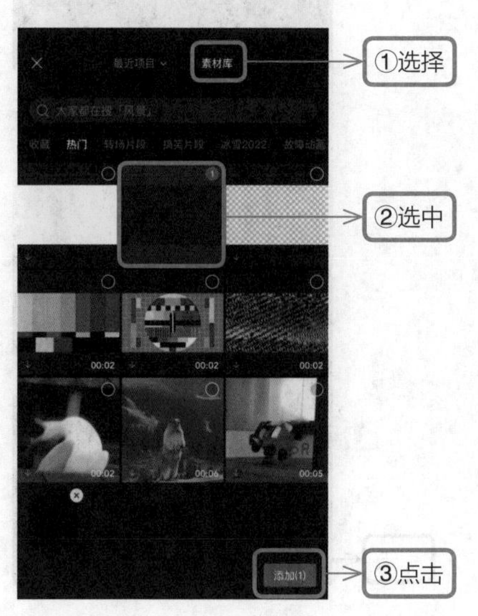

图 6–48　添加素材

图 6–49　点击“文本”按钮

（3）点击“新建文本”按钮，如图 6–50 所示，在文本框中输入文字，选择字体样式为“纯真体”，点击“导出”按钮，如图 6–51 所示。

以此类推，按照上面的操作步骤再建立一个新的文本视频。

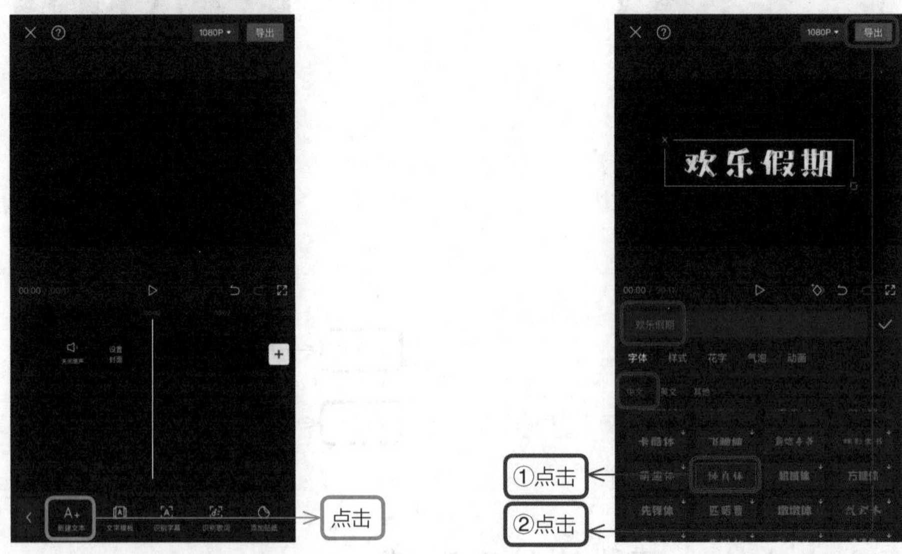

图 6–50　点击“新建文本”按钮　　图 6–51　点击“新建文本”

（4）在剪映 App 中导入一段视频后，点击一级工具栏中的“画中画”按钮，如图 6–52 所示，然后点击“新增画中画”按钮，如图 6–53 所示。

图 6–52　点击“画中画”按钮

图 6–53　点击“新增画中画”按钮

（5）从“最近项目”中选择前面保存的文字视频，点击“添加”按钮，如图 6–54 所示。双指按住画面将其放大并覆盖到主视频轨道上，然后点击“混合模式”按钮，如图 6–55 所示。

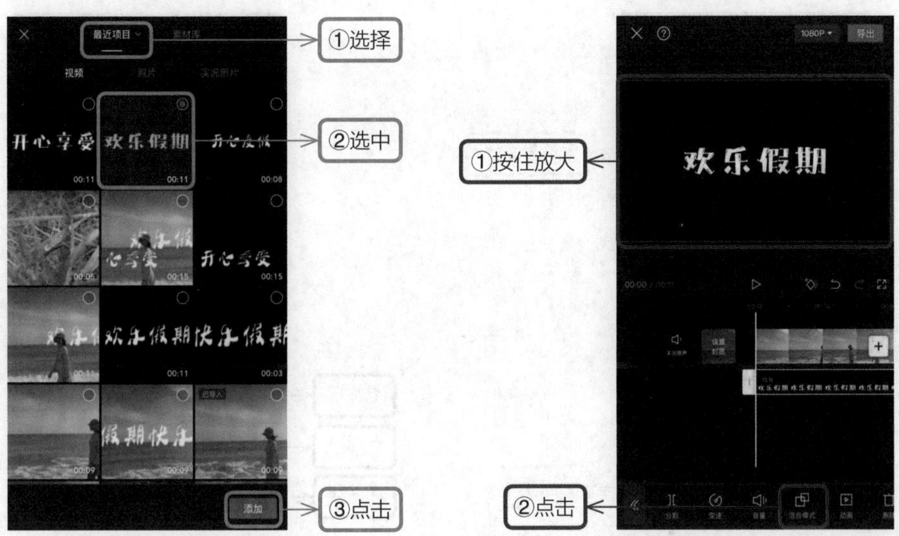

图 6–54　添加视频　　　图 6–55　点击“混合模式”按钮

（6）选择混合模式的样式为“滤色”，拖动滑块调整画面的透明度为最大，然后点击✓按钮完成操作，如图 6–56 所示。

（7）按照上面的方式再添加另一段文字视频，如图 6–57 所示。双指按住画面并放大，直至画面覆盖到主视频轨道上，然后点击“混合模式”按钮，如图 6–58 所示。

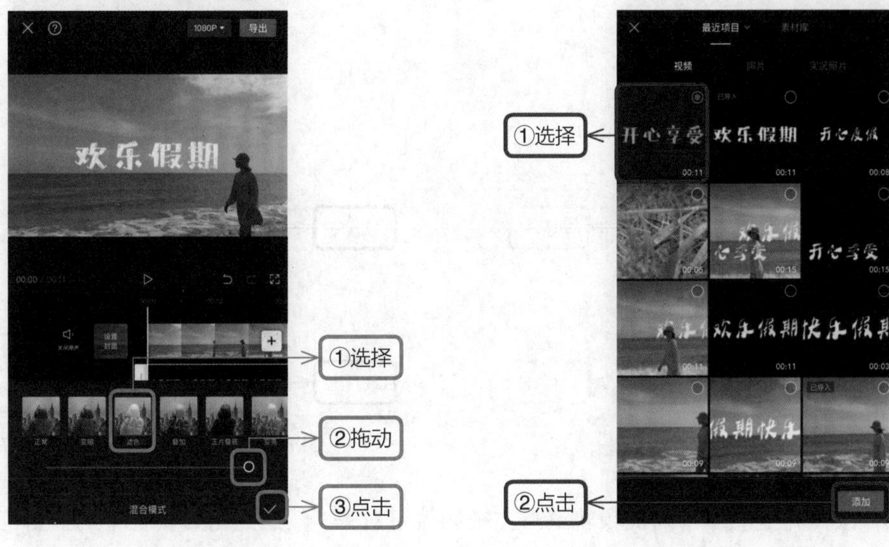

图 6–56　选择混合模式　　　图 6–57　添加素材

（8）选择混合模式的样式为“滤色”，拖动滑块调整画面的透明度为最大，然后点击✓按钮完成操作，如图 6–59 所示。

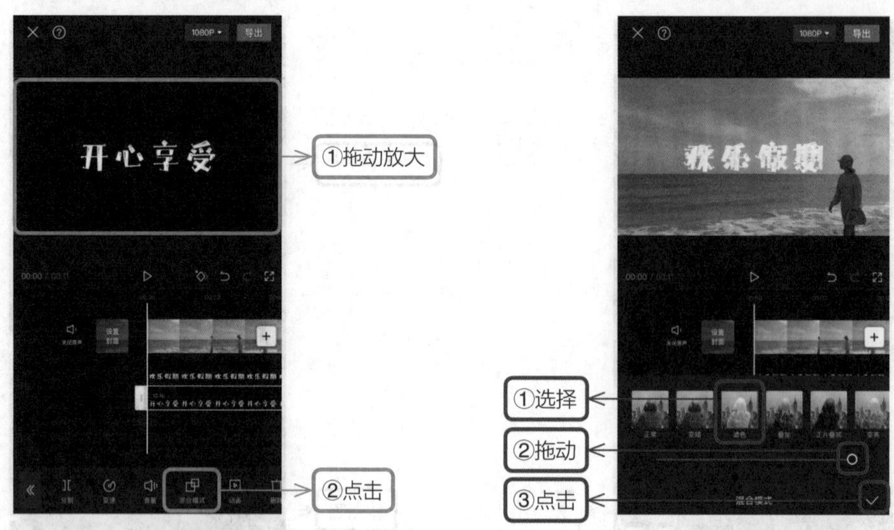

图 6–58 点击“混合模式”按钮

图 6–59 选择混合模式

（9）选中主视频轨道，点击编辑栏中的“复制”按钮，如图 6–60 所示，选中复制后的视频，点击“切画中画”按钮，如图 6–61 所示。

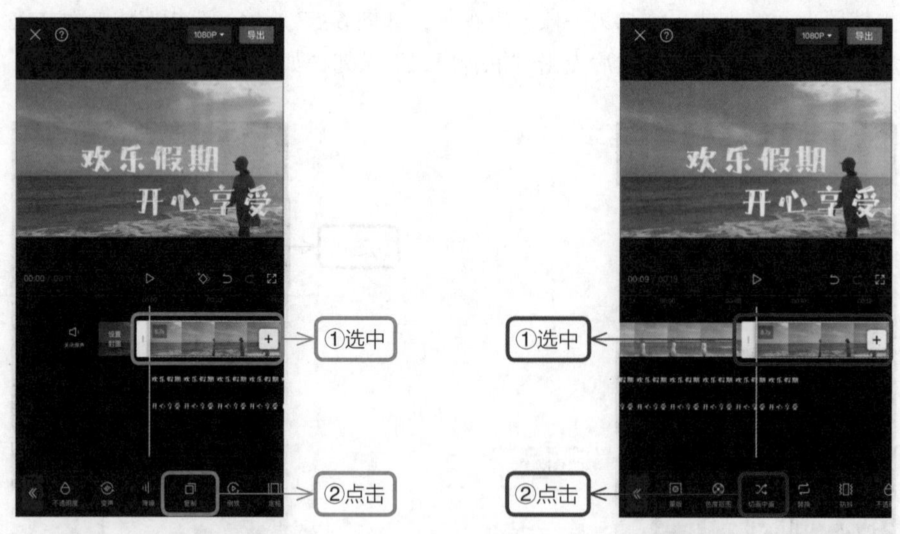

图 6–60 点击“复制”按钮

图 6–61 点击“切画中画”按钮

（10）按住并拖动画中画视频轨道与主视频轨道对齐，然后点击编辑栏中的“智能抠像”按钮，如图 6–62 所示。

（11）选中抠像后的视频轨道，然后点击编辑栏中的“层级”按钮，如图 6–63 所示，该视频原来的层级 3 将变为层级 2，如图 6–64 所示，这样画中画人物的视频就被移动到两个字体层的中间了，如图 6–65 所示。

图 6–62　点击“智能抠像”按钮

图 6–63　点击“层级”按钮

图 6–64　选择层级

图 6–65　显示效果

（12）选中“欢乐假期”的视频轨道，拖动时间轴到起始位置，然后点击◇按钮添加关键帧，如图 6–66 所示。在视频预览区域，按住“欢乐假期”视频轨道向左拖动并隐藏，如

图 6–67 所示。

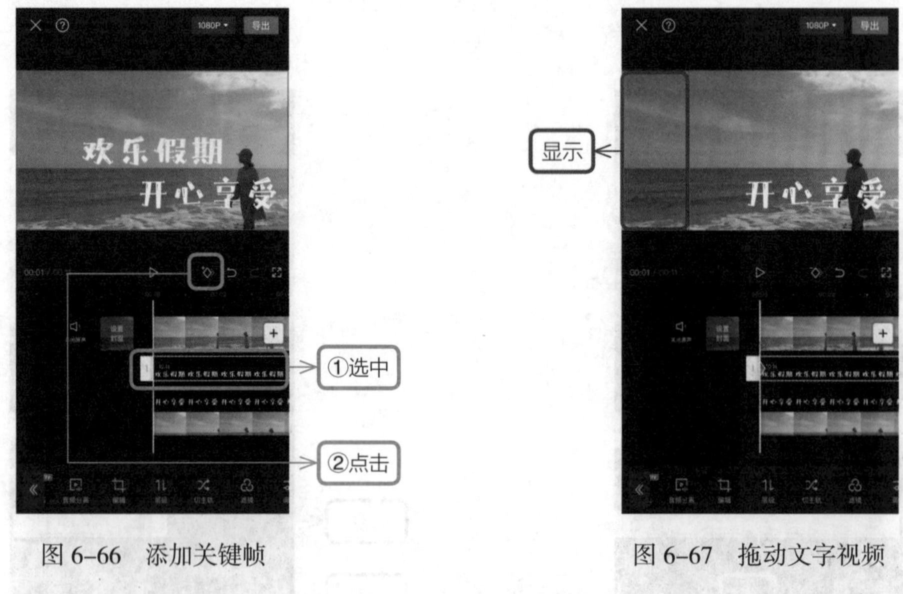

图 6–66　添加关键帧　　　　图 6–67　拖动文字视频

（13）拖动视频到结尾处，如图 6–68 所示，再将刚才隐藏的画面从左向右拖动，直到字体全部隐藏，这时在视频轨道上将会自动生成关键帧，如图 6–69 所示。

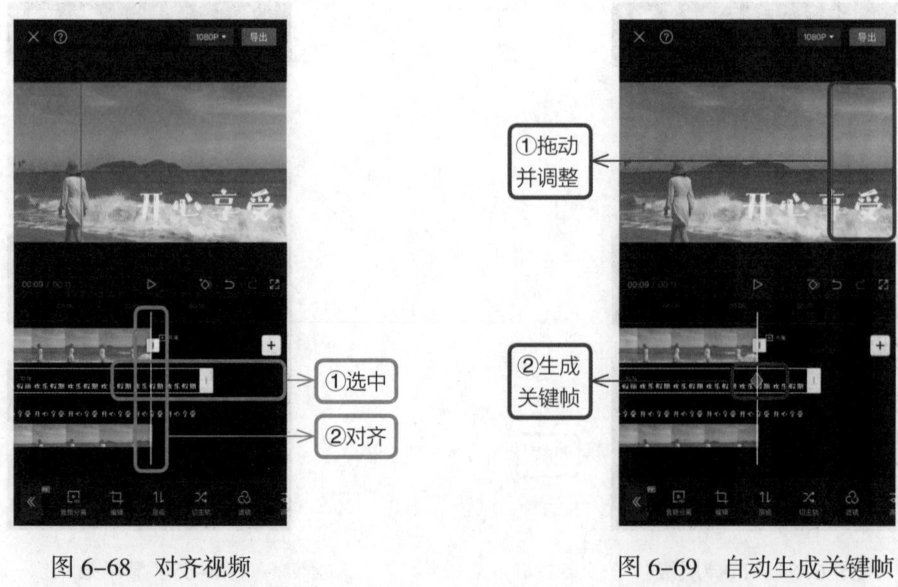

图 6–68　对齐视频　　　　图 6–69　自动生成关键帧

（14）选中“欢乐假期”视频轨道后面的白色方框向左拖动并缩放，调整其与主视频结尾对齐，如图 6–70 所示。

（15）选中“开心享受”的视频轨道并拖动时间轴到起始位置，然后点击◇按钮添加关键帧，如图 6–71 所示。在视频预览区域，按住“开心享受”视频轨道向右拖动并隐藏，如图 6–72 所示。

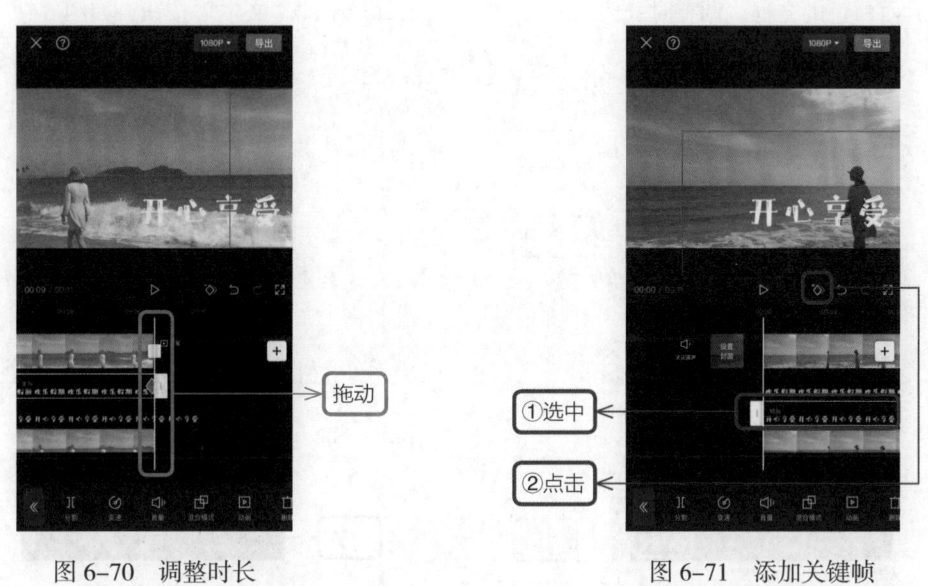

图 6–70　调整时长　　　　图 6–71　添加关键帧

（16）拖动时间轴到主视频的结尾处，再将刚才隐藏的画面从右向左拖动，直到字体全部隐藏，这时在该视频轨道上将会自动生成关键帧，拖动后面的白色方框，调整其与主视频对齐，如图 6–73 所示。

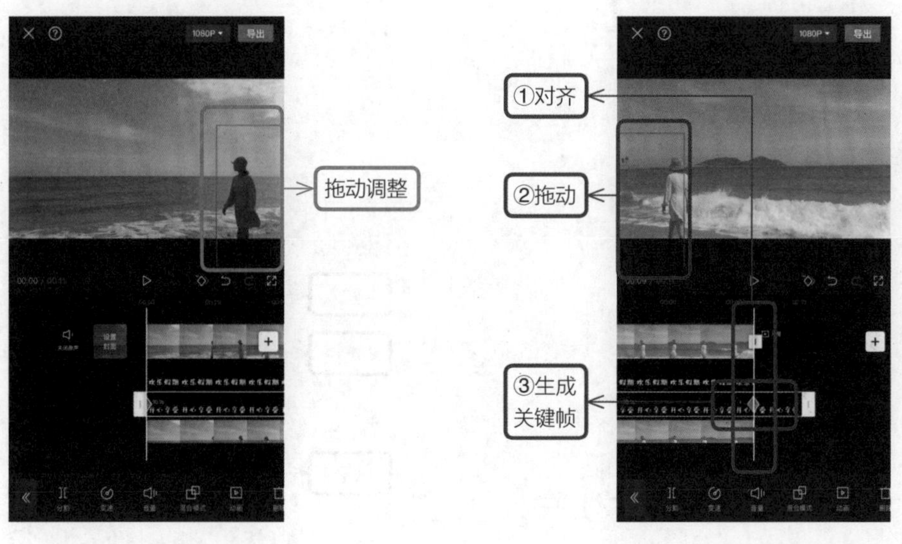

图 6–72　拖动隐藏　　　　图 6–73　添加关键帧

6.4 跟随人物，文字紧随人出现

（1）在剪映素材库中选择黑底素材，点击“添加”按钮，如图 6–74 所示。然后拖动视频轨道后面白色的方框，调整时长为 11s，点击一级工具栏中的“文本”按钮，如图 6–75 所示。

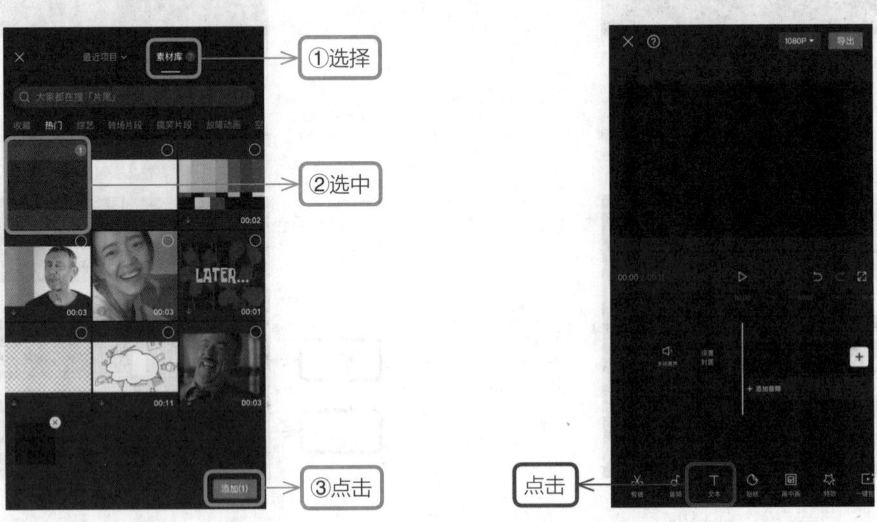

图 6–74　添加素材　　　　图 6–75　点击“文本”按钮

（2）点击“新建文本”按钮，如图 6–76 所示，在文本框中输入文字，然后选择“字体”选项卡中的“童趣体”字体样式，如图 6–77 所示。在“花字”选项卡中挑选喜欢的样式，点击✓按钮完成操作，如图 6–78 所示，然后导出文字视频。

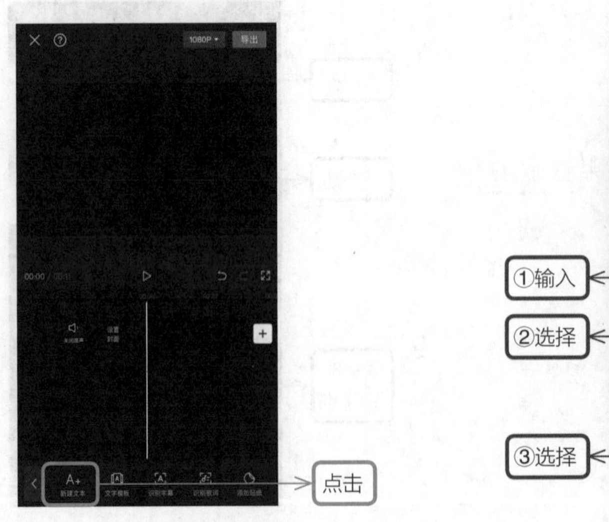

图 6–76　点击“新建文本”按钮

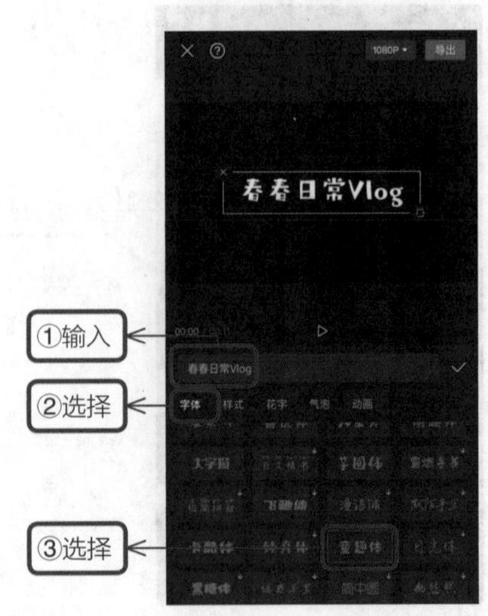

图 6–77　选择文本样式

（3）重新导入一段视频，点击一级工具栏中的“画中画”按钮，如图 6–79 所示，再点击“新增画中画”按钮，如图 6–80 所示。在“最近项目”中选择刚才导出的文字视频，点击“添加”按钮，如图 6–81 所示。

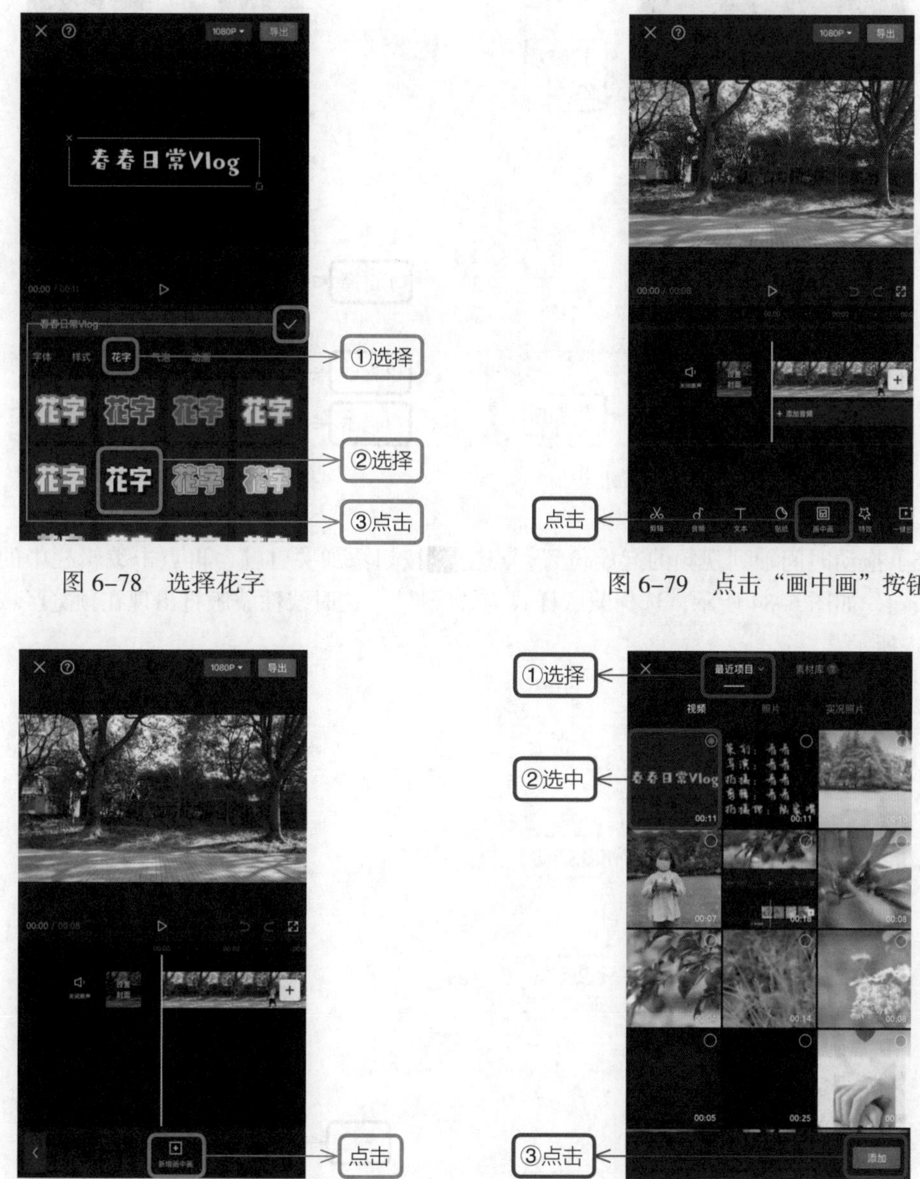

图 6–78　选择花字

图 6–79　点击“画中画”按钮

图 6–80　点击“新增画中画”按钮

图 6–81　添加视频

（4）在预览区域，按住画中画的画面，双指向外拖动并放大，然后点击“混合模式”按钮，如图 6–82 所示，选择“滤色”，拖动滑块，将画面的透明度调整到最大，点击✓按钮完成操作，如图 6–83 所示。

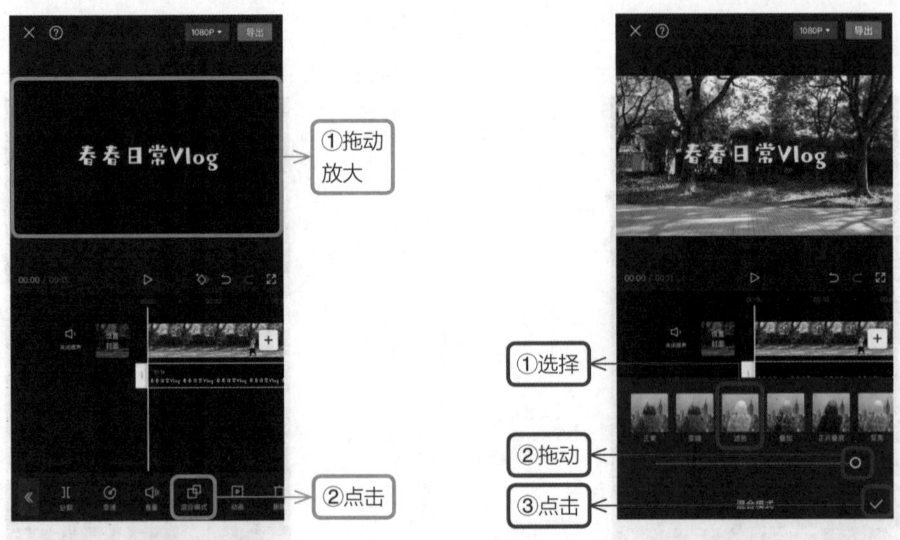

图 6–82　点击“混合模式”按钮　　图 6–83　选择混合模式样式

（5）拖动时间轴到视频的起始位置，点击◇按钮添加关键帧，再点击编辑栏中的“蒙版”按钮，如图 6–84 所示，选择蒙版样式为“线性”，这时线性蒙版将出现在预览区域，如图 6–85 所示。

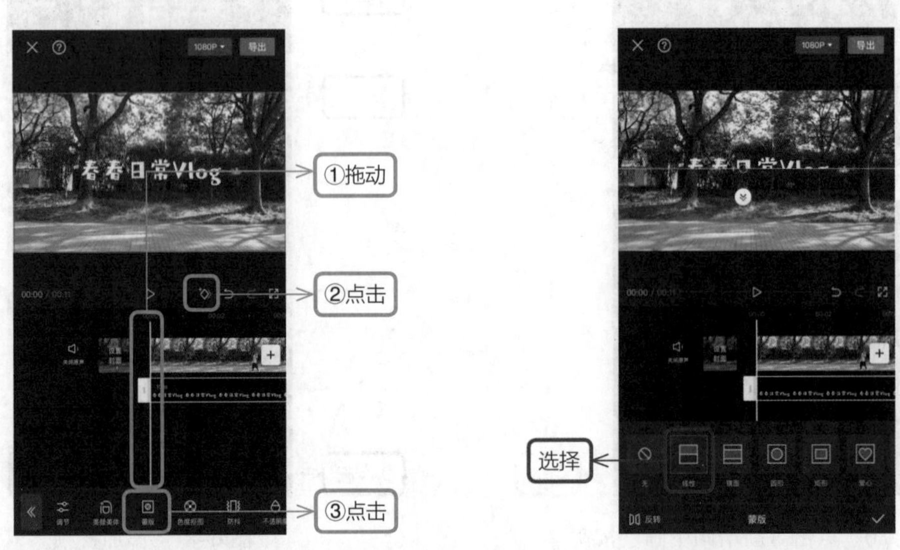

图 6–84　点击“蒙版”按钮　　图 6–85　选择蒙版样式

（6）将线性蒙版由水平方向调整为垂直方向并拖动到人物背后，轻轻地拖动 »，羽化蒙版边缘，让画面过渡顺滑，如图 6–86 所示。

（7）在时间线区域，按住画面并向右拖动，视频中的人向前走，接着拖动线性蒙版，让字体紧跟着人出现，此时将会自动生成关键帧，如图 6–87 所示。

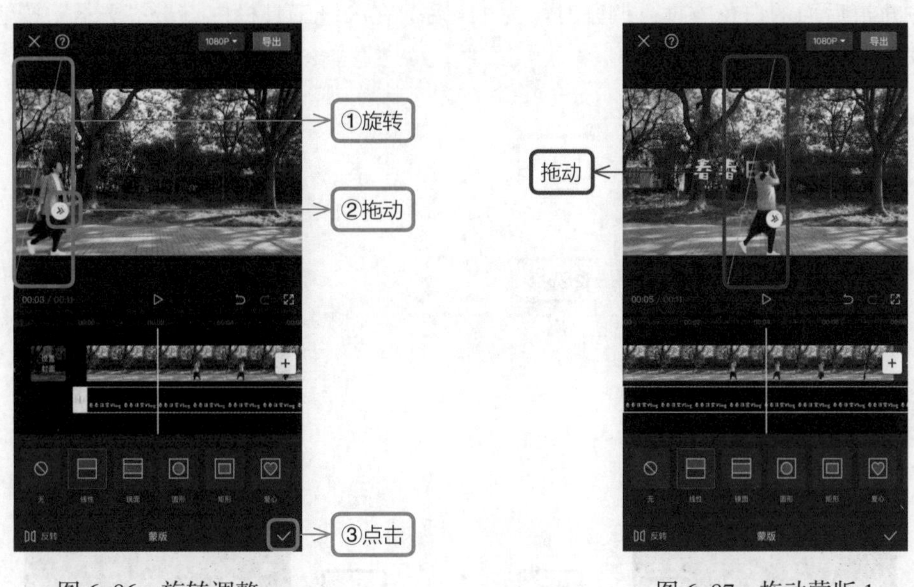

图 6–86　旋转调整　　图 6–87　拖动蒙版 1

（8）继续拖动视频画面和线性蒙版，让字体画面全部显示，如图 6–88 所示。拖动画中画轨道后的白色方框向左缩进并与主视频时长一致，然后点击“导出”按钮，如图 6–89 所示。

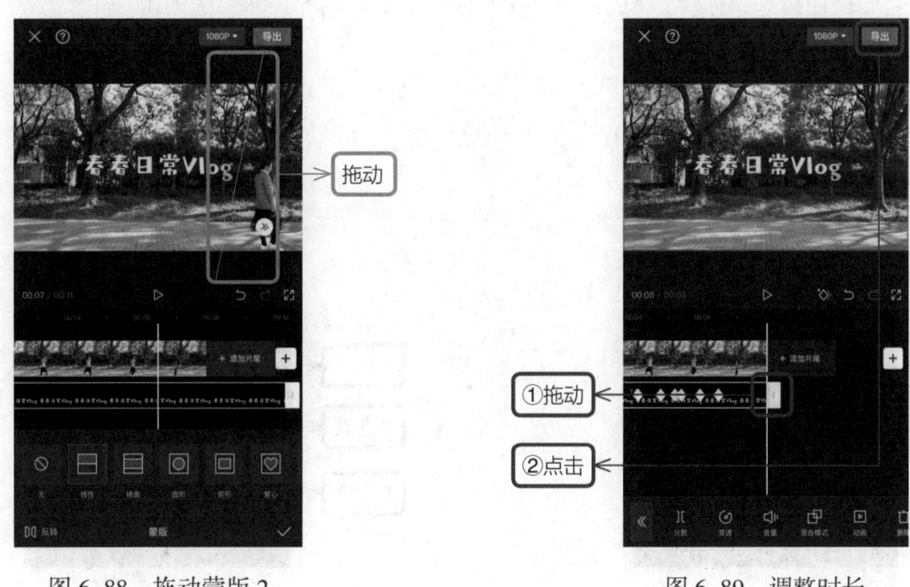

图 6–88　拖动蒙版 2　　图 6–89　调整时长

6.5 滚动片尾，好似电影全剧终

（1）在剪映的素材库中，选择黑底素材，点击“添加”按钮，如图 6–90 所示。然后拖动视频轨道后面的白色方框，调整时长为 11s 后，在一级工具栏中点击“文本”按钮，如图 6–91 所示。

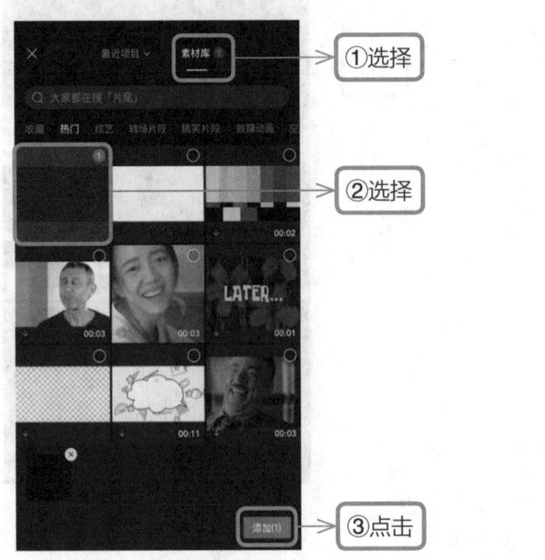

图 6–90　添加素材

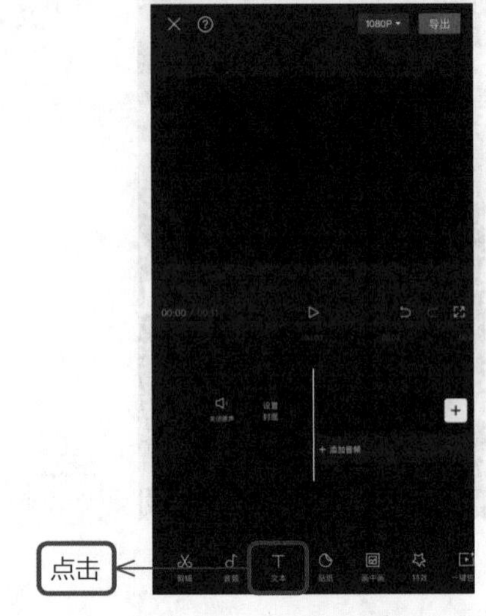

图 6–91　点击“文本”按钮

（2）在二级工具栏中点击“新建文本”按钮，如图 6–92 所示。在文本框中输入文字并点击“换行”按钮给文字换行，然后在“字体”选项卡中选择喜欢的字体样式，如图 6–93 所示。

图 6–92　点击“新建文本”按钮

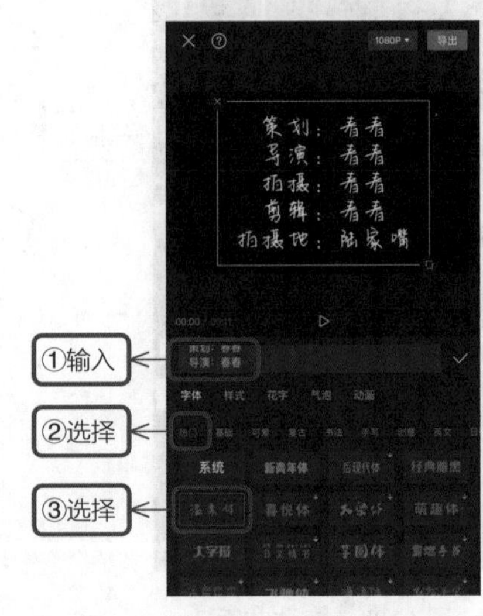

图 6–93　选择文本样式

（3）在“样式”选项卡中选择排列中的左对齐，然后拖动滑块调整字体的大小，将文本时长调整为与主视频对齐，最后点击✓按钮完成操作，再点击“导出”按钮导出视频备用，如图 6–94 所示。

（4）在剪映 App 中重新添加一段黑底的视频素材，如图 6–95 所示。

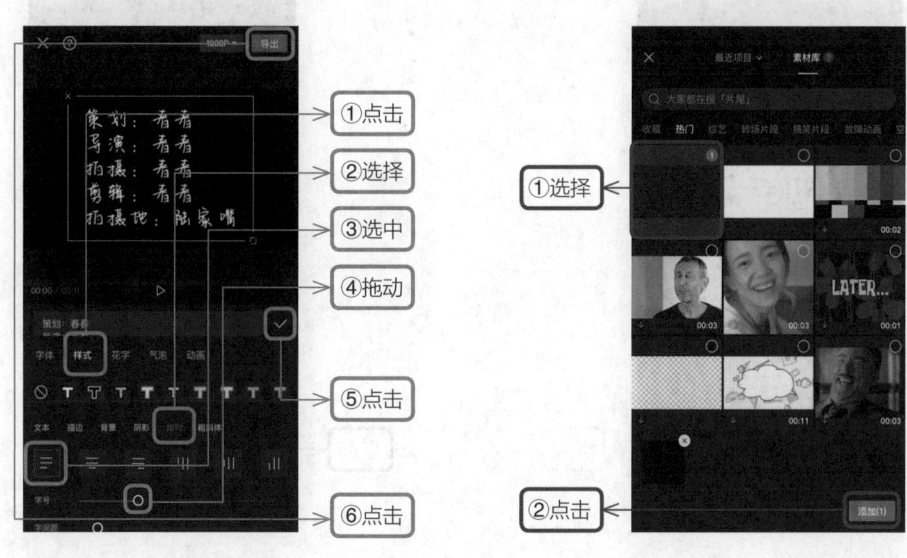

图 6–94　选择排列方式　　图 6–95　添加素材

（5）调整视频的时长后，在一级工具栏中点击“画中画”按钮，如图 6–96 所示，再点击“新增画中画”按钮，如图 6–97 所示。

图 6–96　点击“画中画”按钮

图 6–97　点击“新增画中画”按钮

（6）选中画中画视频轨道，点击编辑栏中的“动画”按钮，如图 6–98 所示，再点击“出场动画”按钮，如图 6–99 所示。接着选择动画样式“缩小”，拖动滑块，调整时长为最大，点击✓按钮完成操作，如图 6–100 所示。

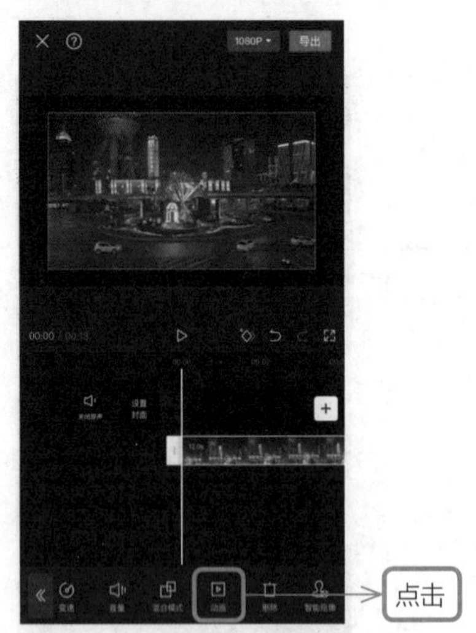

图 6–98　点击“动画”按钮

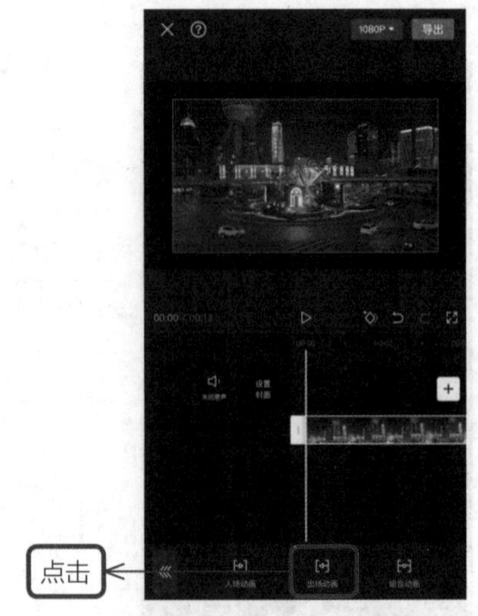

图 6–99　点击“出场动画”按钮

（7）在时间线区域，按住视频并拖动，将其时间轴调整到视频开头位置，点击◇按钮添加关键帧，如图 6–101 所示。继续向左拖动视频，将时间轴对齐在 7s 处，然后在预览区域双指按住画中画并缩小画面，然后拖动其靠左，这时在画中画视频轨道上将会自动生成关键帧，最后点击《按钮返回，如图 6–102 所示。

图 6–100　选择动画样式

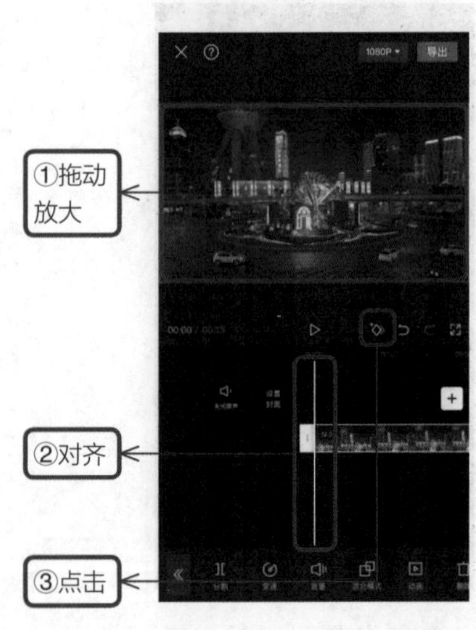

图 6–101　添加关键帧

（8）在关键帧的位置，点击“新增画中画”按钮，如图 6–103 所示，在“最近项目”中选择刚才保存的文字视频，点击“添加”按钮进行添加，如图 6–104 所示。

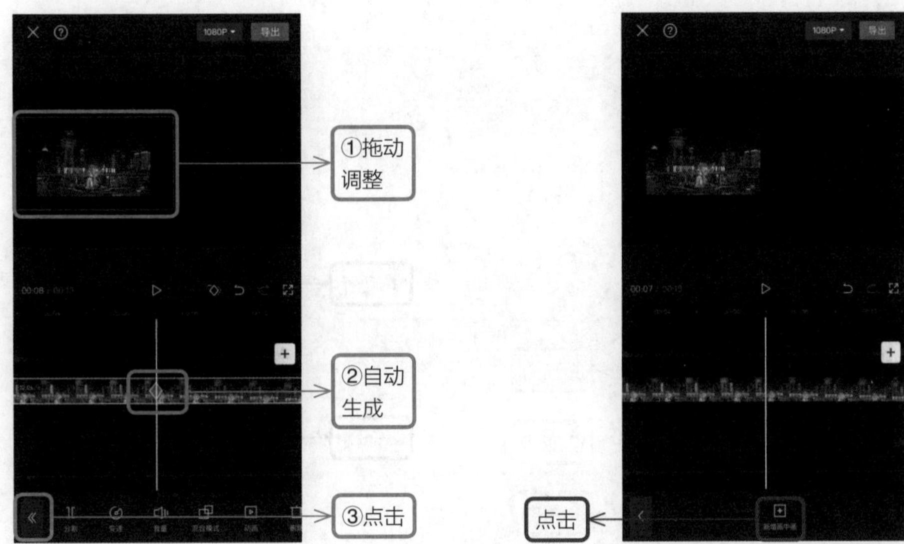

图 6–102　自动生成关键帧　　　　图 6–103　点击“新增画中画”按钮

（9）选中文字视频轨道，点击编辑栏中的“混合模式”按钮，如图 6–105 所示，选择混合模式的样式“滤色”，拖动滑块调整滤色的程度，点击✓按钮完成操作，如图 6–106 所示。

图 6–104　添加视频

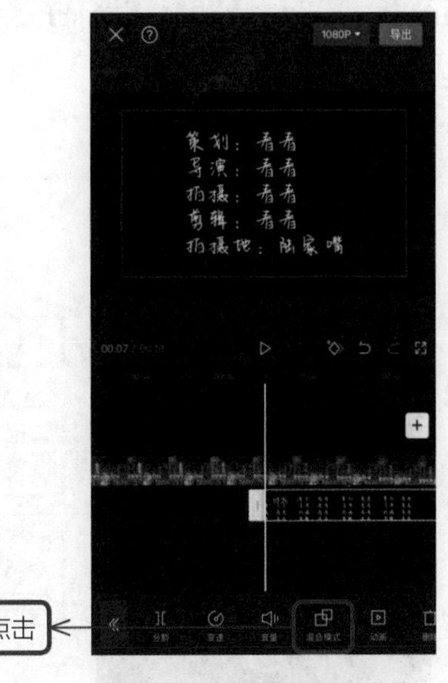

图 6–105　点击“混合模式”按钮

（10）在文字视频轨道的开始处点击◇按钮添加关键帧，然后将文字画面拖动并隐藏起来，如图 6–107 所示。

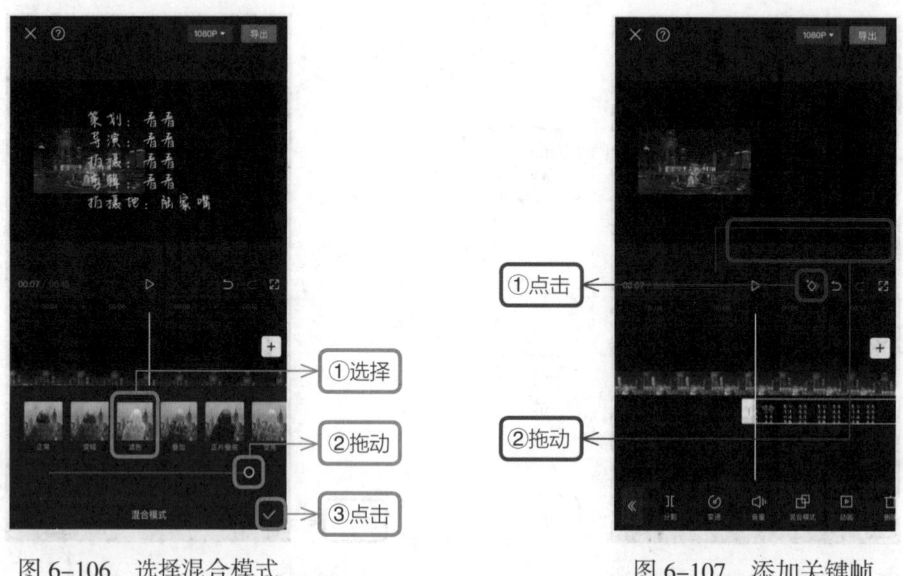

图 6–106　选择混合模式　　　　图 6–107　添加关键帧

（11）将时间轴向右拖动并停留在视频尾端，然后将文字视频画面从下向上拖动并隐藏，这时，在文字视频轨道上将会自动生成新的关键帧，如图 6–108 所示。

（12）拖动文字视频轨道后面的白色方框向左缩进，并与画中画的视频轨道对齐，如图 6–109 所示，将两条视频轨道时长调整一致后导出该视频。

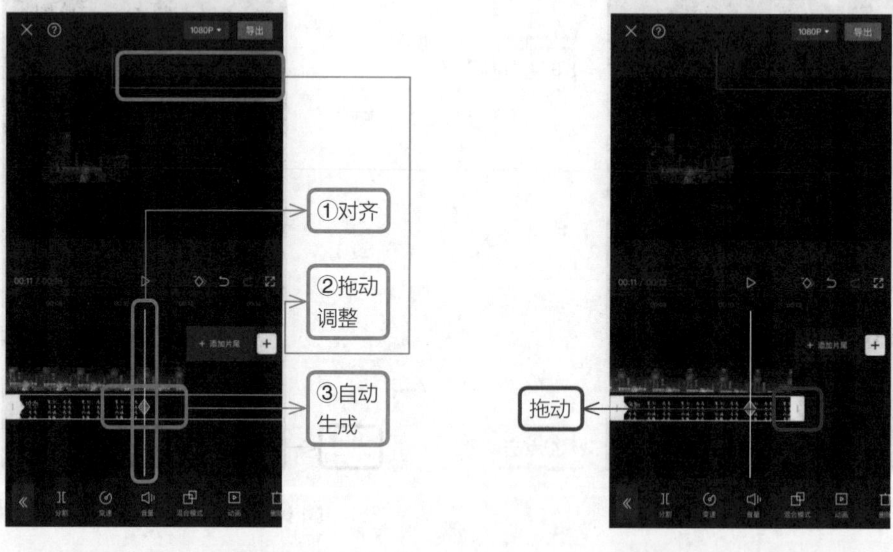

图 6–108　调整位置　　　　图 6–109　调整时长

第 7 章 特效组合，脑洞大开拼创意

7.1　视频分身，一秒变成“双胞胎”

（1）在剪映 App 中导入一段视频后，点击“关闭原声”按钮，然后点击一级工具栏中的“画中画”按钮，如图 7–1 所示，继续点击“新增画中画”按钮，如图 7–2 所示。

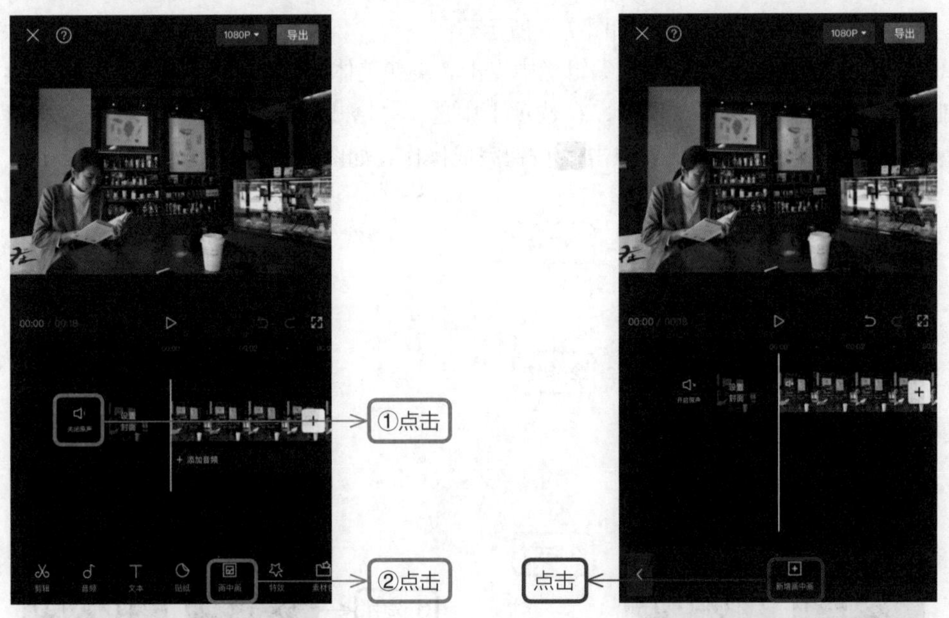

图 7–1　点击“画中画”按钮　　图 7–2　点击“新增画中画”按钮

（2）在“最近项目”中选择一段同机位拍摄的视频，点击“添加”按钮，如图 7–3 所示。在预览区域查看新增的画中画视频，双指按住视频并放大到与主视频重合，点击编辑栏中的“蒙版”按钮，如图 7–4 所示。

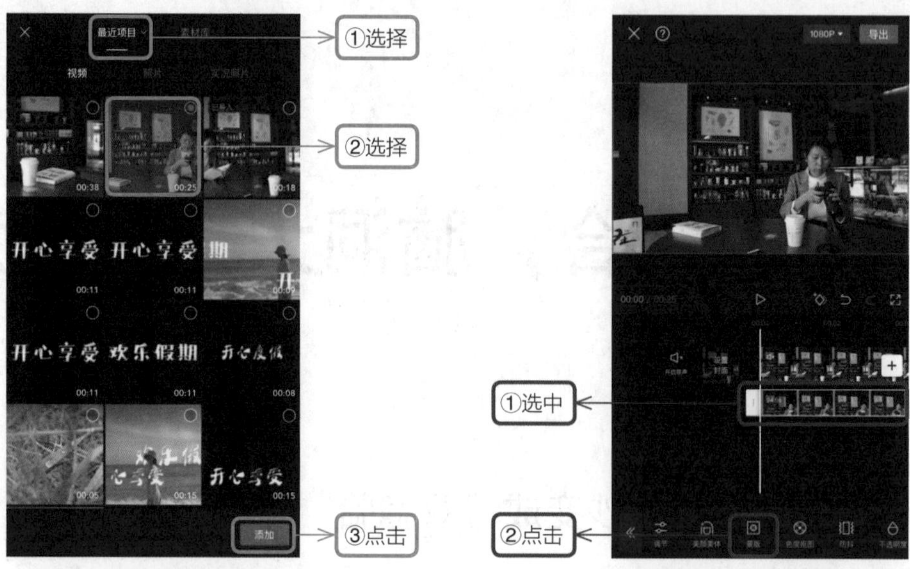

图 7–3　添加视频　　　　图 7–4　点击“蒙版”按钮

（3）选择“线性”蒙版，视频画面就由一条黄色的线分割开了，将线性蒙版由水平调整为垂直，然后拖动«羽化边缘，如图 7–5 所示。

（4）选中画中画视频轨道，在编辑栏中点击“美颜美体”按钮，如图 7–6 所示，继续点击“智能美颜”按钮，如图 7–7 所示，在选项卡中选择“磨皮”，拖动滑块，调整磨皮的程度，然后点击“全局应用”按钮，再点击✓按钮完成操作，如图 7–8 所示。

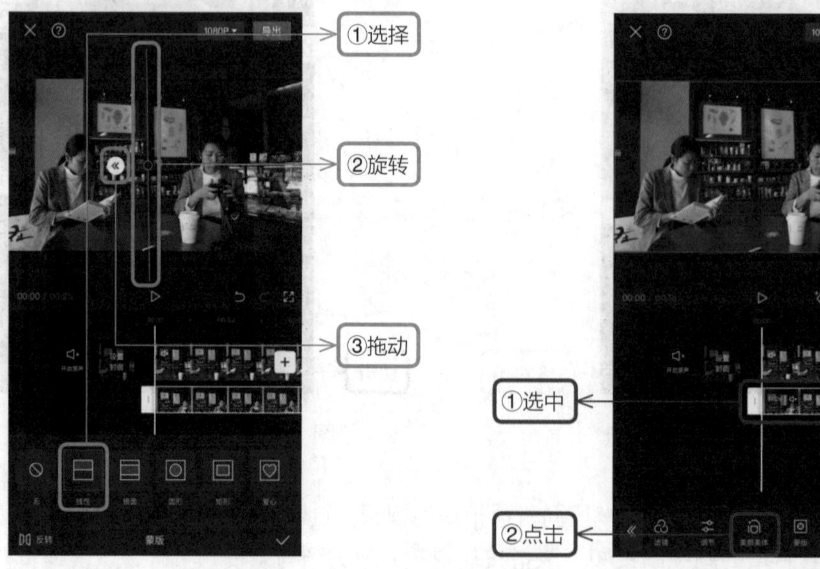

图 7–5　选择蒙版　　　　图 7–6　点击“美颜美体”按钮

图 7–7　点击“智能美颜”按钮

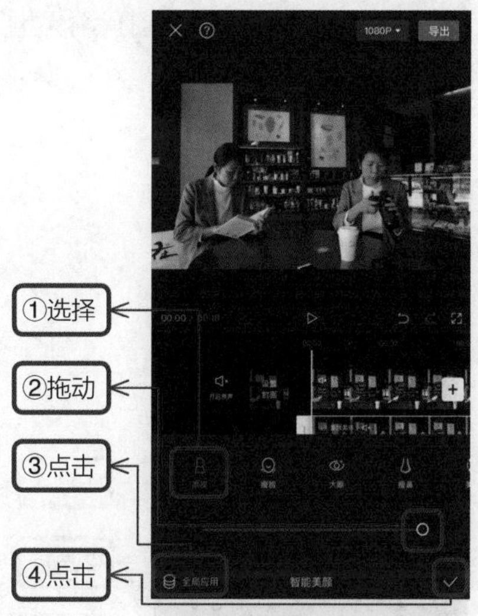

图 7–8　调整磨皮的程度

7.2　动态文字，悬浮追踪有趣味

（1）在剪映 App 中导入一段视频后，点击“关闭原声”按钮，继续点击一级工具栏中的“文本”按钮，如图 7–9 所示，再点击“新建文本”按钮，如图 7–10 所示。

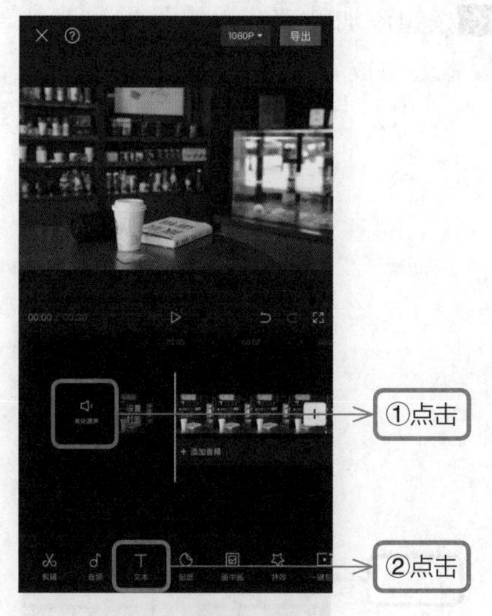

图 7–9　点击“文本”按钮

图 7–10　点击“新建文本”按钮

（2）在文本框中输入文字，在“字体”选项卡中选择喜欢的字体“匹喏曹”，如图 7–11 所示。

（3）在“样式”选项卡中选择字体边框颜色和排列样式，在预览区域按住并调整字体的大小和位置，如图 7–12 所示。

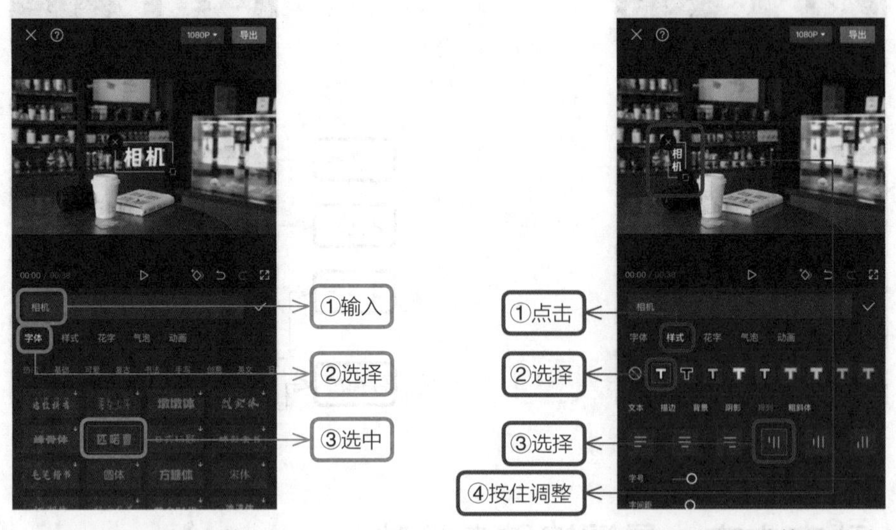

图 7–11　选择字体　　　图 7–12　选择字体排列样式

（4）在“动画”选项卡中，选择“入场动画”并选中“爱心弹跳”的动画样式，拖动滑块，调整动画时长后，点击☑按钮完成操作，如图 7–13 所示。

以此类推，按照以上步骤继续添加文本并设置动画样式。

（5）将时间轴对齐到拿起书本那一帧，点击◇按钮添加关键帧，如图 7–14 所示。向后拖动视频，按照书的运动轨迹，时间轴不断停顿后将会生成新的关键帧，在预览区域，按住并拖动文本，调整其与书的位置一致，如图 7–15 所示。以此方式完成书与文本位置的调整。

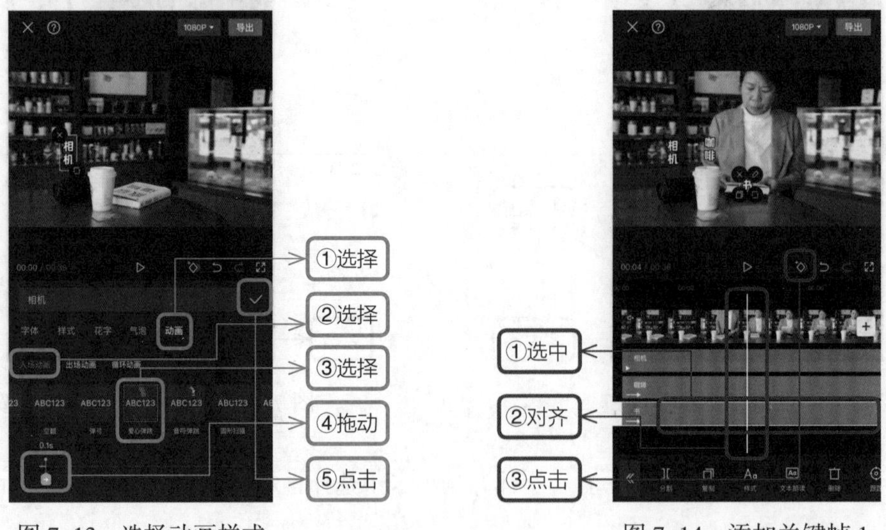

图 7–13　选择动画样式　　　图 7–14　添加关键帧 1

（6）向后拖动视频，当时间轴停留在手即将拿起咖啡杯的位置时，选中“咖啡”的文本轨道，点击◇按钮添加关键帧，如图 7–16 所示。

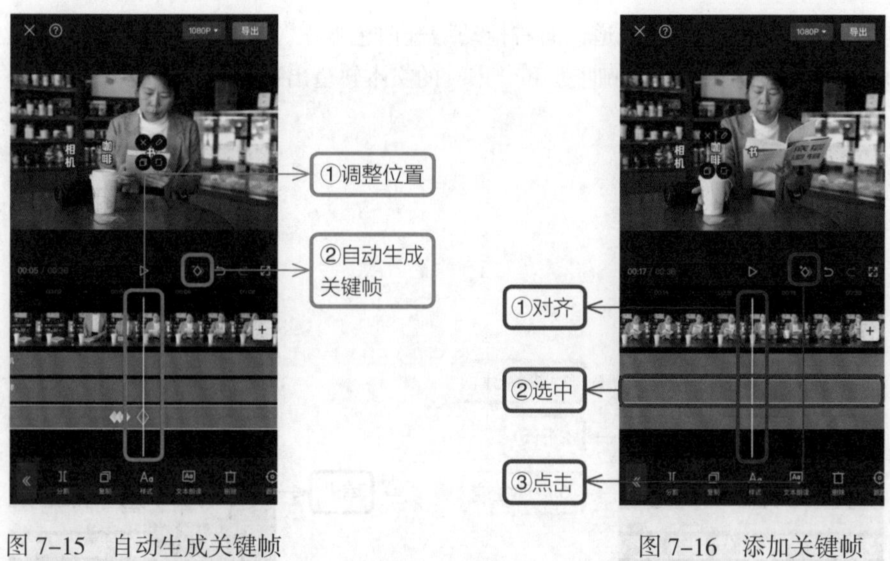

图 7–15　自动生成关键帧　　图 7–16　添加关键帧

（7）向后拖动视频，当时间轴停留在咖啡杯变动的位置时，将会自动生成新的关键帧，按住并拖动“咖啡”文本，调整它们位置一致，如图 7–17 所示。以此方式，完成“咖啡”文本轨道中咖啡杯与文本位置的调整。

（8）向左拖动时间轴并停留在手即将拿起“相机”的位置，选中“相机”的文本轨道，点击◇按钮添加关键帧，如图 7–18 所示。

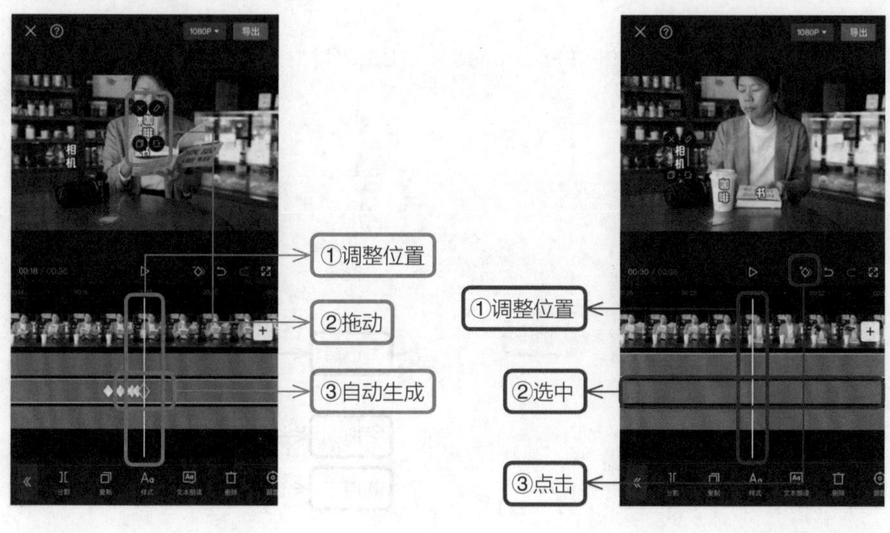

图 7–17　拖动文本　　图 7–18　添加关键帧 1

（9）向后拖动视频，根据相机位置的变动，时间轴将会不断停顿并生成新的关键帧，拖动“相机”文本，调整其与物体的位置一致，如图 7–19 所示。以此方式完成相机与文本位置的调整。

（10）选中“相机”文本轨道，向右拖动缩进白色方框，调整该文本框出现的时间，如图 7–20 所示。以此方式调整“咖啡”和“书”的文本轨道出现的时间。

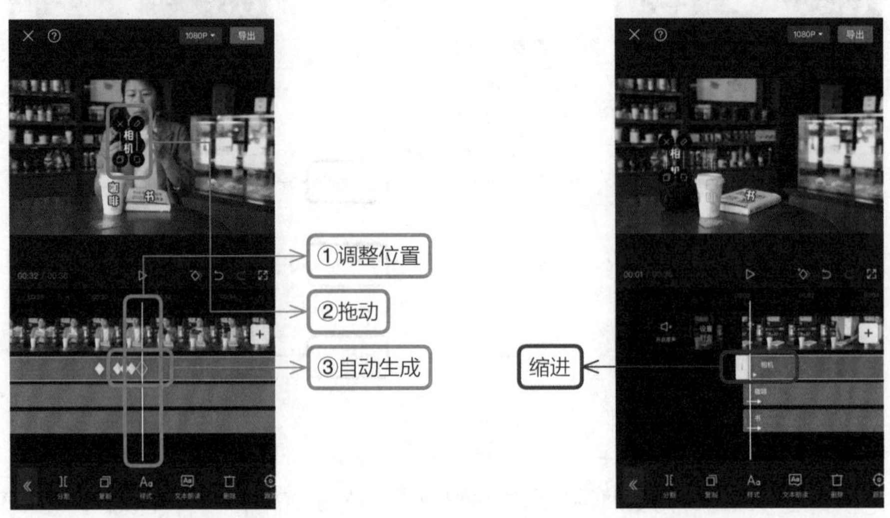

图 7–19　添加关键帧 2　　　图 7–20　缩进文本

（11）选中视频轨道，点击编辑栏中的“滤镜”按钮，如图 7–21 所示。在“复古胶片”选项卡中选择“花椿”，拖动滑块调整它的色彩应用程度，点击✓按钮完成操作，如图 7–22 所示。

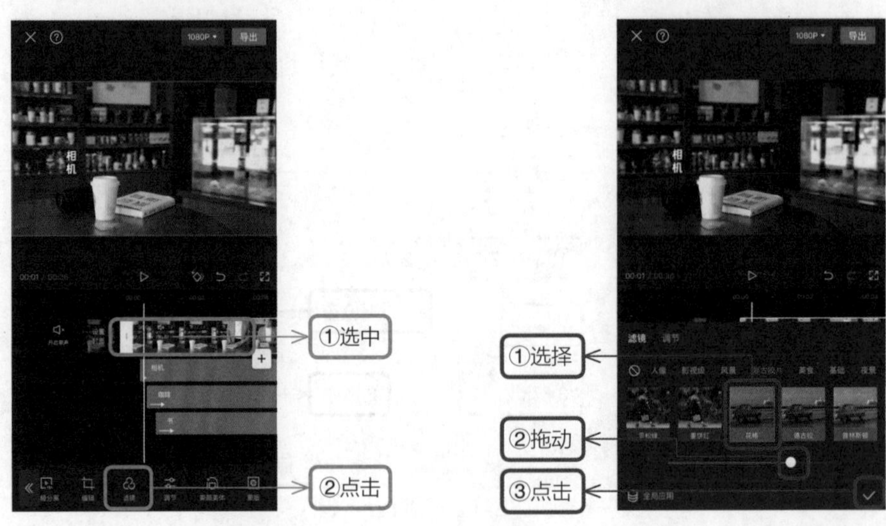

图 7–21　点击“滤镜”按钮　　　图 7–22　选择滤镜

（12）在一级工具栏中，点击“特效”按钮，如图 7–23 所示，再点击“画面特效”按钮，如图 7–24 所示。在“边框”选项卡中选择“录制边框 Ⅲ”，点击✓按钮完成操作，如图 7–25 所示。

图 7–23　点击“特效”按钮

图 7–24　点击“画面特效”按钮

（13）在一级工具栏中点击“音频”按钮，如图 7–26 所示，再点击“音乐”按钮，如图 7–27 所示。在搜索框中输入“咖啡馆”，在搜索结果列表中选择喜欢的音乐并点击“使用”按钮，如图 7–28 所示。

图 7–25　选择特效

图 7–26　点击“音频”按钮

图 7–27　点击“音乐”按钮

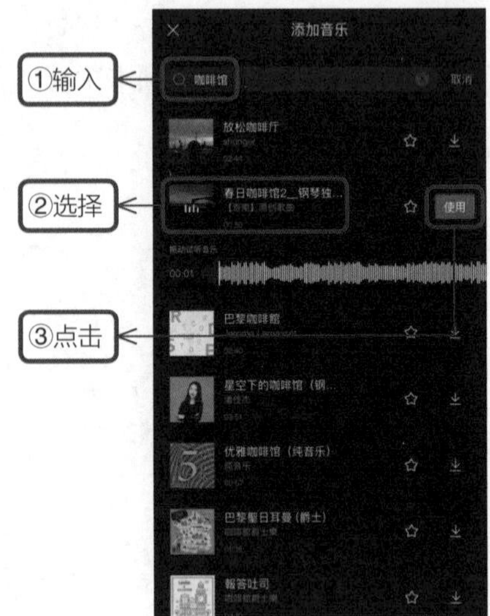

图 7–28　选择音乐

7.3　三屏转场，展示场景多样性

（1）在剪映 App 的“最近项目”中选择需要的照片，点击“添加”按钮，如图 7–29 所示。

（2）将其中一张照片调整方向。选中横拍的这张照片，点击工具栏中的“编辑”按钮，如图 7–30 所示，再点击“旋转”按钮，照片将顺时针旋转 90°，连续旋转 3 次后即调整到正确的位置，然后点击 按钮返回，如图 7–31 所示。

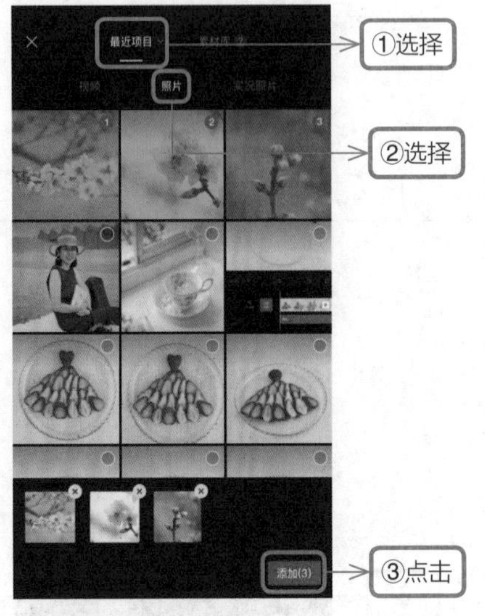

图 7–29　添加素材

图 7–30　点击“编辑”按钮

（3）选中第二张照片，点击工具栏中的“切画中画”按钮，如图 7–32 所示。按照此方法将另外一张照片也切换到画中画轨道上。

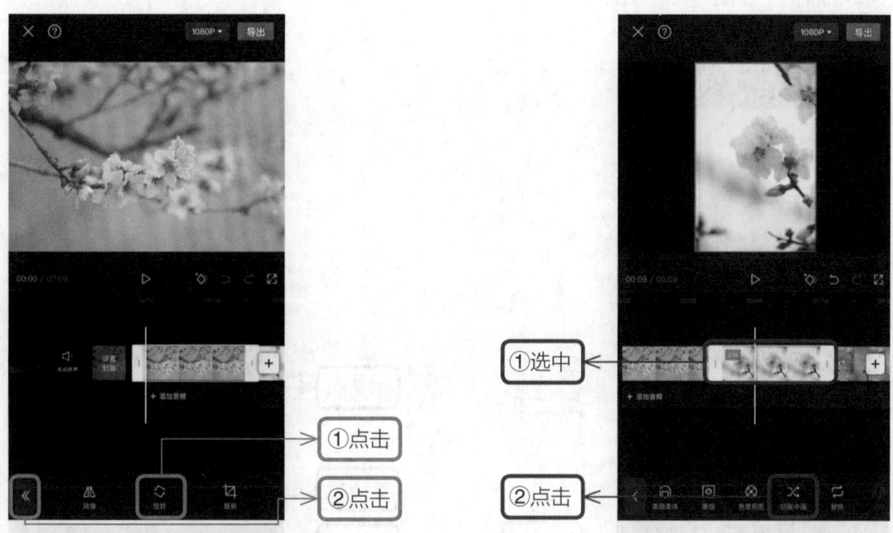

图 7–31　点击“旋转”按钮　　图 7–32　点击“切画中画”按钮

（4）拖动画中画轨道上的照片轨道与主视频轨道对齐，选中第二层画中画视频轨道，点击“蒙版”按钮，如图 7–33 所示，选择“镜面”蒙版样式，在预览区域拖动蒙版调整其大小和倾斜角度，点击✓按钮完成操作，如图 7–34 所示，然后将当前的视频拖动到预览区域的右边。

图 7–33　点击“蒙版”按钮 1

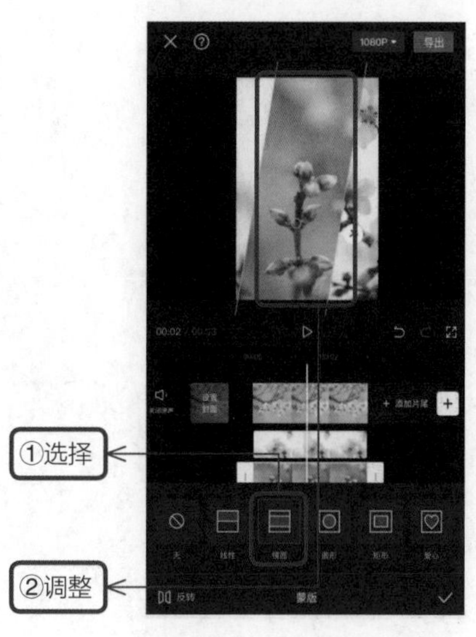

图 7–34　选择蒙版样式 1

（5）选中第一层画中画视频轨道，点击工具栏中的“蒙版”按钮，如图 7–35 所示，选择“镜面”蒙版样式，在预览区域拖动蒙版并调整其大小，倾斜角度与上一层画面一致后，点击✓按钮完成操作，如图 7–36 所示。

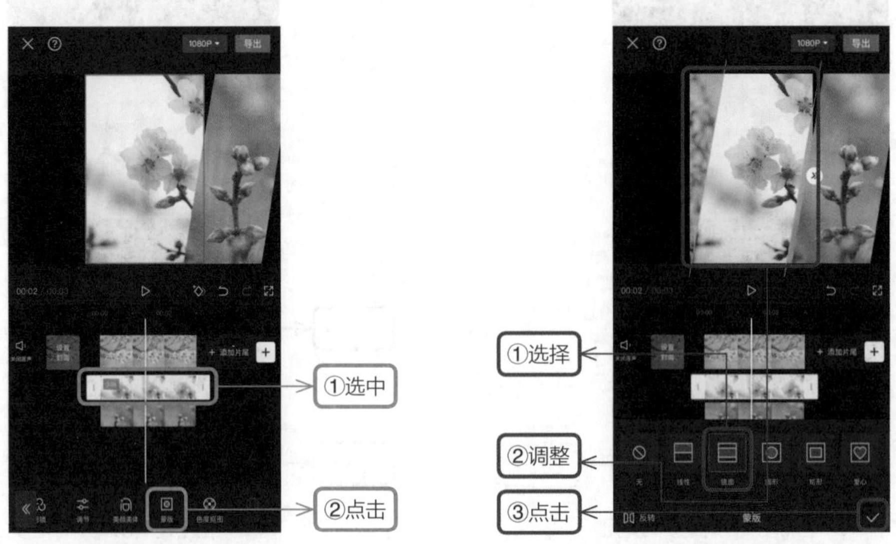

图 7–35　点击“蒙版”按钮 2　　　　图 7–36　选择蒙版样式 2

（6）选中主视频轨道并向左拖动，先调整位置，显示画面后，再点击工具栏中的“蒙版”按钮，如图 7–37 所示。选择“镜面”蒙版样式，在预览区域拖动画面调整蒙版大小及倾斜角度，使其与前面的视频一致，点击✓按钮完成操作，如图 7–38 所示。

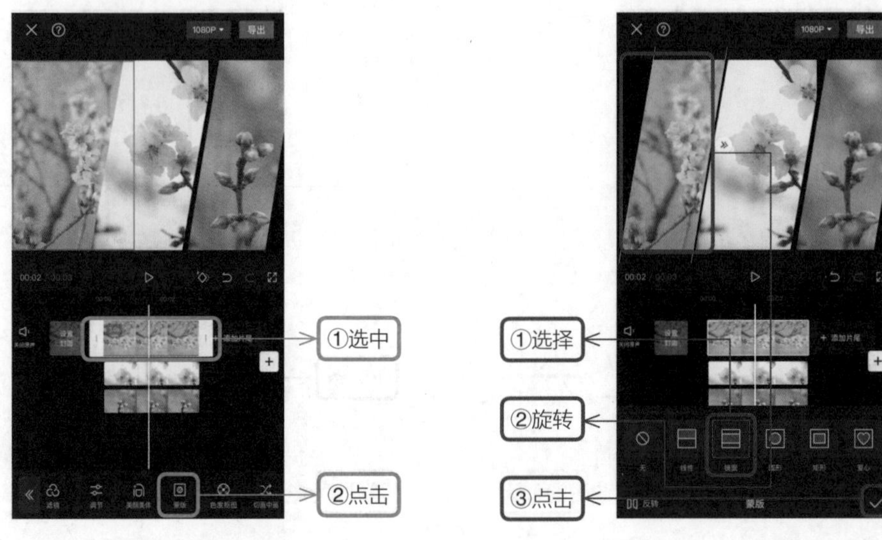

图 7–37　点击“蒙版”按钮 3　　　　图 7–38　选择蒙版样式 3

（7）再次对画面的大小和角度进行一些细致的调整，选中第二层的画中画视频轨道，点击“动画”按钮，如图 7–39 所示。

（8）点击“入场动画”按钮，如图 7–40 所示，选择动画样式为“向下滑动”，拖动滑块调整动画时长为 1.5s，点击✓按钮完成操作，如图 7–41 所示。

按照以上添加动画的步骤，分别为主视频添加向下滑动、第一层画中画视频轨道添加向上滑动的入场动画效果。

图 7–39　点击“动画”按钮

图 7–40　点击“入场动画”按钮

（9）在一级工具栏中点击“特效”按钮，如图 7–42 所示，然后再点击“画面特效”按钮，如图 7–43 所示。

图 7–41　选择动画样式

图 7–42　点击“特效”按钮

（10）在“基础”选项卡中选择“全剧终”，点击☑按钮完成操作，如图 7–44 所示。

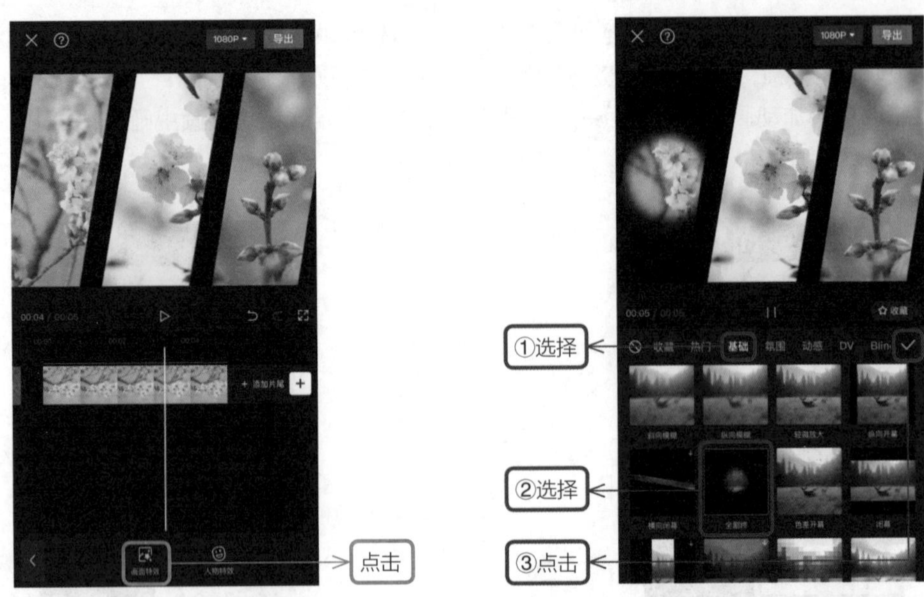

图 7–43　点击“画面特效”按钮

图 7–44　选择特效样式

（11）选中特效轨道后，点击“作用对象”按钮，如图 7–45 所示，然后点击“全局”按钮，如图 7–46 所示。此时，全局的特效将运用于整体画面，如图 7–47 所示。

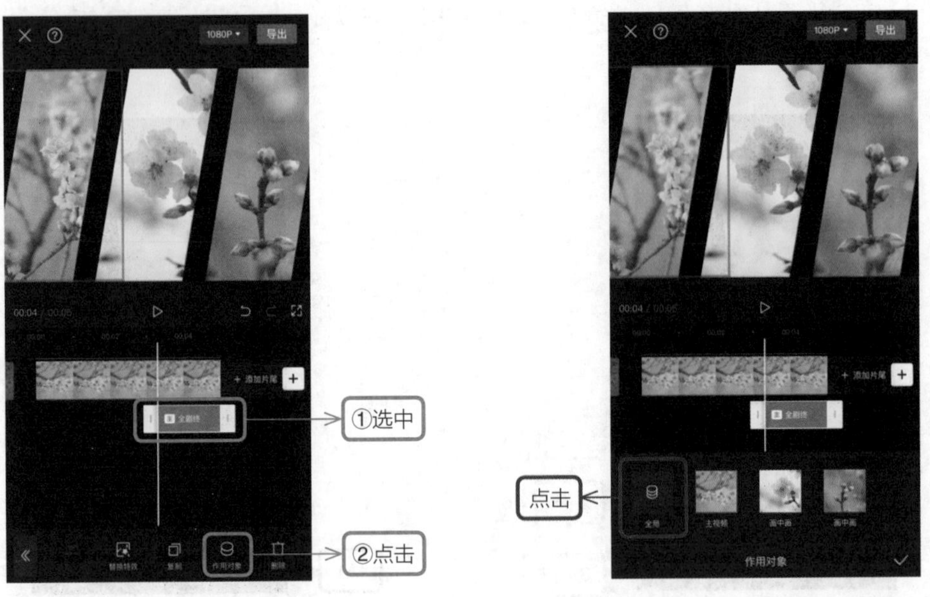

图 7–45　点击“特效”按钮

图 7–46　选择画面特效

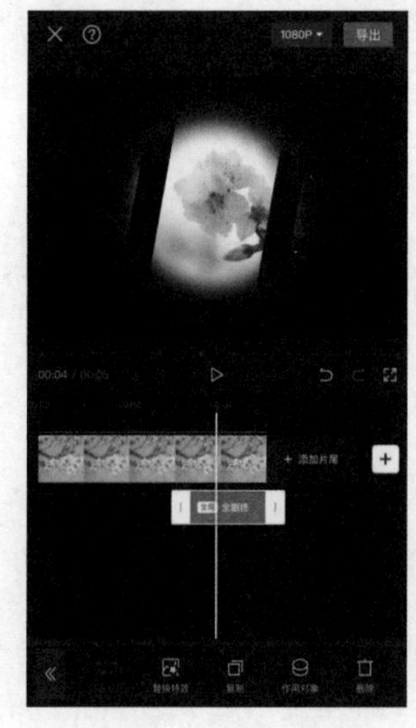

图 7–47　全局特效效果

7.4　视频变色，黑白视频变彩色

（1）在剪映 App 的“最近项目”中选择一段视频，点击“添加”按钮，如图 7–48 所示。

（2）选中视频轨道后，点击工具栏中的“复制”按钮，如图 7–49 所示。

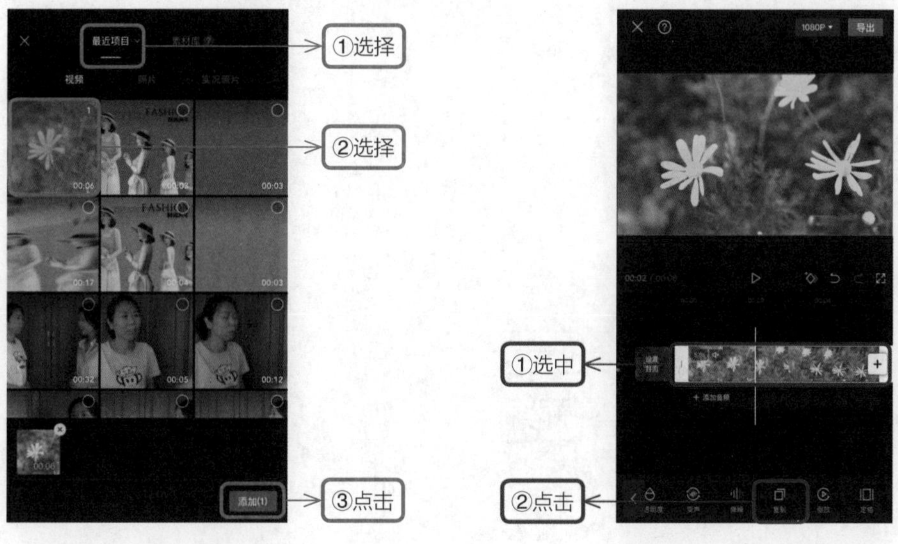

图 7–48　导入素材

图 7–49　点击“复制”按钮

（3）选中复制后的视频，点击“切画中画”按钮，如图 7–50 所示。

（4）再次选中主视频轨道上的视频，点击工具栏中的“滤镜”按钮，如图 7–51 所示。在“黑白”选项卡中选择“赫本”，拖动滑块调整画面的不透明度，点击☑按钮完成操作，如图 7–52 所示。

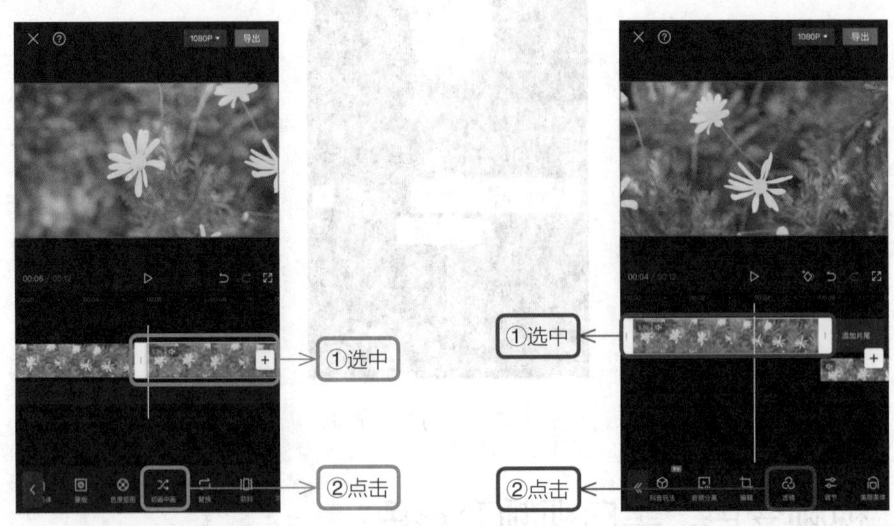

图 7–50　点击“切画中画”按钮　　　图 7–51　点击“滤镜”按钮

（5）在一级工具栏中点击“音频”按钮，如图 7–53 所示。然后点击“音乐”按钮，如图 7–54 所示。

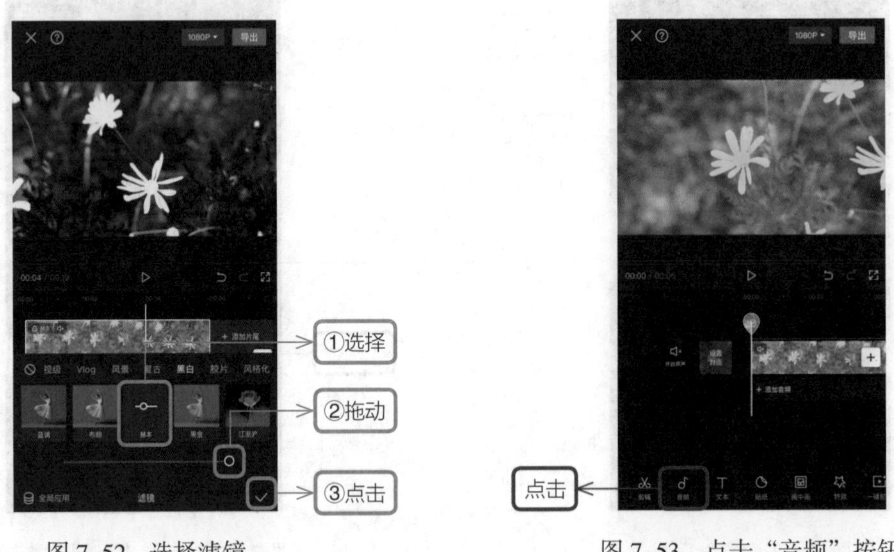

图 7–52　选择滤镜　　　图 7–53　点击“音频”按钮

（6）在选项卡中选择“卡点”，如图 7–55 所示，然后在音乐清单中选择合适的音乐，点击“使用”按钮，如图 7–56 所示。

图 7–54　点击“音乐”按钮

图 7–55　选择“卡点”

（7）选中音频轨道，点击工具栏中的“踩点”按钮，如图 7–57 所示。拖动滑块，打开“自动踩点”开关后，选择“踩节拍Ⅰ”，然后点击✓按钮完成操作，如图 7–58 所示。

图 7–56　选择音乐

图 7–57　点击“踩点”按钮

（8）在一级工具栏中点击“画中画”按钮，如图 7–59 所示，选中画中画轨道上的视频，将时间轴与音频轨道上的黄色节奏点对齐，点击◇按钮添加关键帧，再点击“蒙版”按钮，如图 7–60 所示。

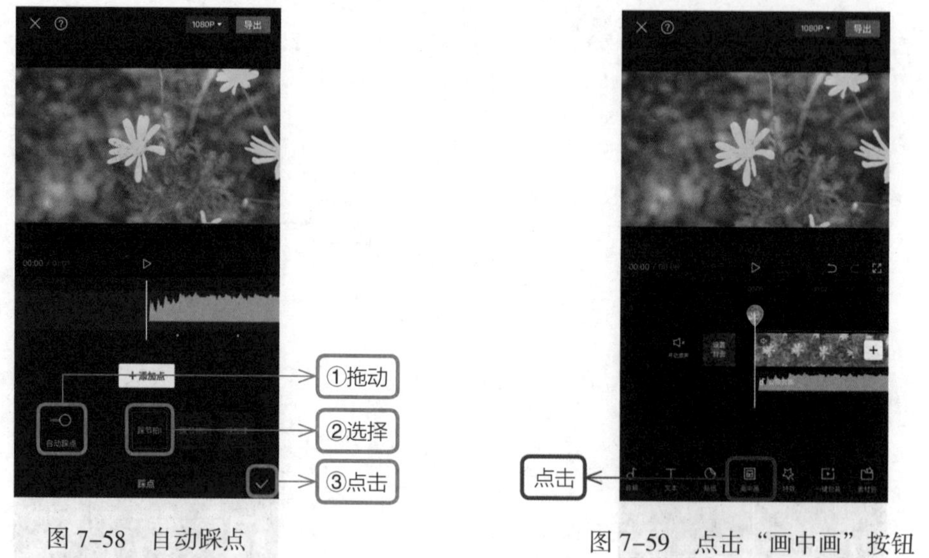

图 7–58　自动踩点　　　　图 7–59　点击“画中画”按钮

（9）选择蒙版样式为“圆形”，如图 7–61 所示，在预览区域调整蒙版的大小，然后将其拖动到合适的位置上，点击☑按钮完成操作，如图 7–62 所示。

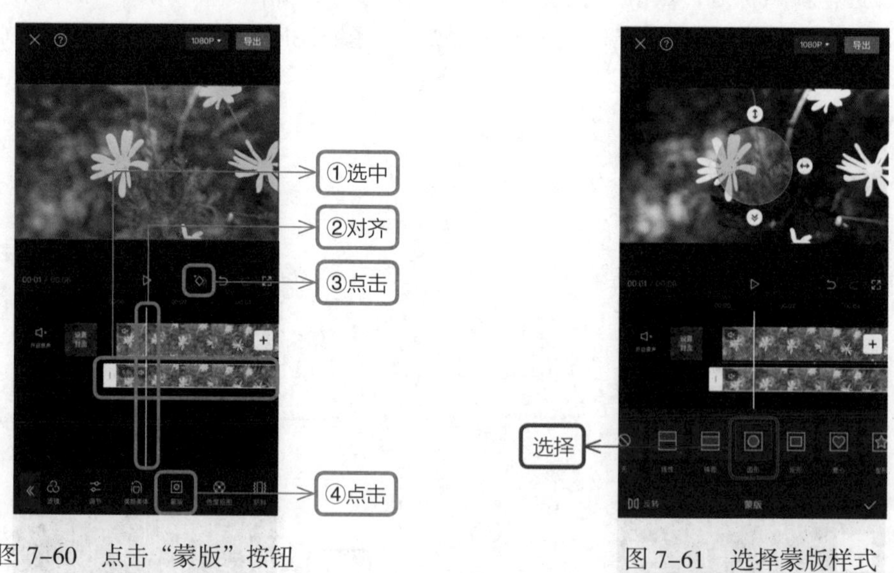

图 7–60　点击“蒙版”按钮　　　　图 7–61　选择蒙版样式

（10）向后拖动视频，将时间轴对齐在视频结尾处，再点击工具栏中的“蒙版”按钮，如图 7–63 所示。

（11）选择蒙版样式为“圆形”，在预览区域将蒙版拖动并放大，直至圆形覆盖整个视频，如图 7–64 所示。此时，在轨道上将会自动生成关键帧，如图 7–65 所示。

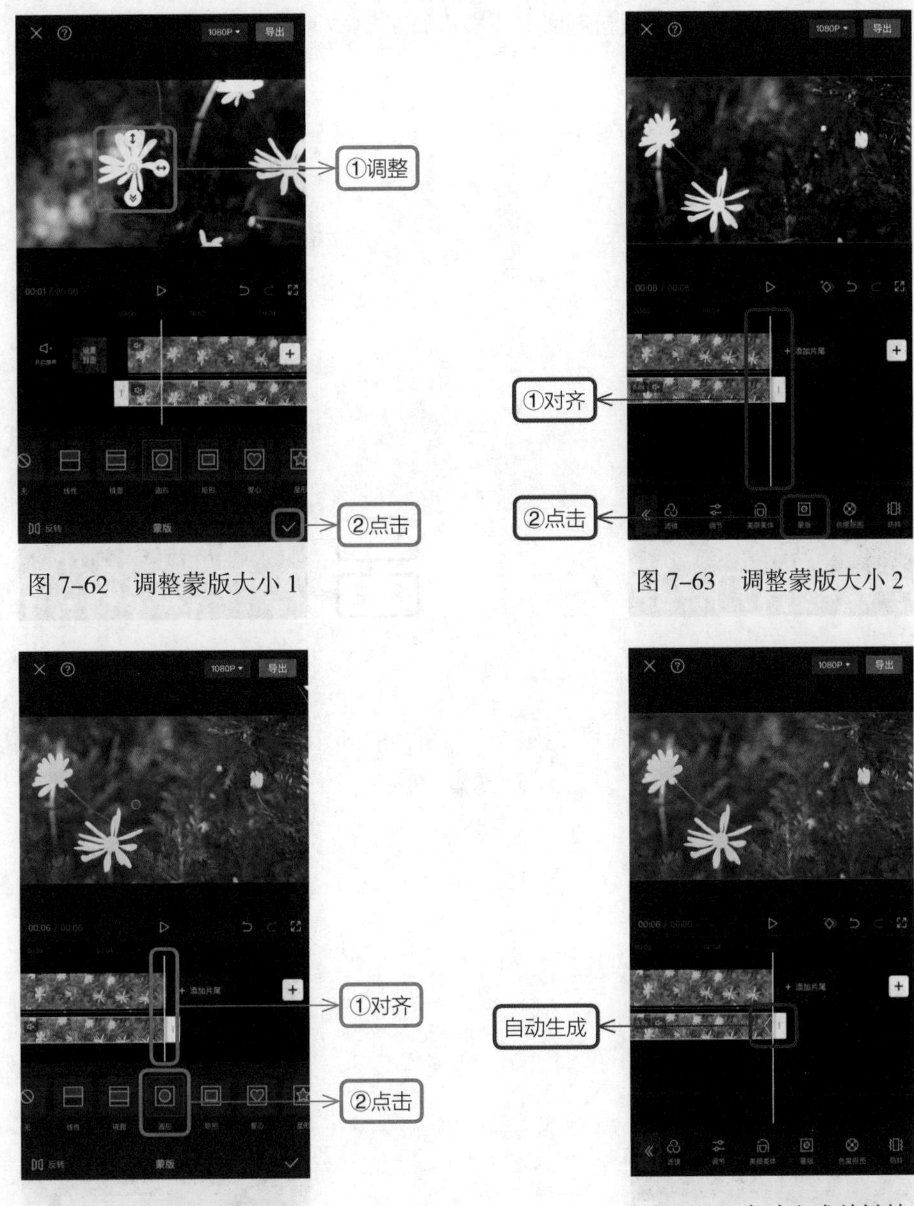

图 7–62　调整蒙版大小 1

图 7–63　调整蒙版大小 2

图 7–64　拖动并放大

图 7–65　自动生成关键帧

7.5　浮动放大，呈现视频细节处

（1）在剪映 App 中，从“最新项目”里选择“照片”并将照片导入视频轨道，然后点击一级工具栏中的“比例”按钮，如图 7–66 所示。

（2）选择尺寸比例为 9∶16，在预览区可以看到视频上下端都出现了黑色，整个画面的尺寸比例为 9：16，然后点击按钮返回上一层，如图 7-67 所示。

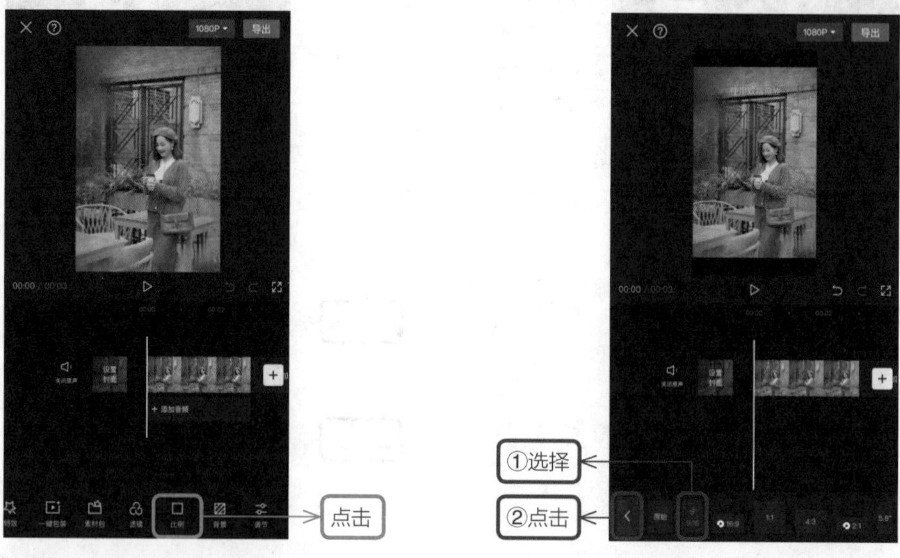

图 7-66　点击“比例”按钮

图 7-67　选择尺寸比例

（3）在一级工具栏中点击“背景”按钮，如图 7-68 所示，再点击“画布颜色”按钮，如图 7-69 所示。在色彩选项中选择白色，点击按钮完成操作，如图 7-70 所示。

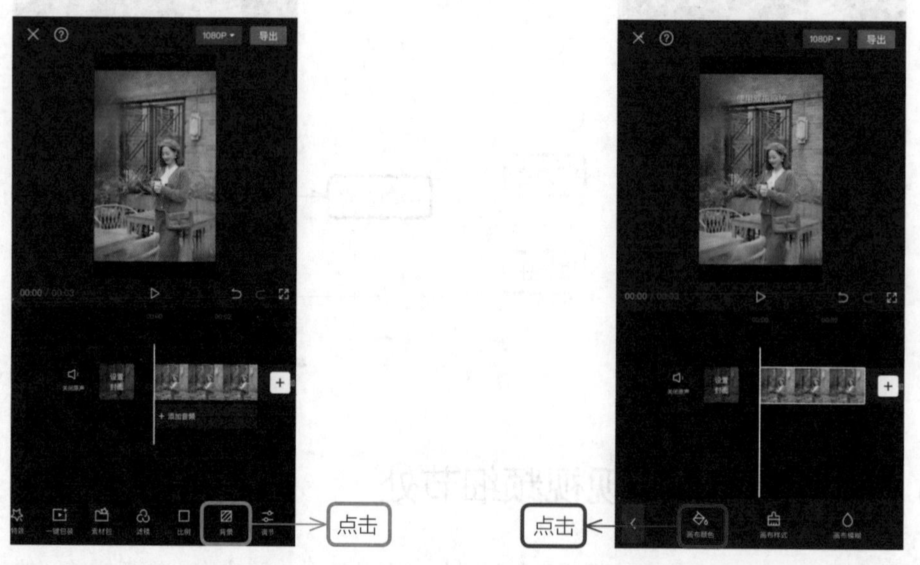

图 7-68　点击“背景”按钮

图 7-69　点击“画布颜色”按钮

（4）在预览区域按住画面，双指向内缩小图片，将其调整到合适的大小，点击一级工具栏中的“文本”按钮，如图 7–71 所示，继续点击“新建文本”按钮，如图 7–72 所示，在文本框中输入文字，选择“字体”选项卡，在其中挑选喜欢的字体样式，如图 7–73 所示。

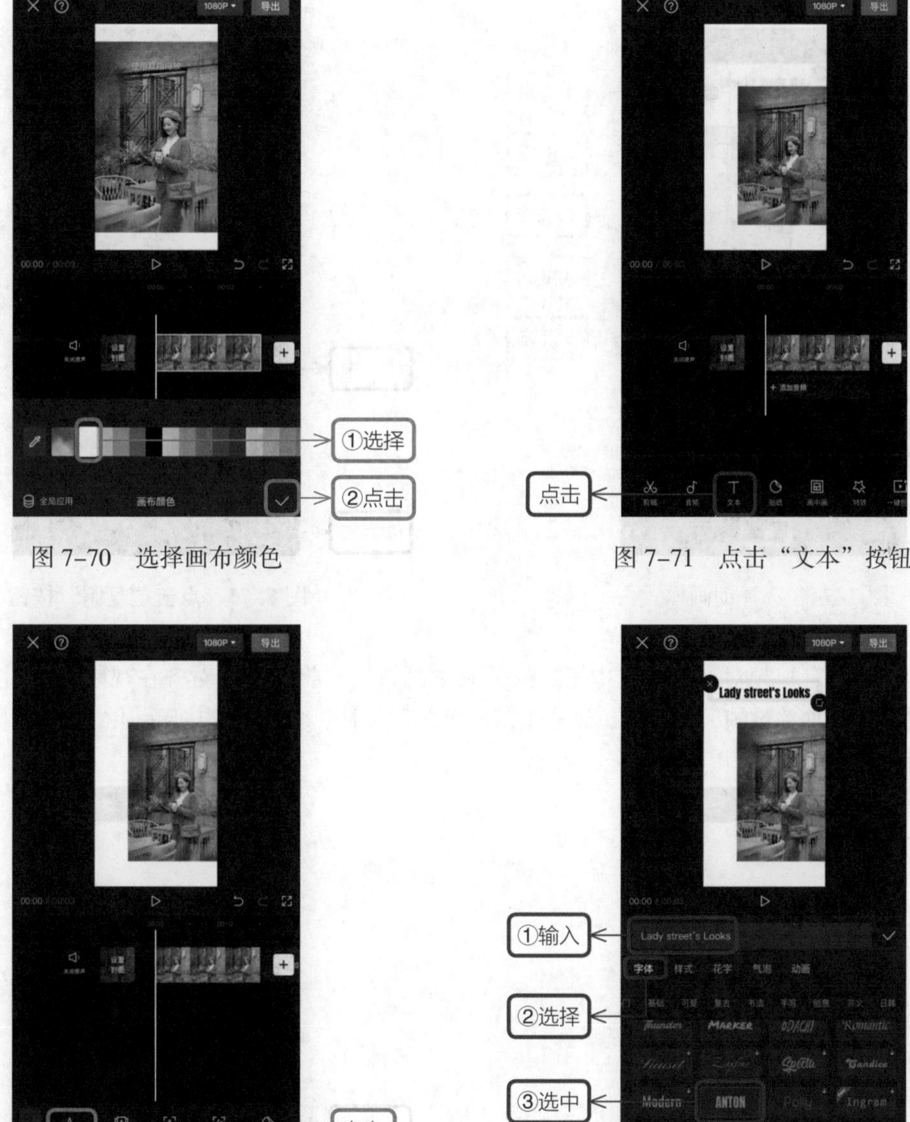

图 7–70　选择画布颜色

图 7–71　点击“文本”按钮

图 7–72　点击“新建文本”按钮

图 7–73　选择文本样式

（5）在“动画”选项卡中选择“入场动画”，在其中挑选合适的动画样式，拖动滑块调整动画的时长，点击☑按钮完成操作，如图 7–74 所示。

以此类推，按照第（4）步和第（5）步的操作方法，为视频添加所有的文本。

（6）选中视频轨道，点击编辑栏上的“复制”按钮，如图 7–75 所示，此时将会生成新的视频，选中它，点击编辑栏中的“切画中画”按钮，如图 7–76 所示。按照此方法，复制 3 条新的画中画轨道。

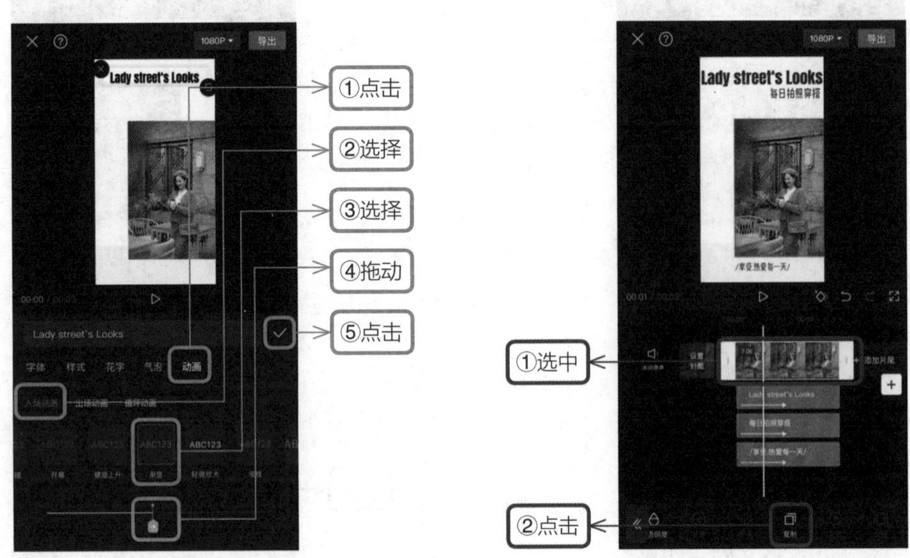

图 7–74　选择动画样式　　图 7–75　点击“复制”按钮

（7）将所有视频对齐后，选中第三层的画中画轨道，将时间轴对齐在视频的起始点处，点击◇按钮添加关键帧，再点击编辑栏上的“蒙版”按钮，如图 7–77 所示。

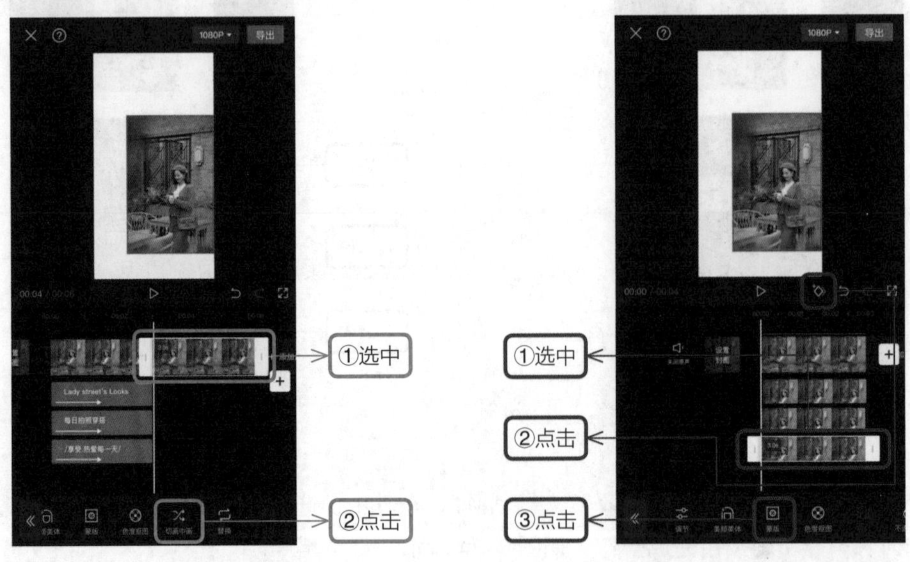

图 7–76　点击“切画中画”按钮　　图 7–77　复制视频

（8）选择蒙版样式为“圆形”，在预览区域将出现一个黄色圆形，点击并拖动↕上下调整圆形，再点击并拖动↔左右调整圆形，最后点击并拖动≚羽化边缘，如图 7–78 所示。

小提示：单指点击蒙版并拖动，可以调整蒙版的位置，想要放大或缩小时蒙版不变形，可以双指按住画面并向内或向外拖动，这样可以同时调整圆形的上下和左右的位置。

（9）将调整后的蒙版画面向外拖出并隐藏，如图 7–79 所示。向后拖动视频，时间轴对齐在 1s 处，将隐藏的蒙版画面拖动到自己想要的位置上，这时会自动生成一个关键帧，如图 7–80 所示。

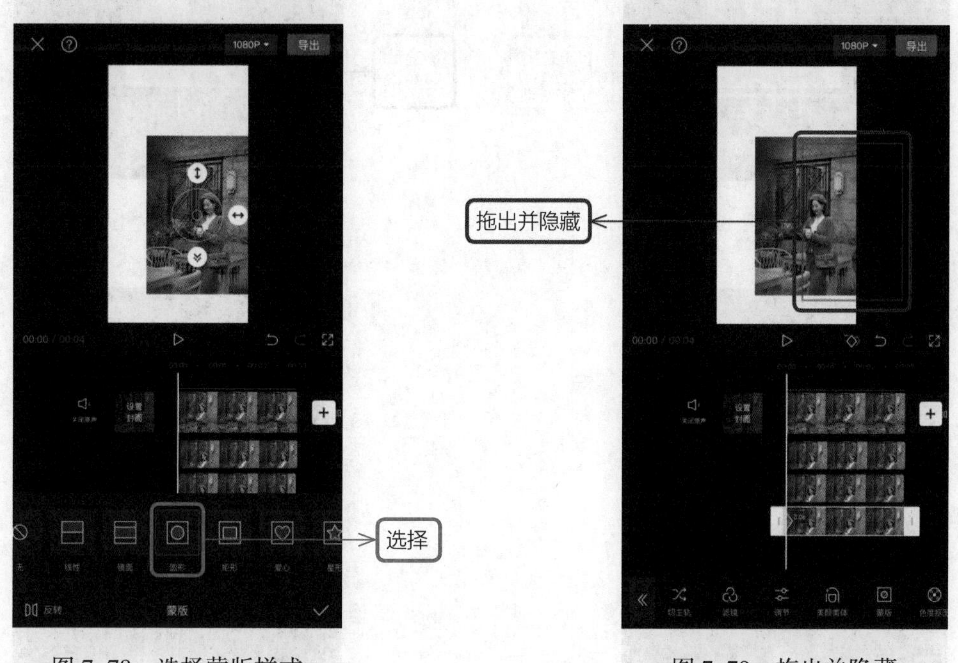

图 7–78　选择蒙版样式

图 7–79　拖出并隐藏

（10）继续拖动时间轴并停留在 2s 处，然后将隐藏的蒙版画面调整到合适的位置，这时会自动生成一个关键帧，如图 7–81 所示。

以此类推，按照以上操作步骤根据自己的喜好为另外两条画中画视频轨道添加蒙版和运行轨迹。

（11）在一级工具栏中点击“音频”按钮，如图 7–82 所示，继续点击“音乐”按钮，如图 7–83 所示。

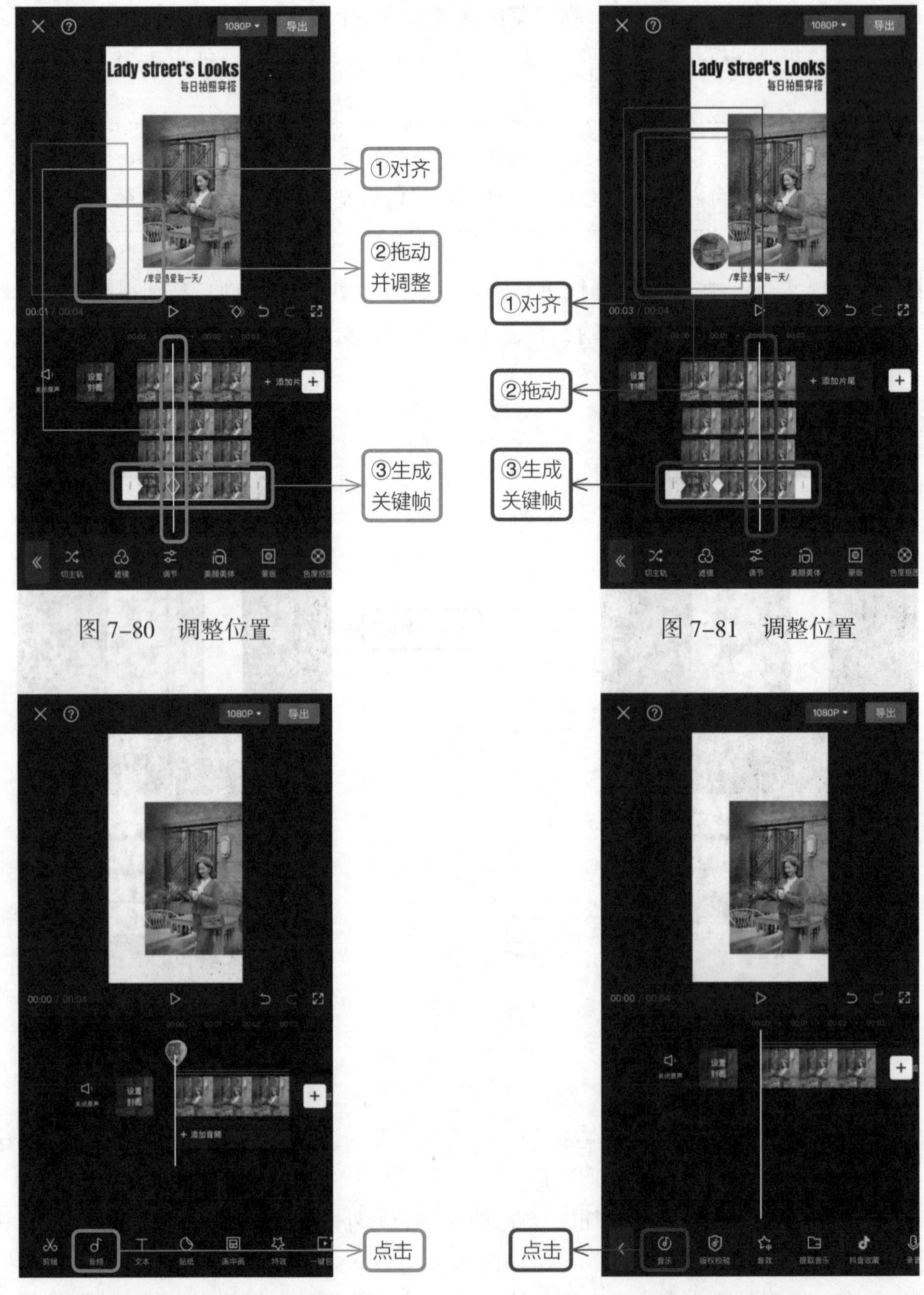

图 7–80　调整位置

图 7–81　调整位置

图 7–82　点击“音频”按钮

图 7–83　点击“音乐”按钮

（12）在选项卡中，选择“美妆 & 时尚”，如图 7–84 所示，在音乐列表中选择喜欢的音乐，点击“使用”按钮，如图 7–85 所示，然后截取合适的音乐片段即可。

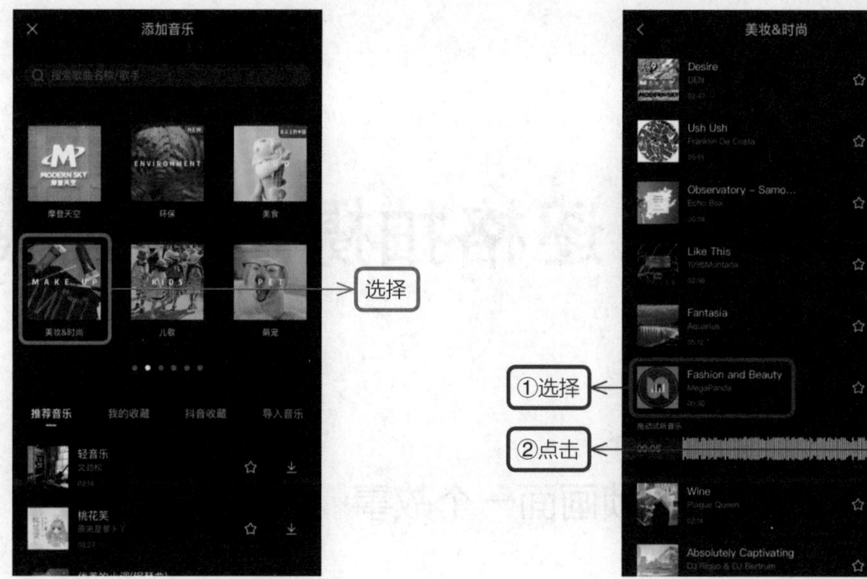

图 7–84　选择“美妆 & 时尚”

图 7–85　选择音乐

第 8 章 定格动画，逐格拍摄连续放映

8.1 添加素材，一帧画面一个故事

（1）在剪映 App 的“最近项目”中选择“照片”中连续拍摄的照片，点击“添加”按钮，如图 8-1 所示。

> **提示**：制作定格动画，一定要在前期一张一张地拍摄物体行动路线的照片。

（2）在视频轨道中依次选中每张照片，然后拖动它的白色方框将单张照片的时长调整到 0.5s，如图 8-2 所示。

（3）将视频轨道里的照片时长全部调整为 0.5s，点击“导出”按钮，保存视频，如图 8-3 所示。

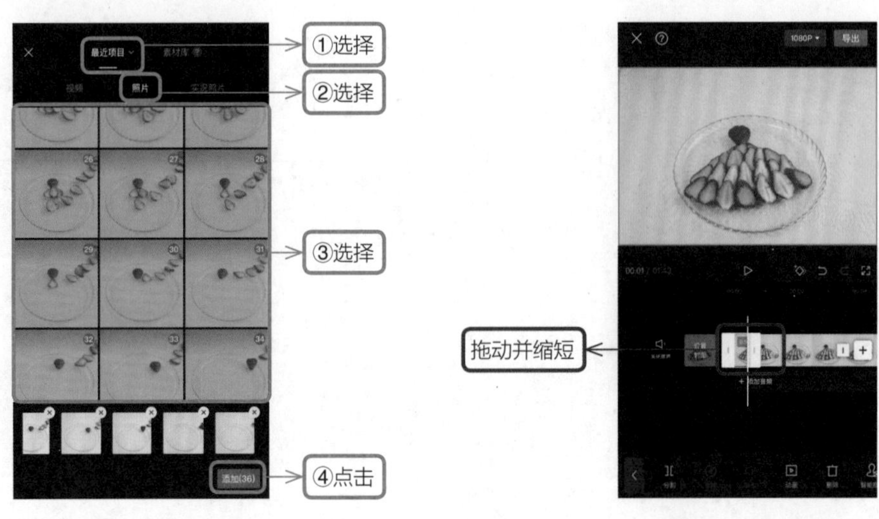

图 8-1　添加照片　　图 8-2　调整时长

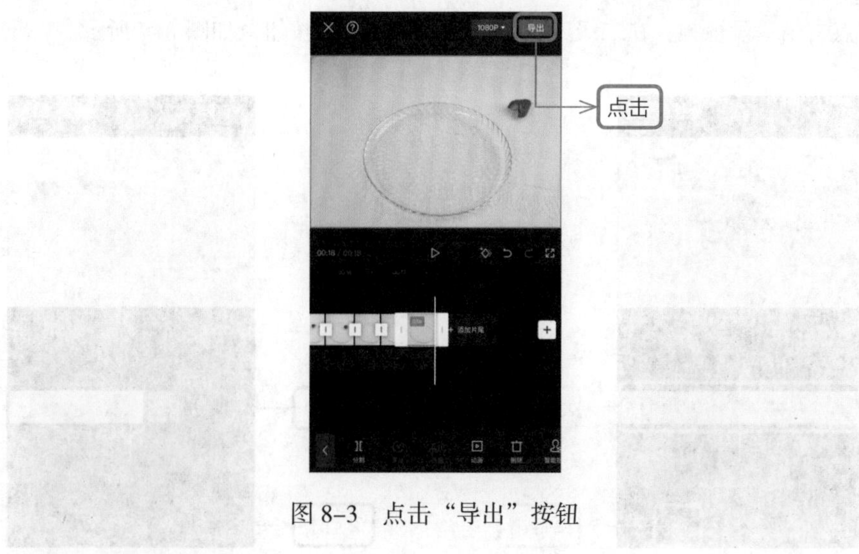

图 8-3　点击“导出”按钮

8.2　变速调整，改变视频播放节奏

（1）在剪映 App 的“最近项目”中选择“视频”，选择前面保存的视频，点击“添加”按钮，如图 8-4 所示。

（2）选中视频轨道，在二级工具栏中点击“复制”按钮，在视频轨道上将会出现两条同样的视频，如图 8-5 所示。

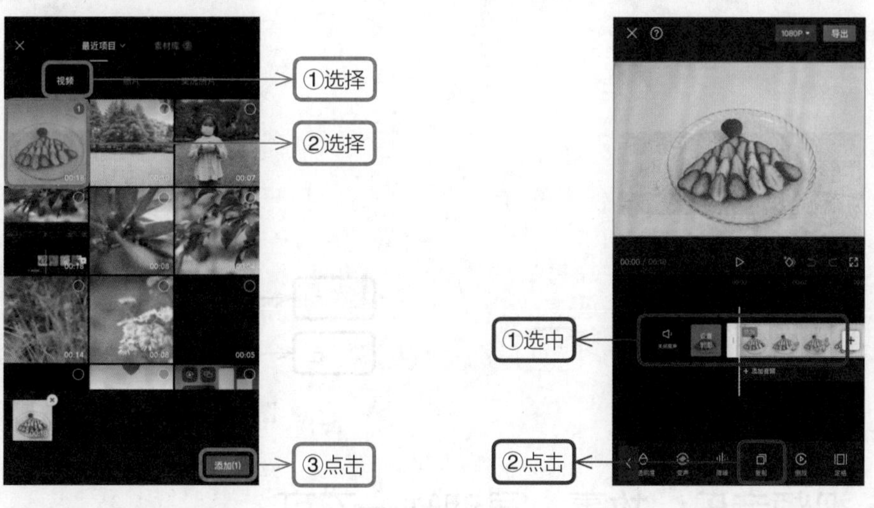

图 8-4　添加视频　　　　图 8-5　点击“复制”按钮

（3）在视频轨道中选中前面一段视频，点击二级工具栏中的“倒放”按钮，此时视频里草莓的播放方式就与原来的视频不同了，增强了趣味性，如图 8-6 所示。

（4）点击第一段视频，在二级工具栏中点击“变速”按钮，如图 8-7 所示。

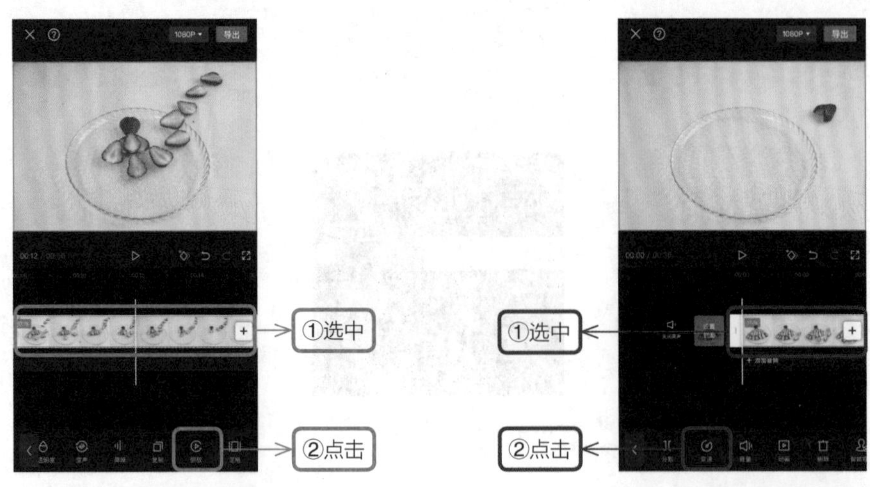

图 8-6　点击“倒放”按钮　　　　图 8-7　点击“变速”按钮

（5）点击“常规变速”按钮，如图 8-8 所示，拖动滑块，将视频播放速度调整为 2 倍，点击☑按钮，如图 8-9 所示。按照以上操作步骤，调整第二段视频的播放速度。

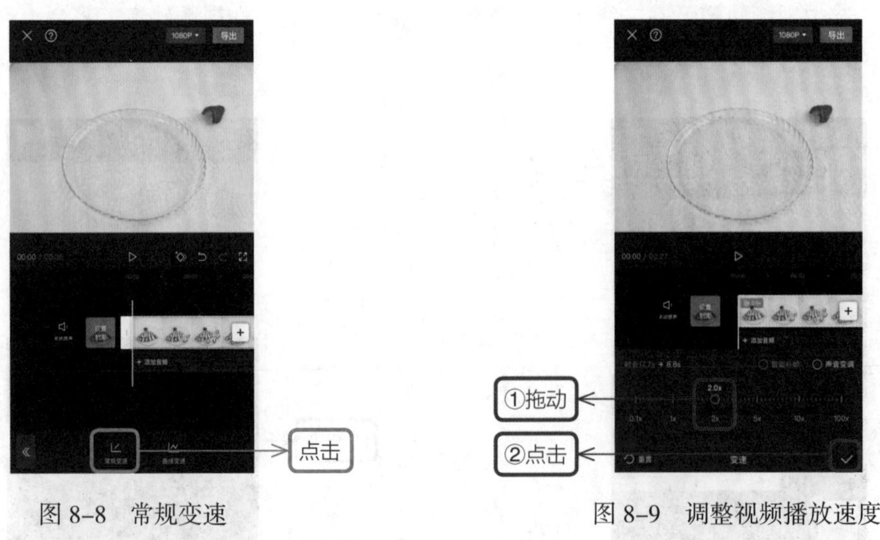

图 8-8　常规变速　　　　图 8-9　调整视频播放速度

8.3　视频音乐，故事、灵魂缺一不可

（1）在一级工具栏中，点击“音频”按钮，如图 8-10 所示，继续点击“音乐”按钮，如图 8-11 所示。

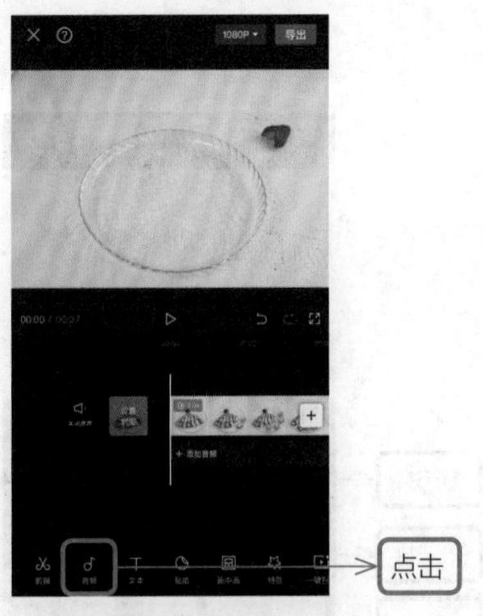

图 8–10　点击“音频”按钮

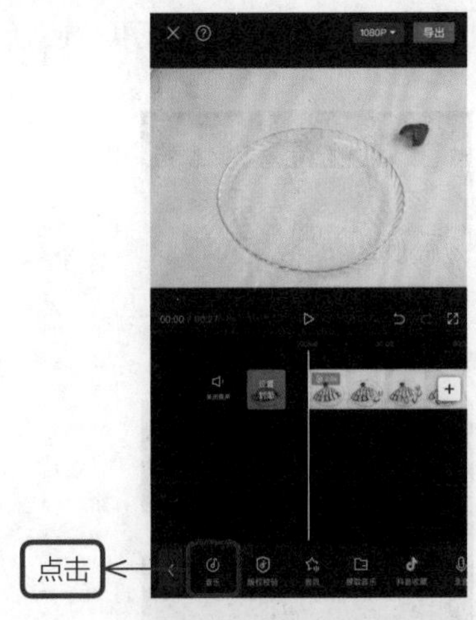

图 8–11　点击“音乐”按钮

（2）在选项卡中选择“儿歌”，如图 8–12 所示，在儿歌列表中选择喜欢的音乐，点击“使用”按钮，如图 8–13 所示。

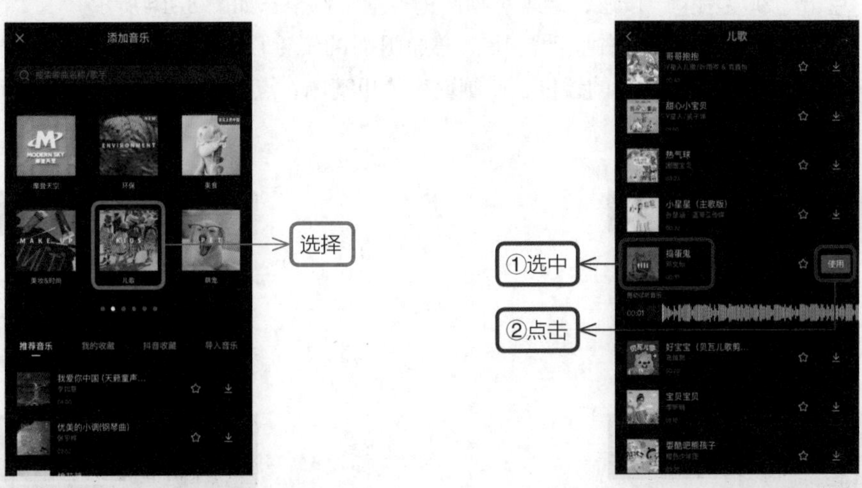

图 8–12　选择“儿歌”

图 8–13　选择喜欢的儿歌

（3）添加音乐后，拖动音频轨道上的白色方框，截取需要的音乐片段即可。

8.4　滤镜调色，用色彩来表达情绪

（1）为整个视频添加滤镜调色，点击一级工具栏中的“滤镜”按钮，如图 8–14 所示。

（2）在滤镜选项卡中选择“美食”，再选择“赏味”滤镜，拖动滑块调整滤镜的不透明

度，点击✓按钮完成操作，如图 8–15 所示。

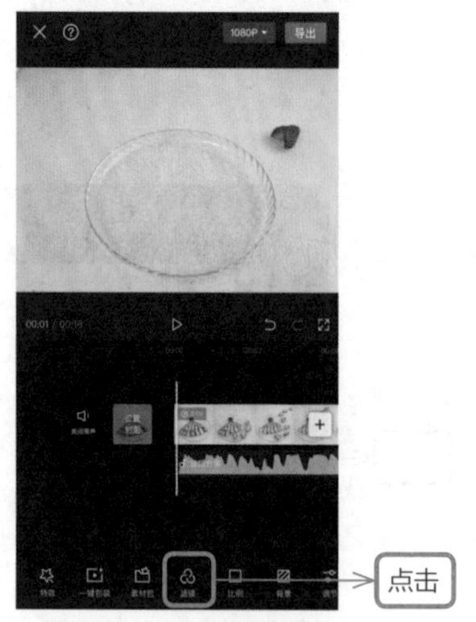

图 8–14　点击“滤镜”按钮

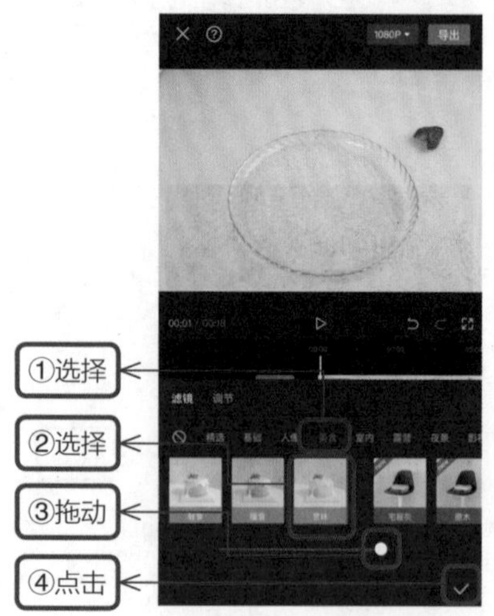

图 8–15　选择滤镜

（3）点击“新增调节”按钮，继续对画面进行细节调整，如图 8–16 所示。

（4）选择“饱和度”，向右拖动滑块，增加画面的鲜艳度，如图 8–17 所示。选择“锐化”，向右拖动滑块，增加画面的锐度，使画面变得更清晰，点击✓按钮完成操作，如图 8–18 所示。

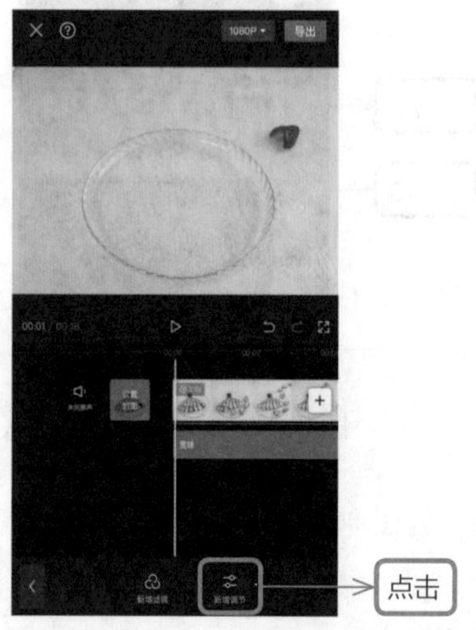

图 8–16　点击“新增调节”按钮

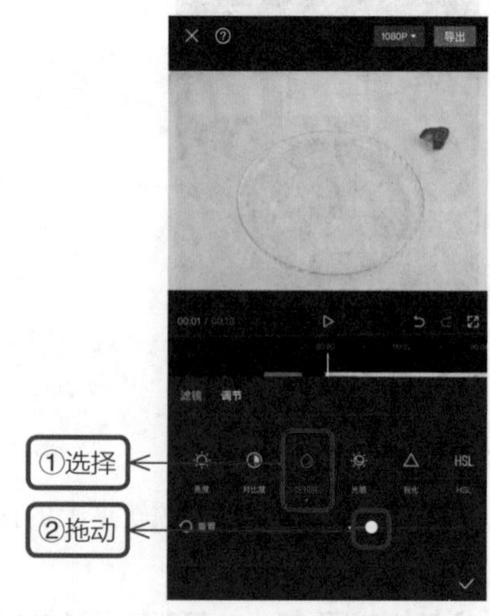

图 8–17　调整饱和度

（5）选中调色轨道并向后拖动白色方框与主视频对齐，如图 8–19 所示，然后点击‹按钮，再点击‹按钮，返回主页。

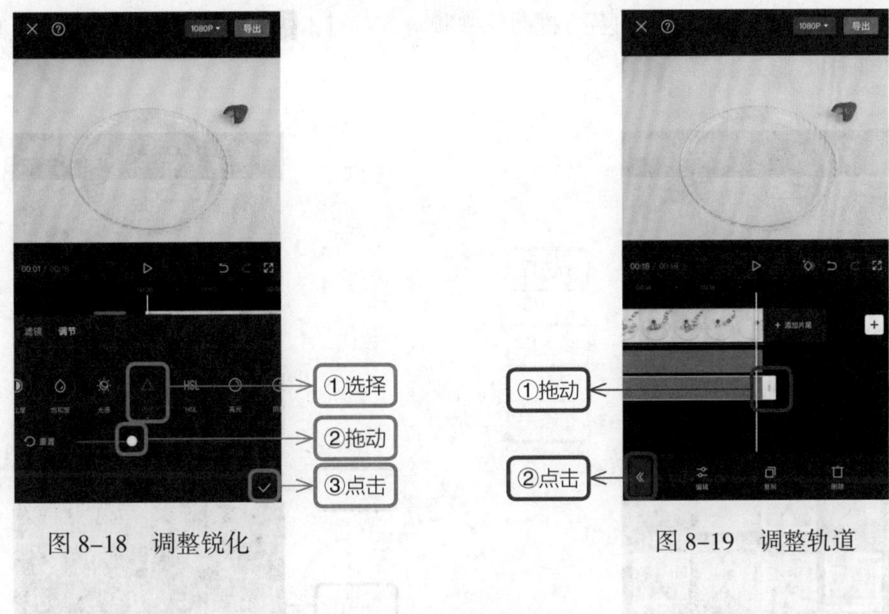

图 8-18　调整锐化

图 8-19　调整轨道

8.5　特效贴纸，给画面增加趣味感

（1）在一级工具栏中点击“特效”按钮，如图 8-20 所示，选择“画面特效”，如图 8-21 所示。

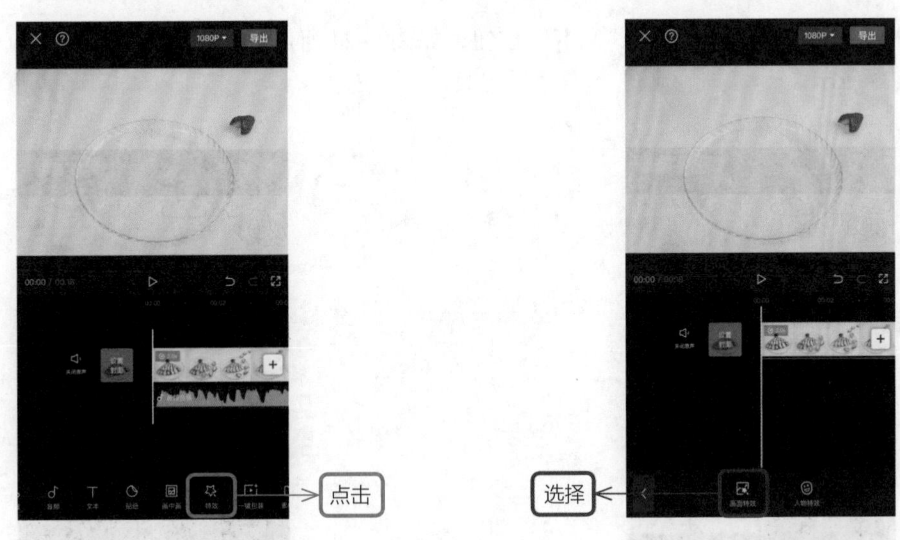

图 8-20　点击“特效”按钮

图 8-21　选择“画面特效”

（2）在选项卡中选择“边框”，找到合适的边框后进行添加，然后点击☑按钮完成操作，如图 8-22 所示。

（3）选中特效轨道并拖动白色方框与主视频对齐，点击按钮，如图 8–23 所示，再点击按钮返回主页。

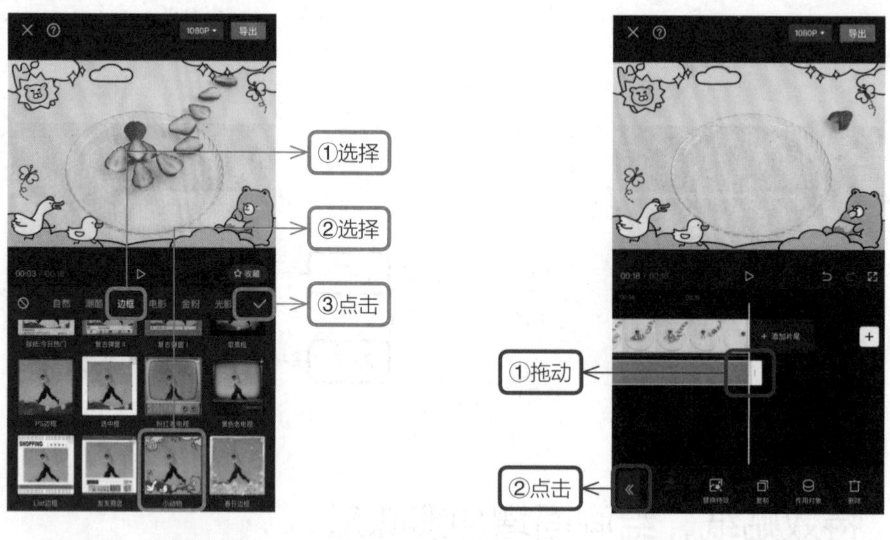

图 8–22　选择特效

图 8–23　调整时长

8.6　添加文字，对视频画面加注解

（1）在一级工具栏中点击“文本”按钮，如图 8–24 所示，再点击“新建文本”按钮，如图 8–25 所示。

图 8–24　点击“文本”按钮

图 8–25　点击“新建文本”按钮

（2）在文本框中输入文字，在“字体”选项卡中挑选喜欢的字体，如图 8–26 所示。

（3）选择“样式”选项卡，在其中选择红色，拖动滑块调整颜色的不透明度，如图 8–27 所示。

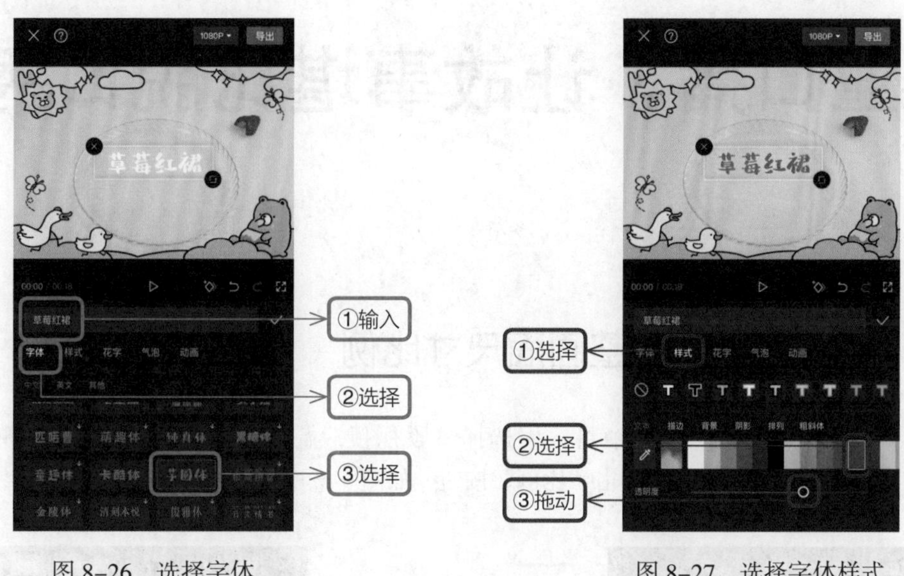

图 8–26　选择字体　　　　图 8–27　选择字体样式

（4）在“气泡”选项卡中选择喜欢的气泡样式，点击✓按钮完成操作，如图 8–28 所示。

（5）选中文本轨道并向左拖动缩进白色方框，将文本的显示时间缩短，点击“导出”按钮保存视频，如图 8–29 所示。

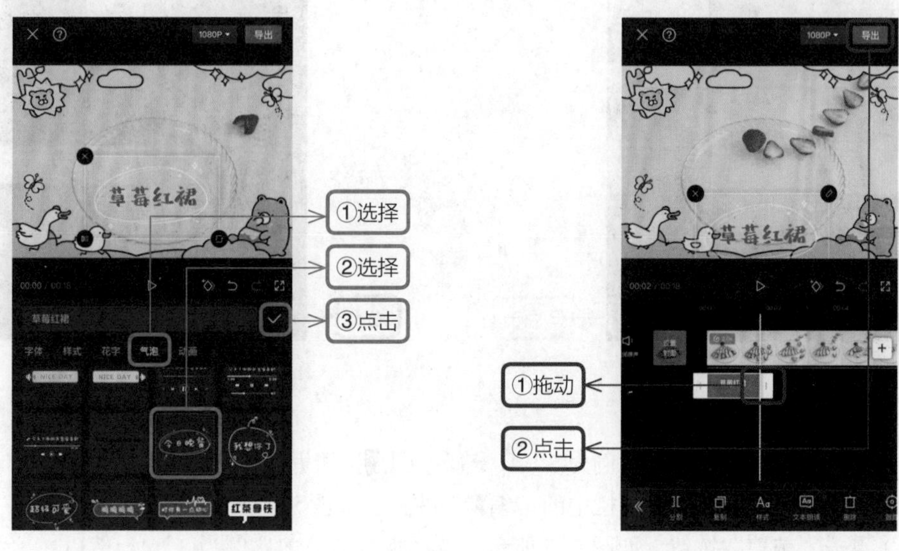

图 8–28　选择气泡样式　　　　图 8–29　调整时长

第 9 章 专业口播，让故事堪比脱口秀

9.1 比例裁剪，调整画面尺寸比例

（1）在剪映 App 的“最近项目”中选择一段视频，点击“添加”按钮导入视频，如图 9–1 所示。在一级工具栏中点击“比例”按钮，如图 9–2 所示。

图 9–1　导入视频　　　　图 9–2　点击“比例”按钮

（2）在选项卡中选择尺寸比例为 3∶4，然后点击■按钮返回，如图 9–3 所示。

（3）选中视频后，点击工具栏中的“编辑”按钮，如图 9–4 所示。

（4）点击“裁剪”按钮，如图 9–5 所示，选择视频的裁剪比例为 3∶4，然后在预览区域

拖动画面进行调整，截取留存的画面，点击✓按钮完成操作，如图 9-6 所示。

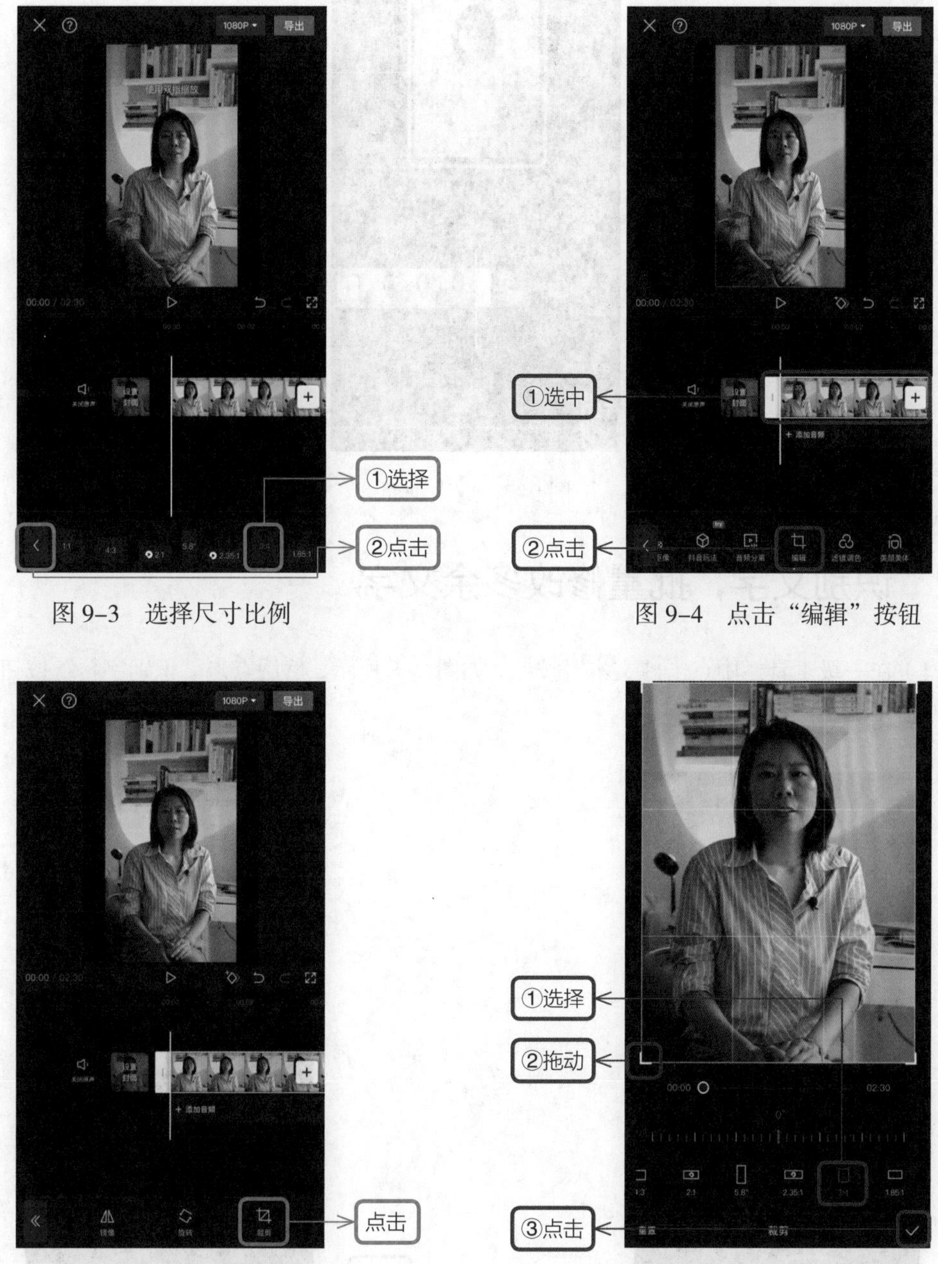

图 9-3　选择尺寸比例

图 9-4　点击“编辑”按钮

图 9-5　点击“裁剪”按钮

图 9-6　选择裁剪比例

（5）在预览区域放大画面并填充整个画布后，点击‹按钮返回，如图 9-7 所示。

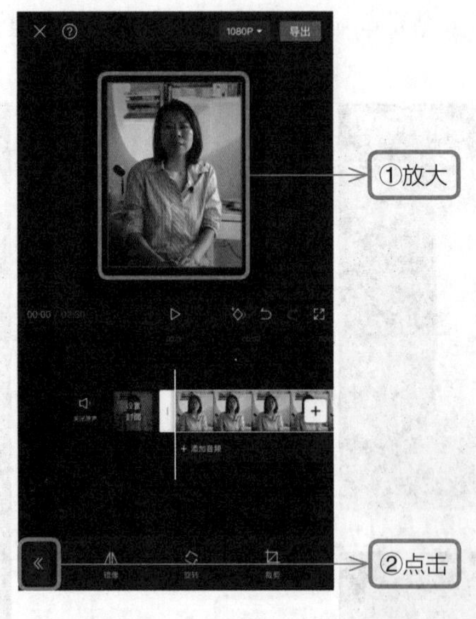

图 9–7　放大画面

9.2　识别文字，批量修改多余文字

（1）在一级工具栏中点击“文本”按钮，如图 9–8 所示，然后点击“识别字幕”按钮，如图 9–9 所示。

图 9–8　点击“文本”按钮

图 9–9　点击“识别字幕”按钮

（2）在弹出的界面中选择“全部”，拖动“同时清空已有字幕”滑块，点击“开始识别”

按钮，如图 9–10 所示。

（3）此时系统会自动将语音转换成文本，形成新的文本轨道。选中一段文字，点击工具栏中的“批量编辑”按钮，如图 9–11 所示。

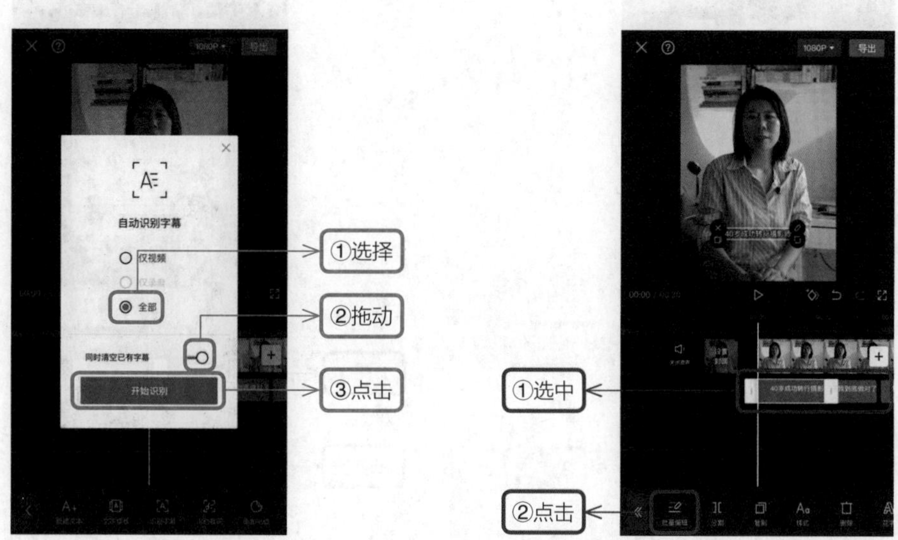

图 9–10　点击“开始识别”按钮　　　　图 9–11　点击“批量编辑”按钮

（4）向下滑动，选择需要更改的文本，如图 9–12 所示。

（5）在文本框中修改文字后，点击✓按钮完成操作，如图 9–13 所示。按同样的方法，将视频中的文字修改完毕。

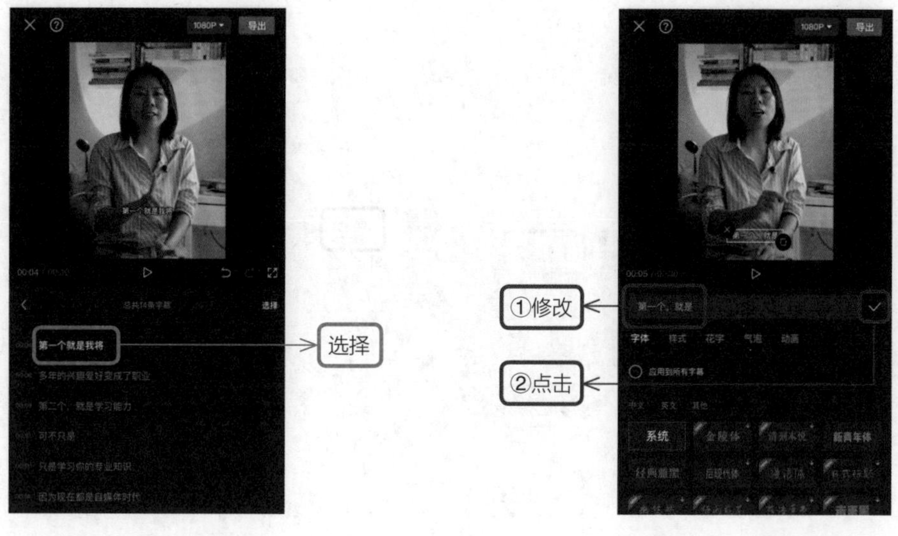

图 9–12　选择文本　　　　图 9–13　修改文本

（6）选中第一段文字，在工具栏中点击“复制”按钮，如图 9–14 所示。此时，文本就显示在新的文本轨道上，选中文本并点击工具栏中的“样式”按钮，如图 9–15 所示。

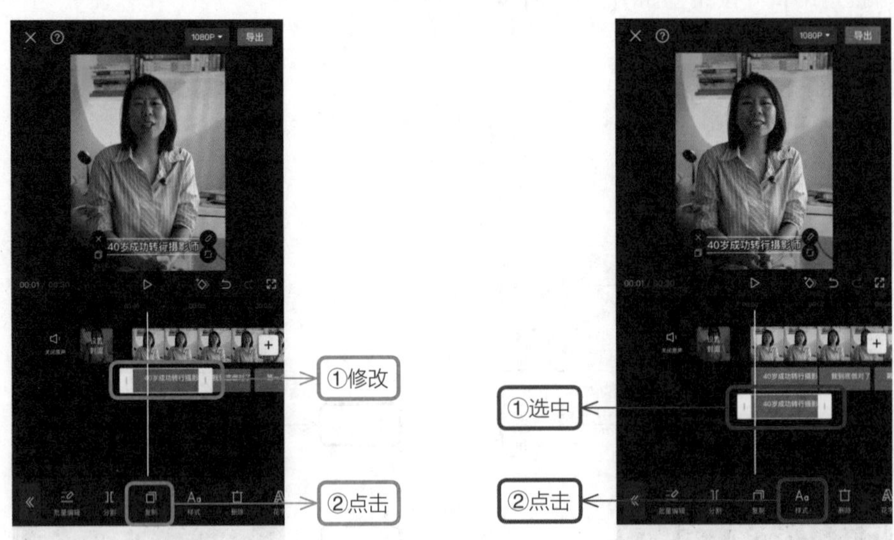

图 9–14　点击“复制”按钮　　图 9–15　点击“样式”按钮

（7）在文本框中删除多余的文字，在“样式”选项卡中选择新的字体颜色，点击✓按钮完成操作，如图 9–16 所示。

（8）在预览区域放大画面并调整到合适的位置，如图 9–17 所示。

按照以上步骤，继续调整视频中需要修改的文本。

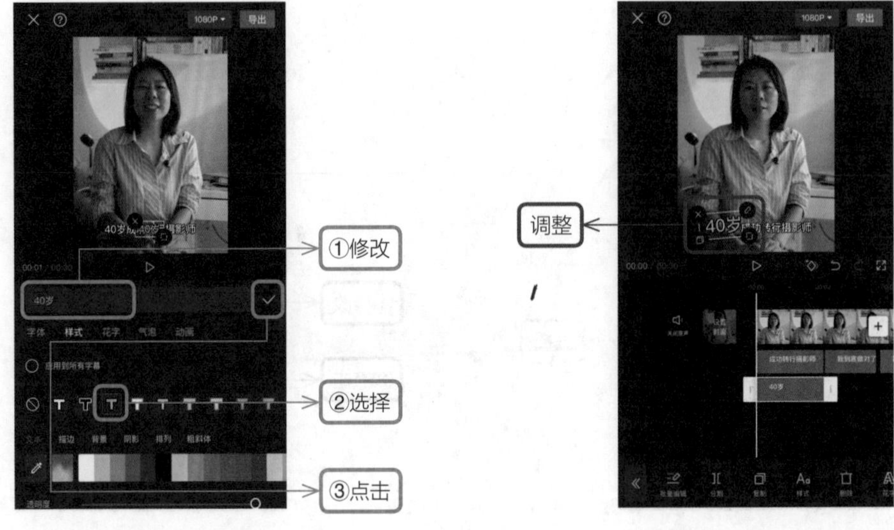

图 9–16　修改文本　　图 9–17　调整位置

（9）点击“新建文本”按钮，如图 9–18 所示，在文本框中输入文字，在“气泡”选项卡中选择喜欢的气泡样式，如图 9–19 所示。

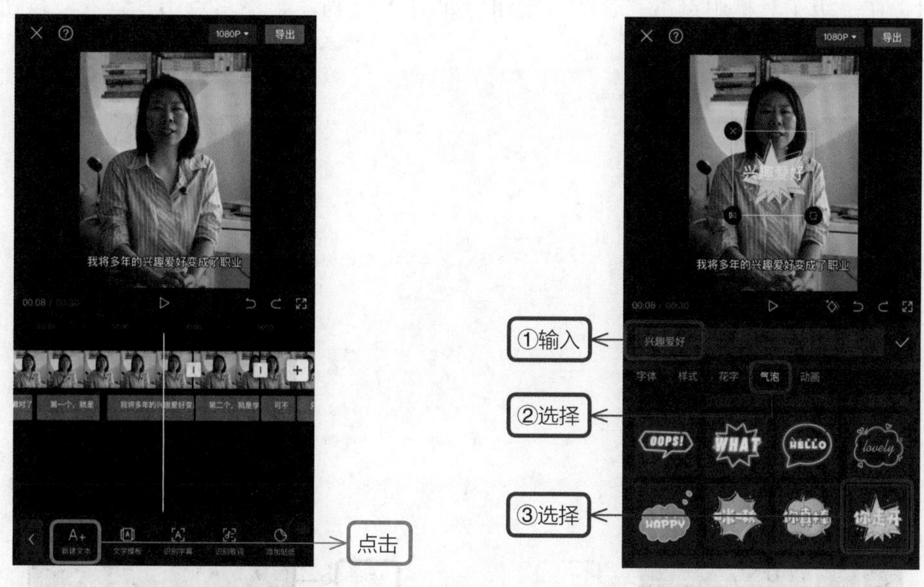

图 9–18　点击“新建文本”按钮　　图 9–19　选择气泡样式

（10）在“样式”选项卡中选择喜欢的字体颜色，在预览区域放大画面到合适的位置，然后点击☑按钮完成操作，如图 9–20 所示。

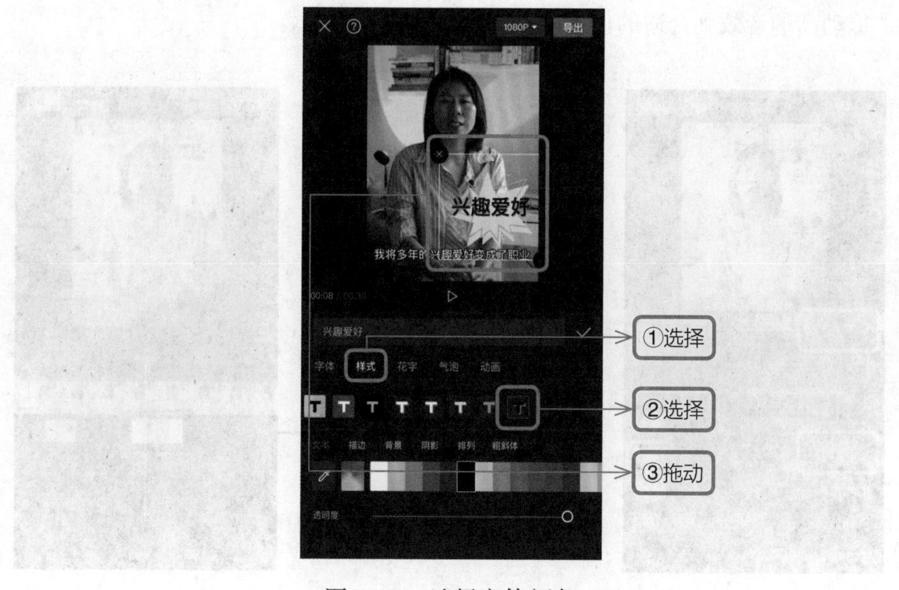

图 9–20　选择字体颜色

9.3 添加音效，配合故事引人入境

（1）在一级工具栏中点击“音频”按钮，如图 9–21 所示，然后点击“音效”按钮，如图 9–22 所示。

图 9–21　点击“音频”按钮

图 9–22　点击“音效”按钮

（2）在搜索框中输入“叮”，然后在搜索结果中选择喜欢的音效，点击“使用”按钮，如图 9–23 所示。

（3）拖动新的音效到合适的位置上即可，如图 9–24 所示。

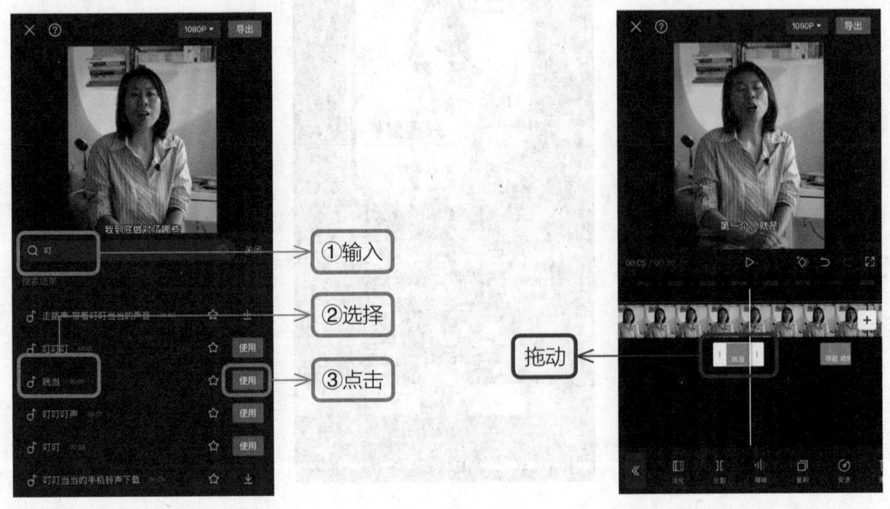

图 9–23　选择音效

图 9–24　调整音效使用位置

9.4　特效动画，助力视频更加精彩

（1）选中一段视频，点击工具栏中的“复制”按钮，如图 9–25 所示，然后选中复制后的视频，点击工具栏中的“切画中画”按钮，如图 9–26 所示。

图 9–25　点击“复制”按钮

图 9–26　点击“切画中画”按钮

（2）调整画中画轨道上的视频与主轨道上的同画面视频对齐，点击工具栏中的“蒙版”按钮，如图 9–27 所示。

（3）选择蒙版样式为“圆形”并调整蒙版的位置和大小，然后点击✓按钮完成操作，如图 9–28 所示。

图 9–27　点击“蒙版”按钮

图 9–28　选择蒙版样式

（4）在预览区域拖动并放大蒙版画面，使视频中的人物形成大头的效果，如图 9–29 所示。

（5）选中一段新的视频，点击工具栏中的“动画”按钮。如图 9–30 所示，然后点击“入场动画”按钮，如图 9–31 所示。

图 9–29　拖动并放大蒙版画面

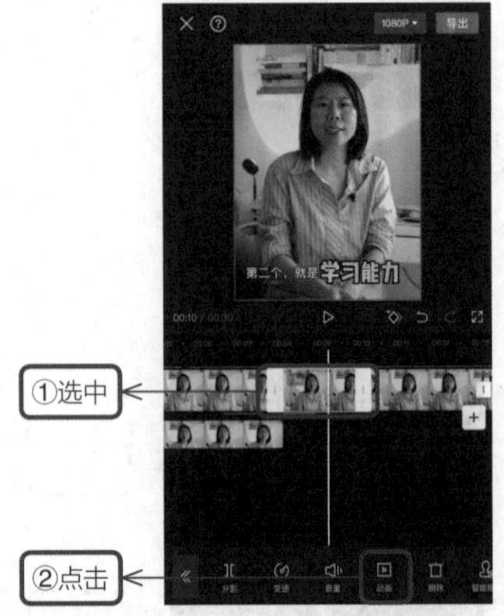

图 9–30　点击“动画”按钮

（6）选择入场动画样式为“缩小”，然后拖动滑块调整动画的时长，最后点击✓按钮完成操作，如图 9–32 所示。

图 9–31　点击“入场动画”按钮

图 9–32　选择入场动画样式

按照以上操作步骤，可以为视频中的其他片段设置动画效果。

第 10 章 美食视频，记录日常美好生活

10.1 片头字幕，让短片更有电影感

我们先做一个类似电影的片头视频。

（1）在剪映 App 的素材库中选择黑底素材，点击“添加”按钮，然后在视频的一级工具栏中点击“文本”按钮，如图 10–1 所示。

（2）点击“新建文本”按钮，如图 10–2 所示，然后在文本框中输入英文，选择合适的字体，最后点击☑按钮完成操作，如图 10–3 所示。

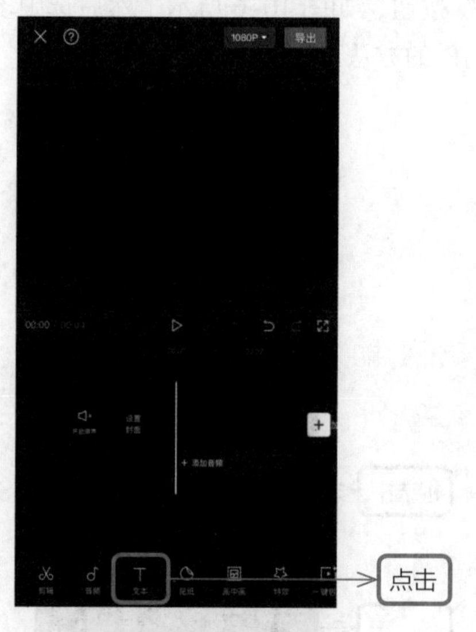

图 10–1　点击“文本”按钮

图 10–2　点击“新建文本”按钮

按照同样的方式输入另一段中文，选择合适的字体和大小，点击“导出”按钮保存视频，如图 10–4 所示，将该视频作为后面视频的片头部分。

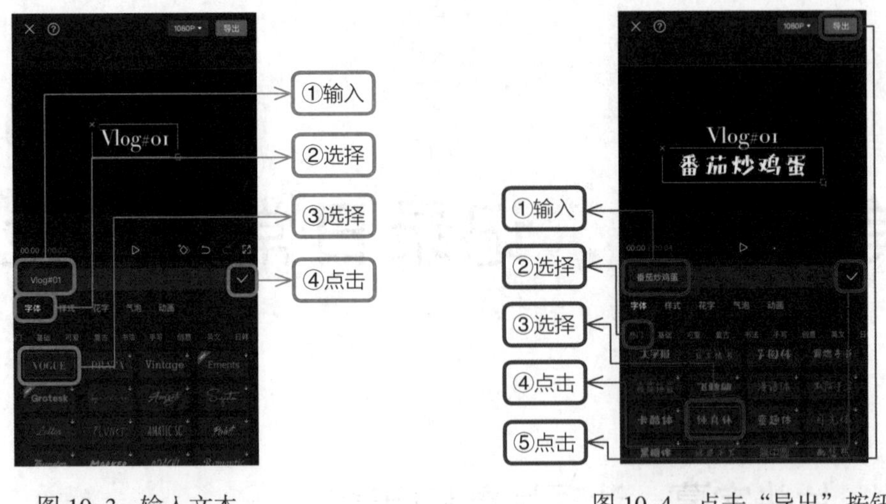

图 10–3　输入文本　　　　图 10–4　点击“导出”按钮

10.2　添加素材，剪辑留用最佳素材

编辑视频前需要对视频先进行“粗剪”。

（1）从“最近项目”中选择需要的视频，点击“添加”按钮，如图 10–5 所示。

（2）点击“关闭原声”后，根据脚本的需求，将添加后的视频进行“粗剪”，调整入镜的视频时长。选中一段视频，点击工具栏中的“分割”按钮，如图 10–6 所示，然后选中多余的视频，点击“删除”按钮，如图 10–7 所示。按照同样的方法，调整所有的视频时长。

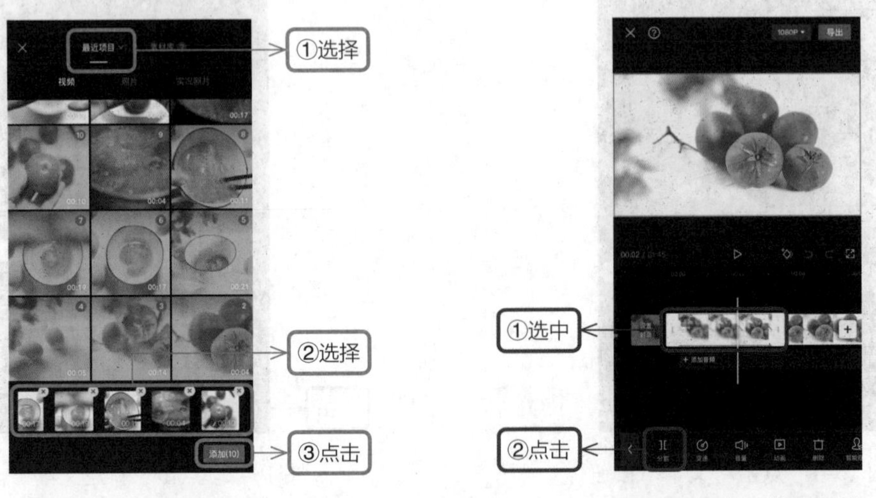

图 10–5　添加视频　　　　图 10–6　点击“分割”按钮

（3）长按需要调整位置的视频，每一段视频就变成了一个方块，然后将其拖动到合适的

位置即可，如图 10-8 所示。

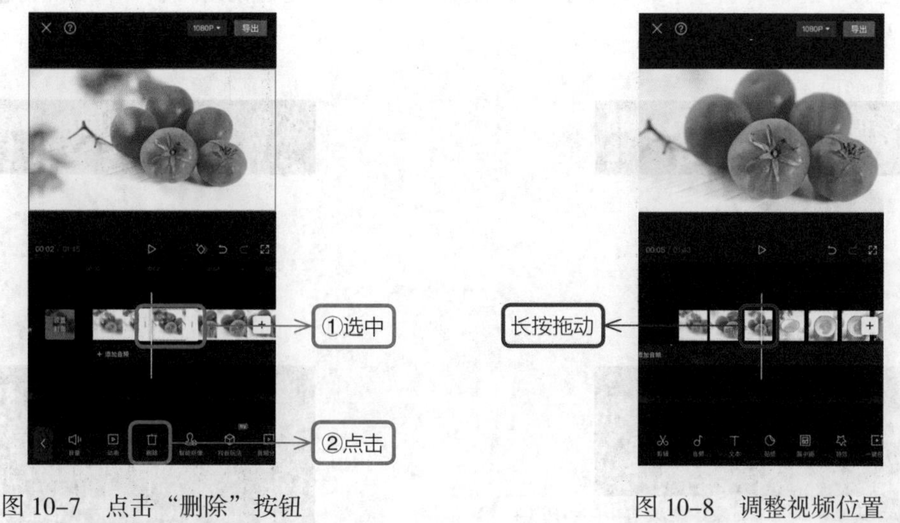

图 10-7　点击“删除”按钮　　　　图 10-8　调整视频位置

10.3　添画中画，为视频画面添细节

有时在视频中需要添加一些特写镜头，除了直接添加在主视频轨道外，还可以使用画中画轨道。例如，在打鸡蛋的过程中，添加一个手剥开蛋壳的特写。

（1）选中主轨道上的特写镜头，点击工具栏中的“切画中画”按钮，如图 10-9 所示。

（2）截取需要的画中画轨道上的视频素材，然后精细调整其与主视频画面丝滑过渡，如图 10-10 所示。

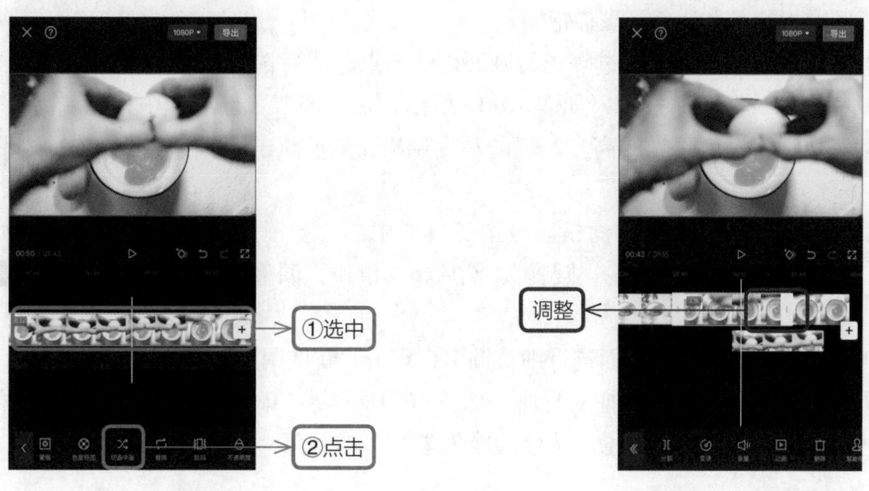

图 10-9　点击“切画中画”按钮　　　　图 10-10　细节调整

（3）为视频添加转场，点击视频与视频衔接处的▢，如图 10–11 所示，在“转场”选项卡中，选择“遮罩转场”中的“云朵Ⅱ”，然后拖动滑块调整转场的时长，最后点击☑按钮完成操作，如图 10–12 所示。

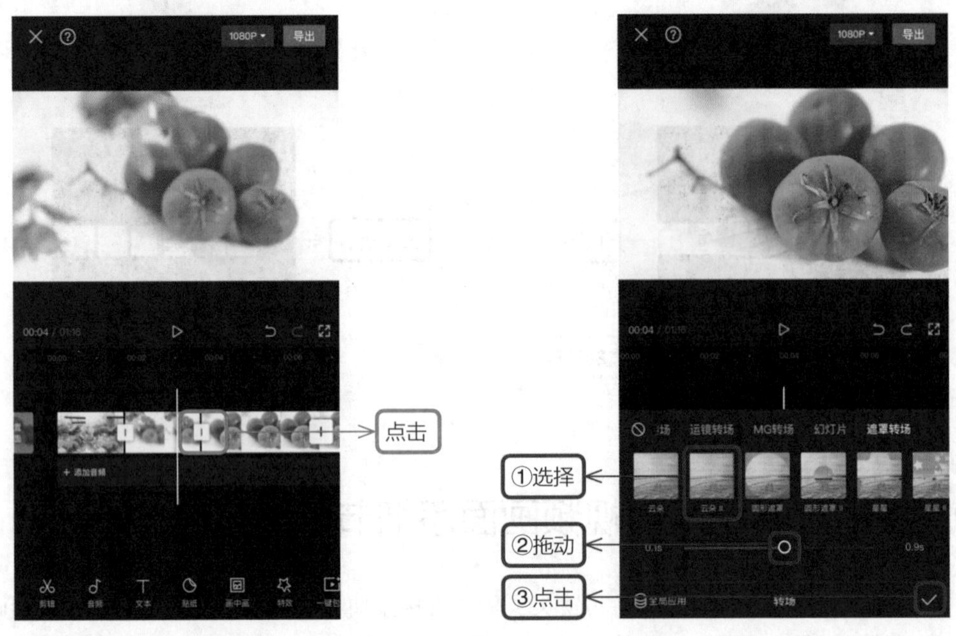

图 10–11　选择转场　　图 10–12　选择转场样式

10.4　视频调色，调节色彩增加食欲

给视频增加滤镜，让色彩更加饱满。

（1）先调整部分曝光，将过曝光的画面调暗一点，然后选中需要调整的视频片段，点击二级工具栏中的“调节”按钮，如图 10–13 所示，在“调节”选项卡中选择“高光”，然后向左拖动滑块，将过度曝光的高光区域的亮度调暗，最后点击☑按钮完成操作，如图 10–14 所示。

（2）给视频轨道整体添加滤镜。点击工具栏中的“滤镜”按钮，如图 10–15 所示，在“滤镜”选项卡中选择“美食”|“暖食”，然后拖动滑块，调整滤镜的百分比，点击☑按钮完成操作，如图 10–16 所示。

（3）添加滤镜后，再对画面进行细节调整，点击“新增调节”按钮，如图 10–17 所示。

（4）选择“色温”并向右拖动滑块，如图 10–18 所示（PS：向右拖动是给画面增加黄色的暖色调；向左拖动是给画面增加蓝色的冷色调）。

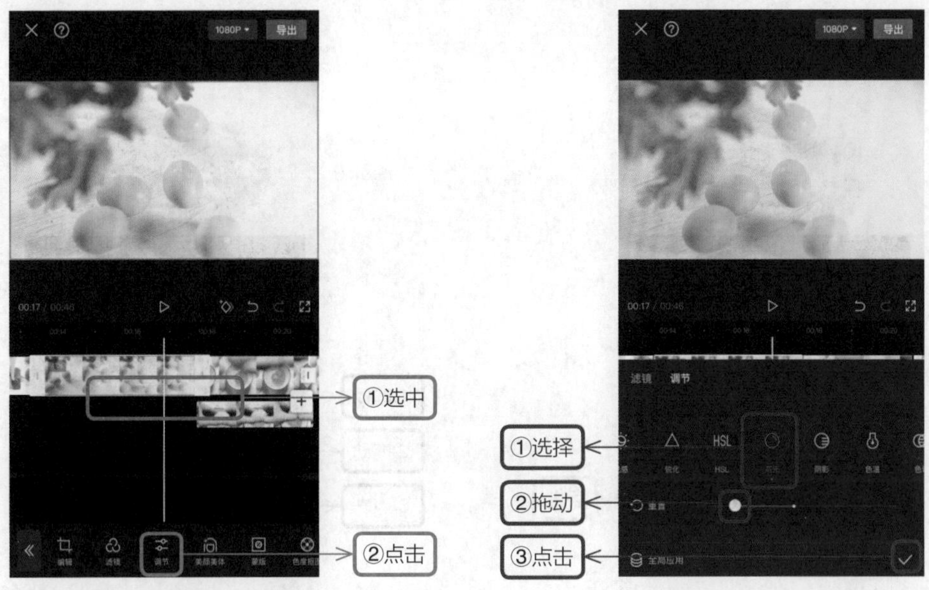

图 10-13　点击“调节”按钮

图 10-14　调整高光

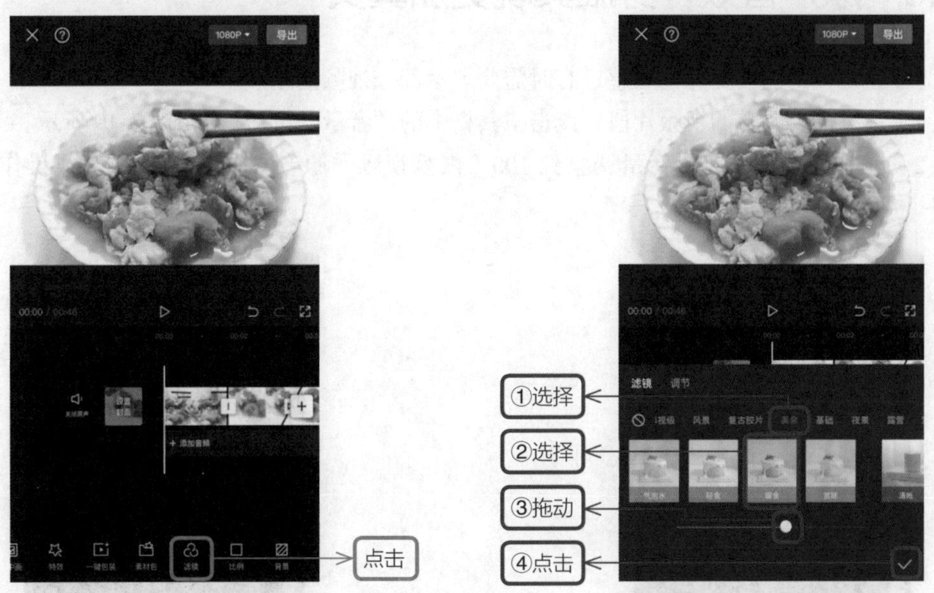

图 10-15　点击“滤镜”按钮

图 10-16　选择滤镜样式

按上一步操作进行调整：选择“亮度”并向左拖动滑块，将视频整体调暗一点；选择“饱和度”并向右拖动滑块，让视频色彩更浓郁一点，最后点击✓按钮完成操作。

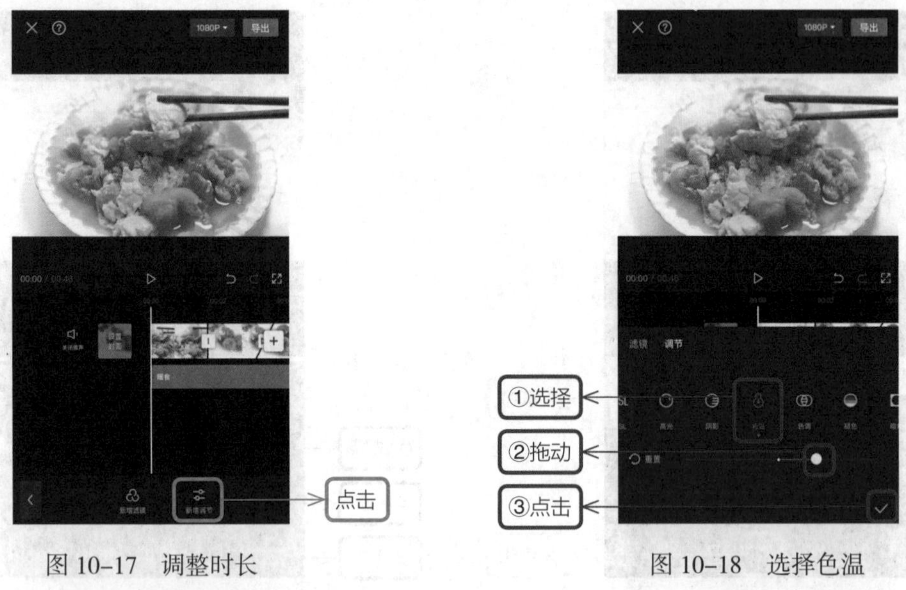

图 10–17　调整时长　　　　图 10–18　选择色温

10.5　原声音效，身临其境更加真实

为了让视频的画面更有代入感，有时需要展示部分视频的原声。

（1）选中需要调整的视频片段，点击工具栏中的“音量”按钮，如图 10–19 所示。

（2）向右拖动滑块，将音量调整到 100，恢复视频的原音，点击✓按钮完成操作，如图 10–20 所示。

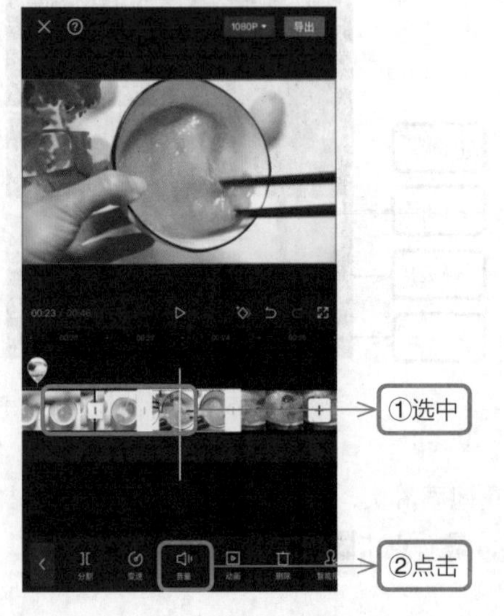

图 10–19　点击“音量”按钮

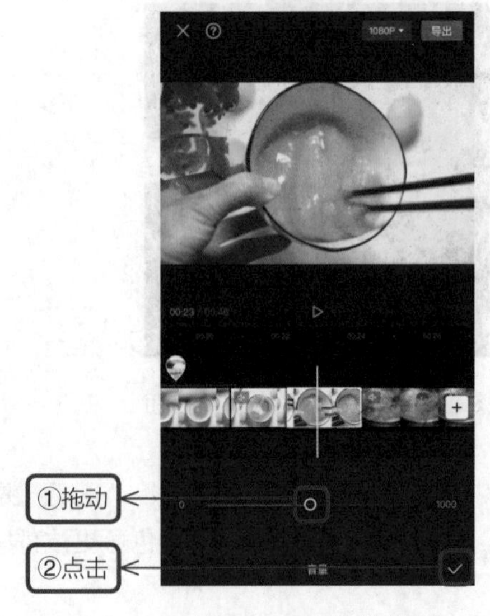

图 10–20　调节音量

按照同样的方法，向后拖动视频，将需要调整为原声的片段恢复原声。最后点击按钮返回主页。

（3）给视频添加音乐，点击一级工具栏中的“音频”按钮，如图 10–21 所示，继续点击“音乐”按钮，如图 10–22 所示。

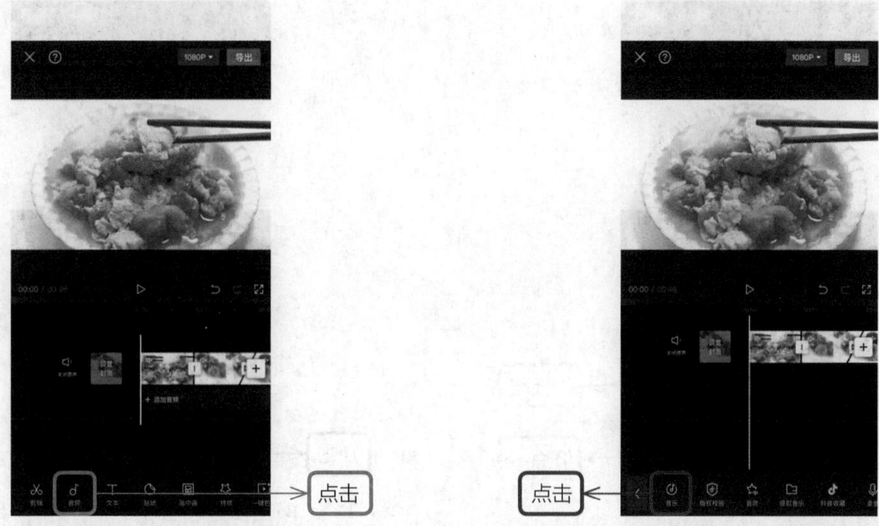

图 10–21　点击“音频”按钮　　图 10–22　点击“音乐”按钮

（4）在搜索框中输入关键词“番茄炒蛋”，在搜索结果中选择喜欢的音乐，点击“使用”按钮，如图 10–23 所示。

（5）截取需要使用的音乐片段后，选中音频轨道，点击“淡化”按钮，如图 10–24 所示，然后拖动滑块调整淡出时长，最后点击按钮完成操作，如图 10–25 所示。

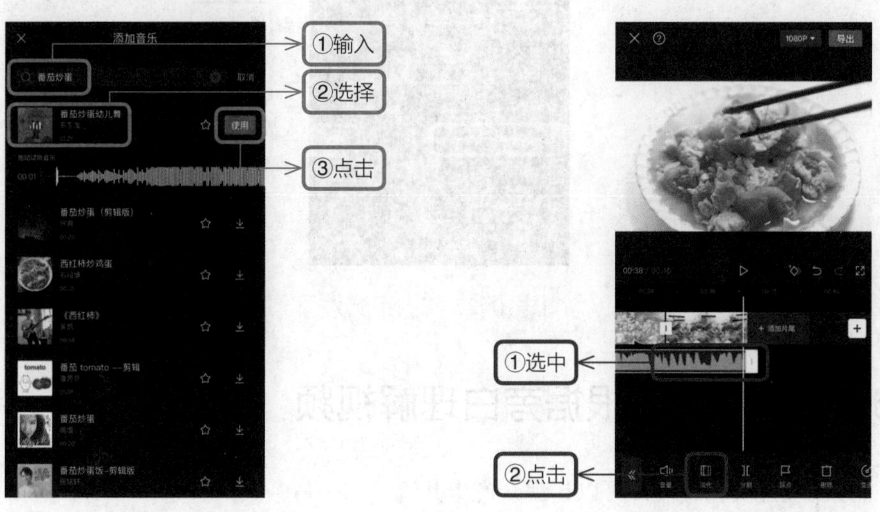

图 10–23　选择音乐　　图 10–24　点击“淡化”按钮

（6）给画面添加音效，增加趣味感。在二级工具栏中点击“音效”按钮，如图 10–26 所示，在搜索框中输入关键词“吃东西”，在搜索结果中选择合适的音效，点击“使用”按钮，如图 10–27 所示。

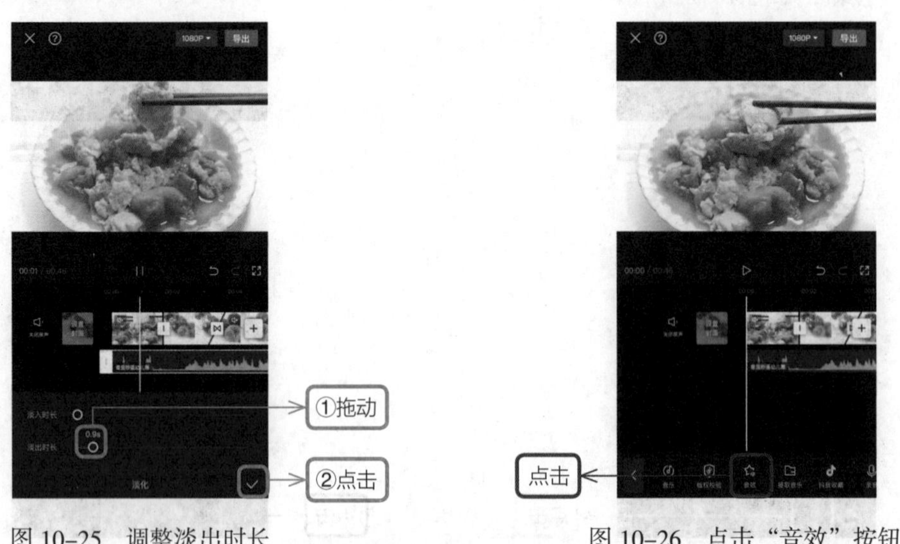

图 10–25　调整淡出时长　　图 10–26　点击“音效”按钮

图 10–27　选择音效

10.6　添加字幕，根据旁白理解视频

给视频添加片头和旁白，可以让观众产生共鸣。

（1）在一级工具栏中点击“画中画”按钮，如图 10–28 所示，再点击“新增画中画”按钮，如图 10–29 所示。

图 10–28　点击“画中画”按钮

图 10–29　点击“新增画中画”按钮

（2）从“最近项目”中选择前面保存的文字视频，点击“添加”按钮，如图 10–30 所示。将画面调整到合适的位置后，点击“混合模式”按钮，如图 10–31 所示。

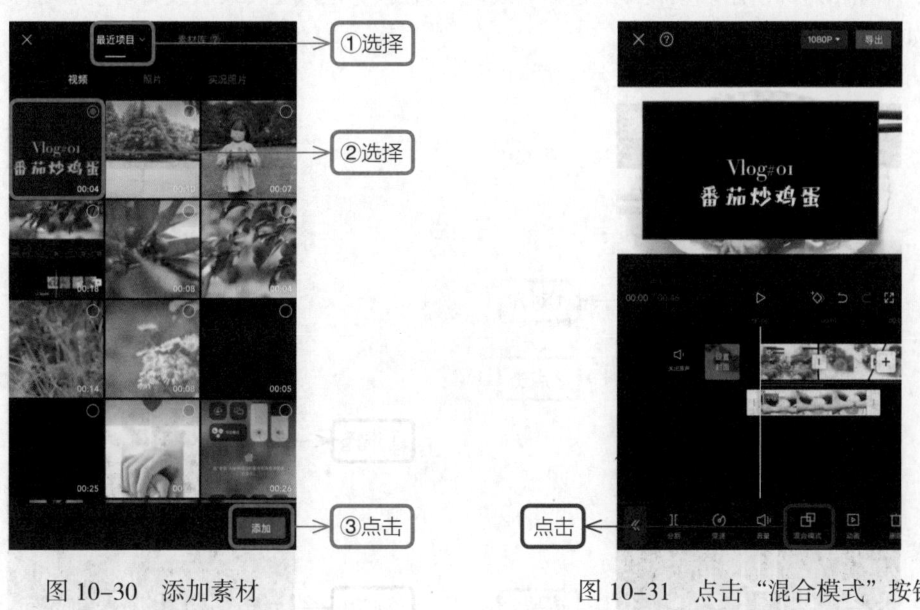

图 10–30　添加素材

图 10–31　点击“混合模式”按钮

（3）在“混合模式”选项卡中选择“滤色”，拖动滑块调整画面的不透明度，点击✓按钮完成操作，如图 10–32 所示，然后拖动轨道上的白色方框，调整视频的时长，如图 10–33 所示。

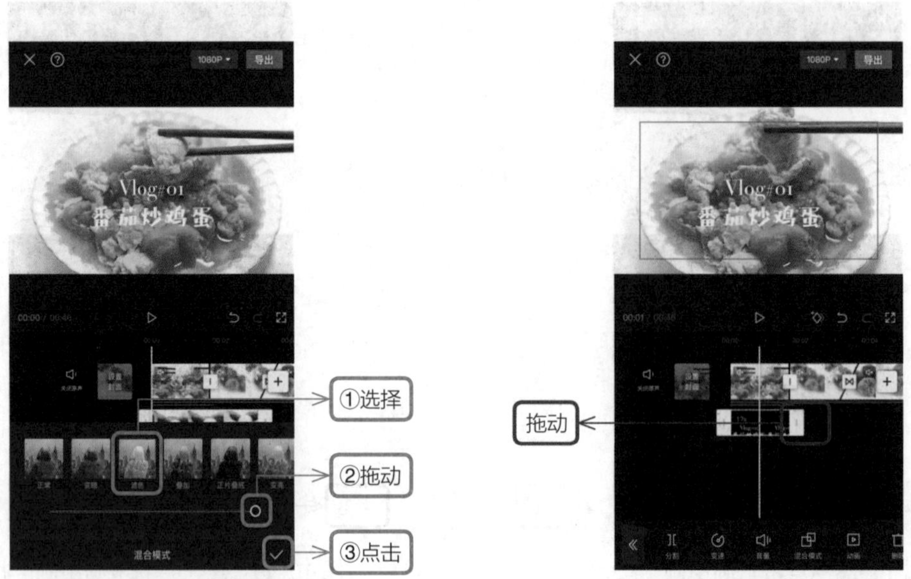

图 10–32　选择混合模式的样式　　图 10–33　调整时长

（4）将时间轴对齐在画中画轨道的最前端，点击◈按钮添加关键帧，再点击“蒙版”按钮，如图 10–34 所示。蒙版样式选择“线性”，在预览区域旋转蒙版线并向左拖动将文字隐藏，如图 10–35 所示。

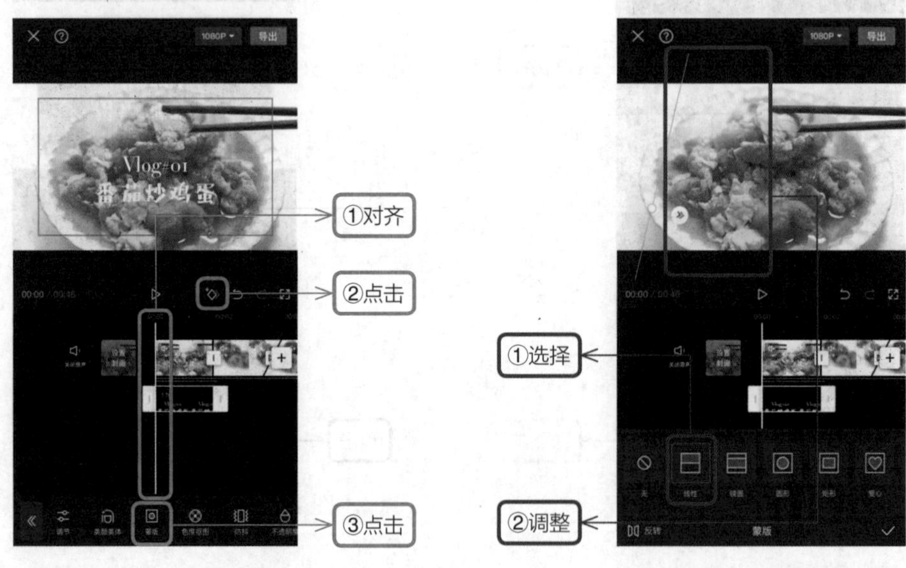

图 10–34　点击“蒙版”按钮　　图 10–35　选择蒙版样式

（5）向后拖动视频，将时间轴对齐在画中画轨道的末尾处。在预览区域将蒙版线向右拖动，等文字全部显示出来后，点击☑按钮完成操作，如图 10-36 所示。

（6）此时，在时间轴的位置上将会自动生成关键帧，如图 10-37 所示。在一级工具栏中点击“文本”按钮，如图 10-38 所示，再点击“新建文本”按钮，如图 10-39 所示。

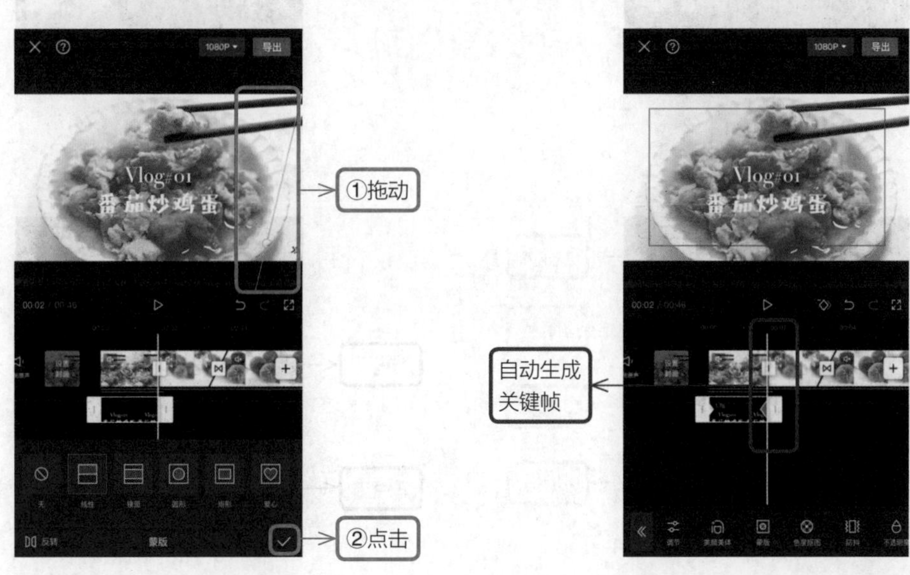

图 10-36　拖动蒙版线　　　　图 10-37　自动生成关键帧

图 10-38　点击“文本”按钮

图 10-39　点击“新建文本”按钮

（7）在文本框中输入文字，在“样式”选项卡中选择合适的字体颜色和样式，点击☑按钮完成操作，如图 10–40 所示。

（8）拖动文本视频轨道上的白色方框调整时长，然后点击◀按钮返回上一层，如图 10–41 所示。

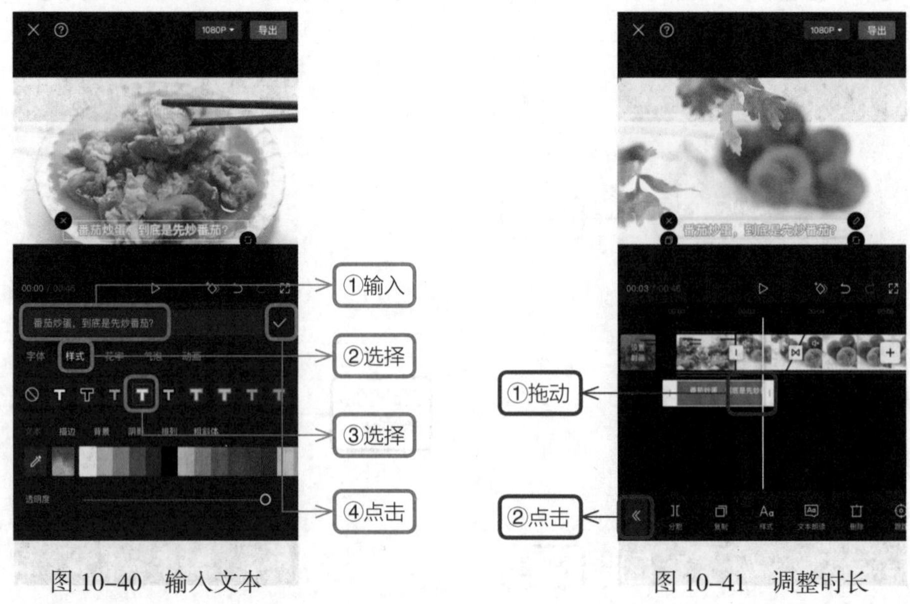

图 10–40　输入文本

图 10–41　调整时长

按照以上操作方法为视频添加完文字旁白。整个视频预览无误后，点击“导出”按钮完成操作。

第 11 章 剧情视频，人人都是短片主角

11.1 增画中画，一饰两角同时相遇

（1）在剪映 App 的“最近项目”中，选择需要添加的视频，点击“添加”按钮，如图 11–1 所示，然后长按单个视频并拖动，调整视频的播放顺序，如图 11–2 所示。

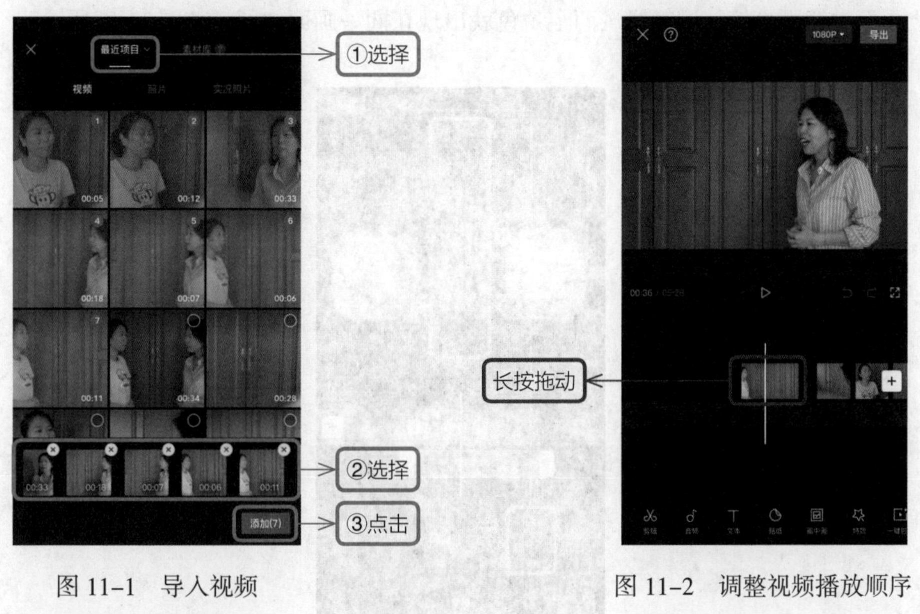

图 11–1　导入视频

图 11–2　调整视频播放顺序

（2）为了让两个角色同时出现在一个画面中，先选中一段视频，点击“切画中画”按钮，如图 11–3 所示。

（3）拖动切换到画中画轨道上的视频并与主视频对齐，拖动视频前后的白色方框截取最佳画面，然后点击“蒙版”按钮，如图 11–4 所示。

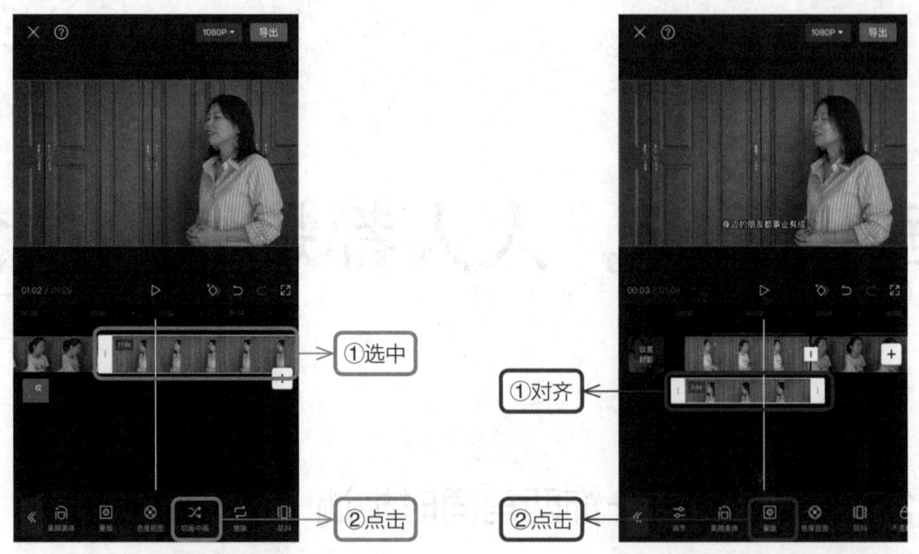

图 11–3 点击“切画中画”按钮　　图 11–4 点击“蒙版”按钮

（4）蒙版样式选择“线性”，然后旋转蒙版，由横向调整为竖向，拖动 ，羽化画面边缘，让画面融合更自然，这时候，两个角色就出现在同一画面中了，如图 11–5 所示。

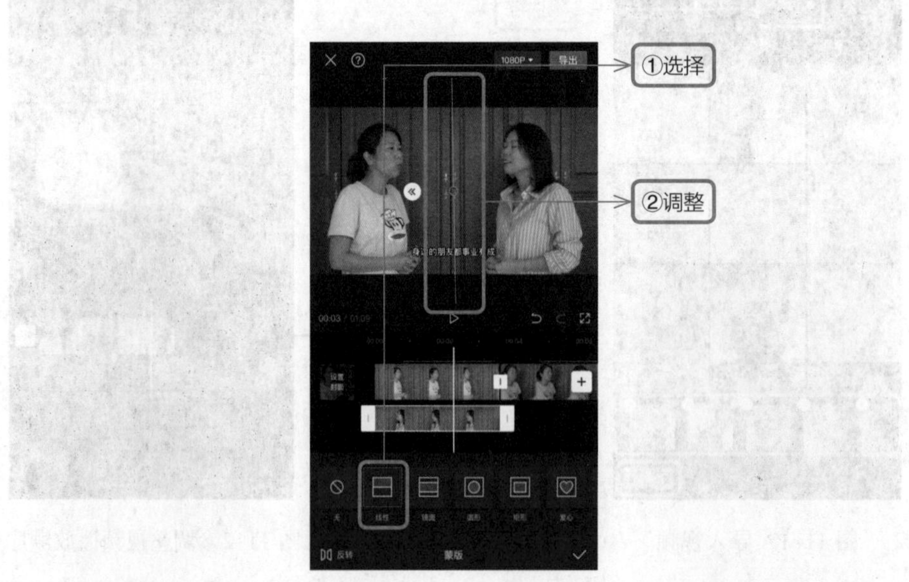

图 11–5 选择蒙版

按照以上操作步骤，为另一段视频添加蒙版并进行相应调整。

11.2　识别字幕，轻轻松松添加字幕

（1）在一级工具栏中点击“文本”按钮，如图 11–6 所示，再点击“识别字幕”按钮，如图 11–7 所示。

图 11–6　点击“文本”按钮

图 11–7　点击“识别字幕”按钮

（2）选择“全部”，拖动滑块，打开“同时清空已有字幕”开关。点击“开始识别”按钮，如图 11–8 所示，然后选中一段文字，点击“批量编辑”按钮，如图 11–9 所示。

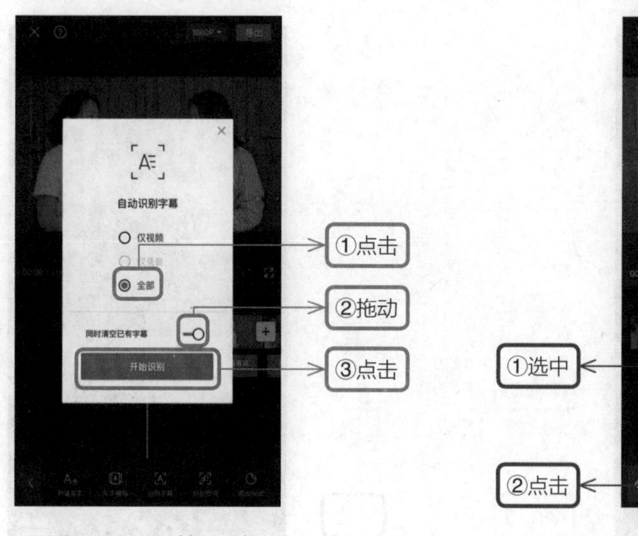

图 11–8　开始识别

图 11–9　点击“批量编辑”按钮

（3）选择需要调整的文字段落进入编辑状态，如图 11–10 所示。在文本框中删除多余的字，点击✓按钮完成操作，如图 11–11 所示。然后选中文本，拖动白色方框调整时长，点击«按钮返回，如图 11–12 所示。

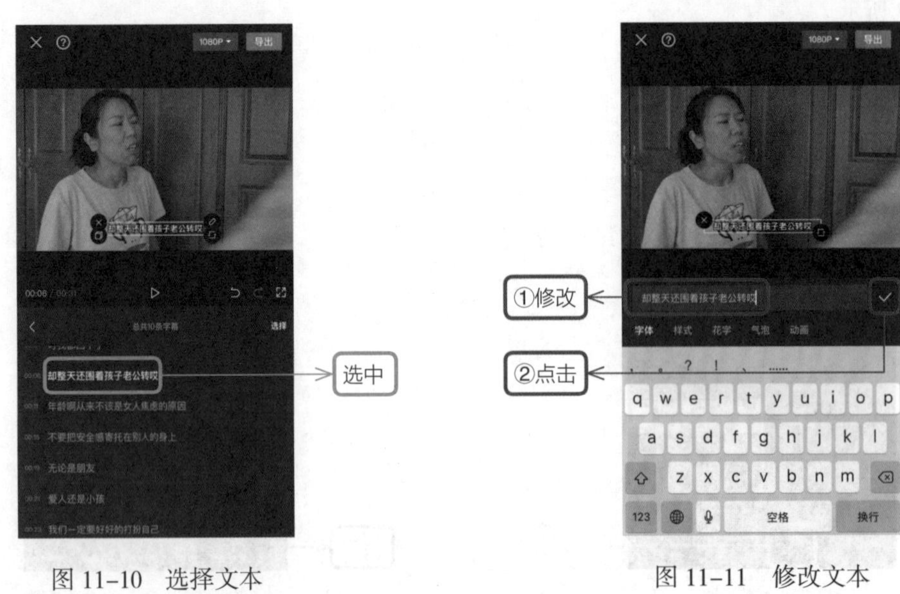

图 11–10　选择文本　　　图 11–11　修改文本

（4）在文本轨道中新建一段文字，点击工具栏中的“新建文本”按钮，如图 11–13 所示，在文本框中输入文字，在“样式”选项卡中选择字体颜色，然后在预览区域拖动▣调整文字大小，最后点击✓按钮完成操作，如图 11–14 所示。

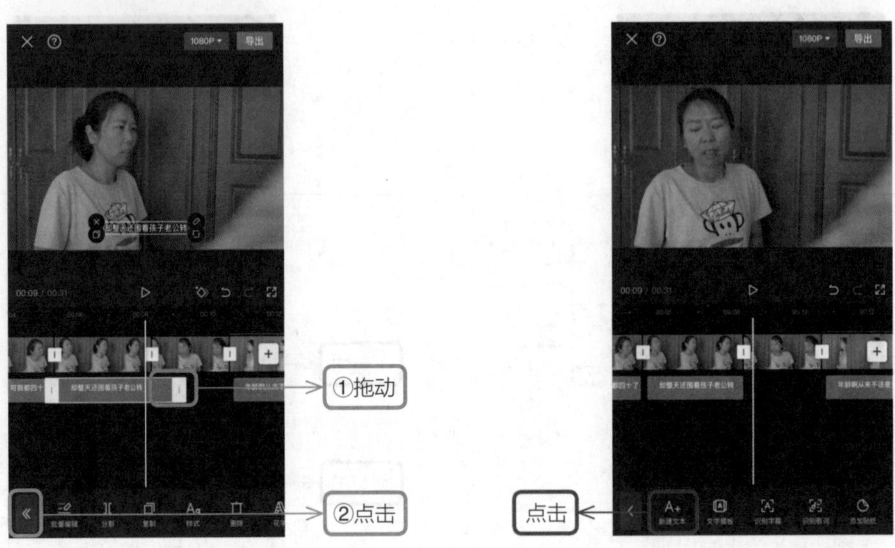

图 11–12　调整时长　　　图 11–13　点击“新建文本”按钮

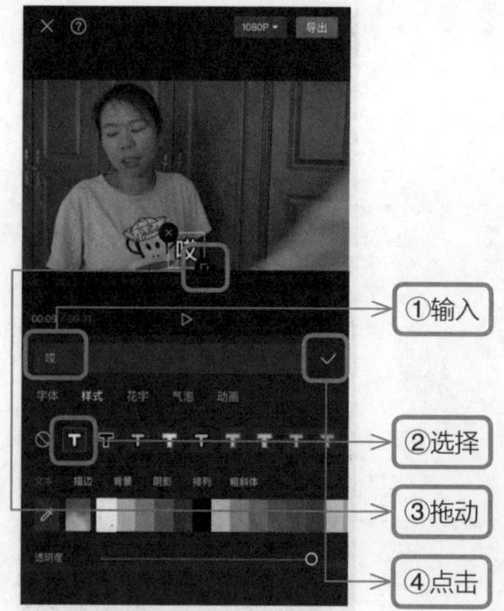

图 11–14　输入文本

11.3　画面裁切，多景别展现故事点

（1）选中一段视频，点击工具栏中的“编辑”按钮，如图 11–15 所示，继续点击“裁剪”按钮，如图 11–16 所示。

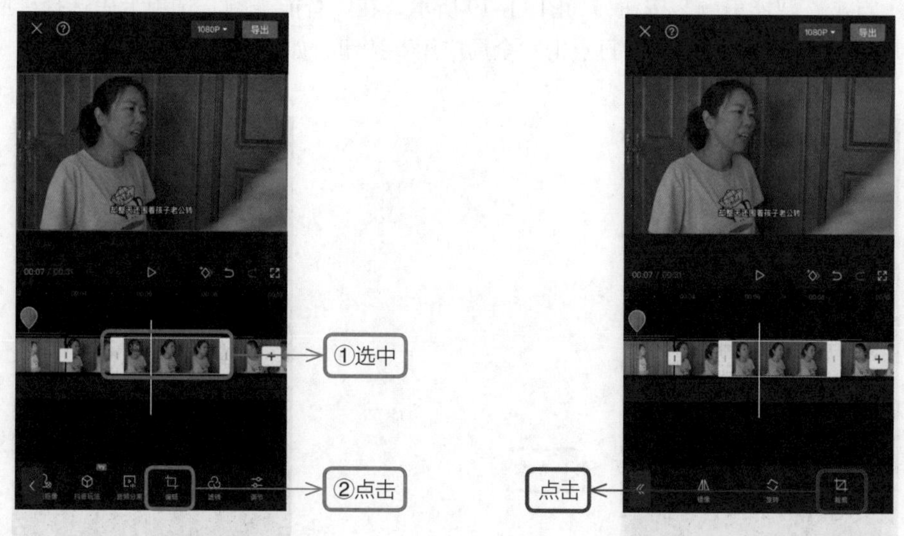

图 11–15　点击“编辑”按钮　　　　图 11–16　点击“裁剪”按钮

（2）选择裁剪比例，然后在预览区域拖动边框裁剪画面大小，最后点击✓按钮完成操作，如图 11–17 所示。按照此步骤继续修改其他的视频画面。

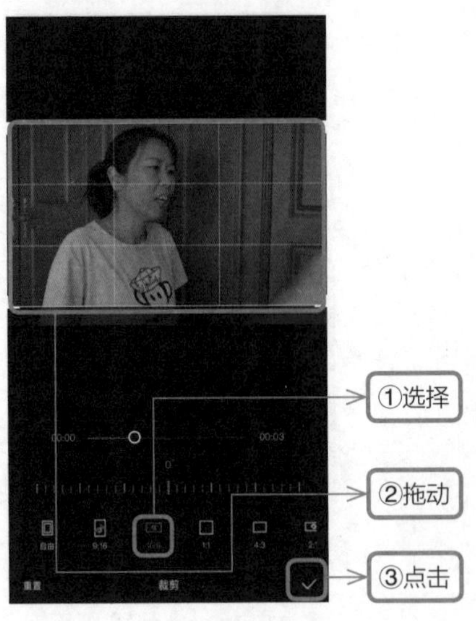

图 11–17　拖动裁剪

11.4　美颜滤镜，素人秒变气质女神

（1）使用美颜功能调整人物面貌。选中一段视频，点击“美颜美体”按钮，如图 11–18 所示。

（2）点击“智能美颜”按钮，如图 11–19 所示，在“智能美颜”选项卡中选择“磨皮”，拖动滑块调整画面的不透明度，再点击“全局应用”按钮，如图 11–20 所示。

图 11–18　点击“美颜美体”按钮

图 11–19　点击“智能美颜”按钮

（3）在“智能美颜”选项卡中选择“瘦脸”，拖动滑块调整画面的不透明度，点击“全局应用”按钮，再点击☑按钮完成操作，如图 11–21 所示。

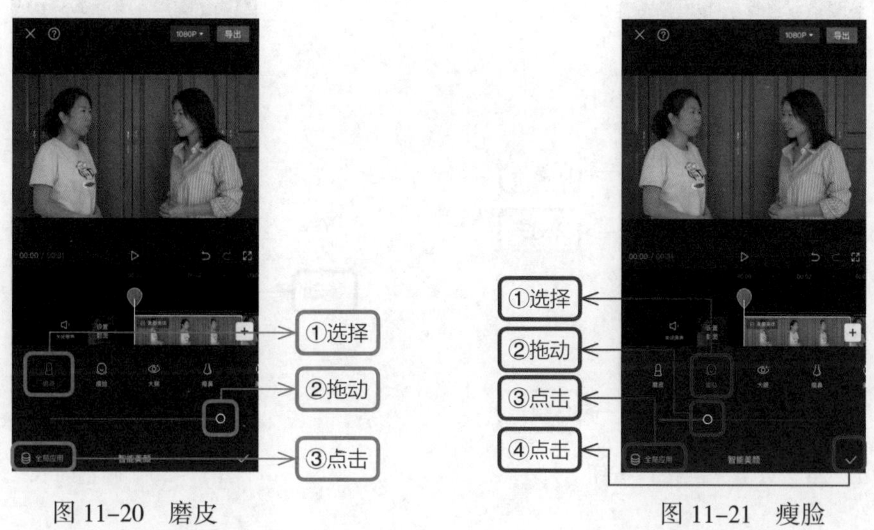

图 11–20　磨皮　　　　图 11–21　瘦脸

（4）为整个视频添加滤镜，增加画面的色彩。选中一段视频，点击工具栏中的“滤镜”按钮，如图 11–22 所示。

（5）在“高清”选项卡中选择“盐系”，拖动滑块调整画面的不透明度，点击“全局应用”按钮，再点击☑按钮完成操作，如图 11–23 所示。

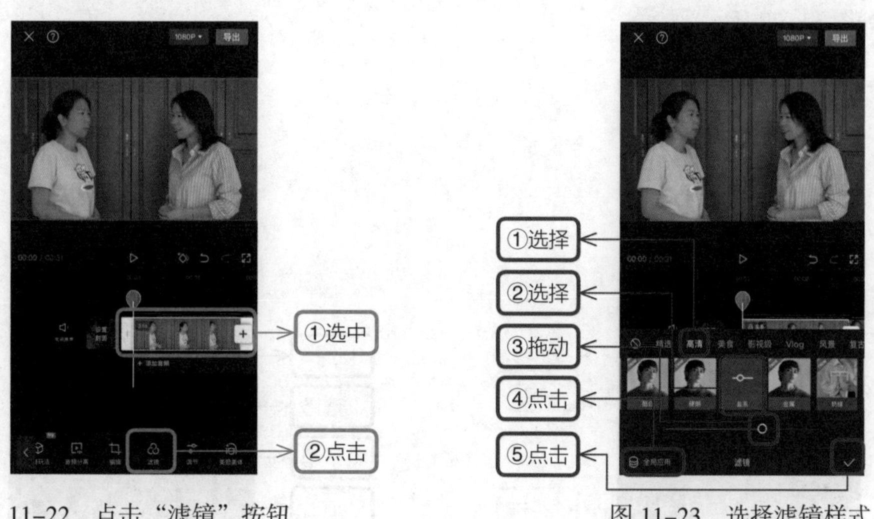

图 11–22　点击“滤镜”按钮　　　　图 11–23　选择滤镜样式

（6）将最后一段视频画面定格，后面单独添加滤镜。拖动视频的时间进度条，将时间轴对齐在需要定格的位置，点击工具栏中的“定格”按钮，如图 11–24 所示。

（7）拖动定格画面上的白色方框调整时长，如图 11–25 所示。

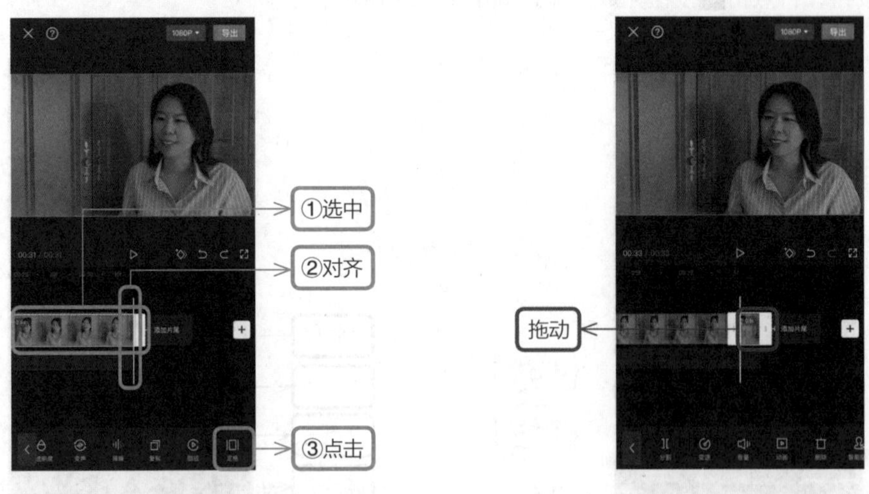

图 11–24　点击“定格”按钮　　　　图 11–25　调整时长

11.5　情绪色调，用色彩来表达情绪

为表达情绪的画面单独添加滤镜。

（1）选中需要添加滤镜的视频，点击工具栏中的“滤镜”按钮，如图 11–26 所示。

（2）在“黑白”选项卡中选择“布朗”，拖动滑块调整画面的不透明度，点击✓按钮完成操作，如图 11–27 所示。

图 11–26　点击“滤镜”按钮

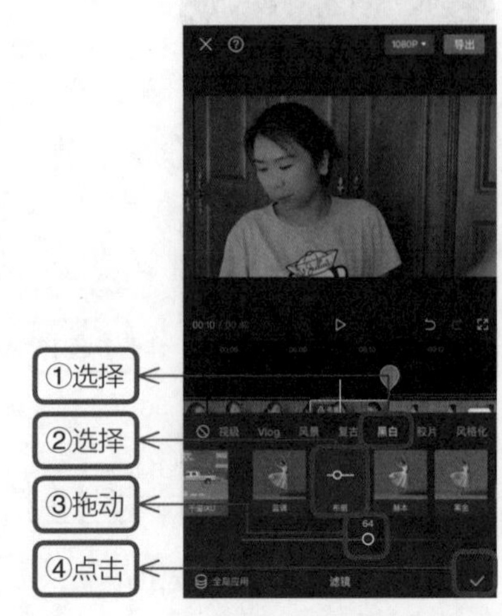

图 11–27　选择滤镜

按照以上步骤，调整后面关键的视频画面。

11.6　弱化音乐，人声、音乐和谐统一

为了突出视频中的部分音频，可以弱化背景音乐，让音频声音更清楚。

（1）点击工具栏中的“音频”按钮，如图 11–28 所示，再点击“音乐”按钮，如图 11–29 所示。

图 11–28　点击“音频”按钮

图 11–29　点击“音乐”按钮

（2）在选项卡中选择“舒缓”，如图 11–30 所示，在音乐清单中选择喜欢的音乐后，点击“使用”按钮，如图 11–31 所示。

图 11–30　添加音乐

图 11–31　选择音乐

（3）将时间轴对齐在两条视频交接前的 0.5s 处，点击◇按钮添加关键帧，如图 11–32 所示。

（4）向后拖动视频，将时间轴对齐到视频交接处，点击◇按钮添加关键帧，然后点击工具栏中的“音量”按钮，如图 11–33 所示。

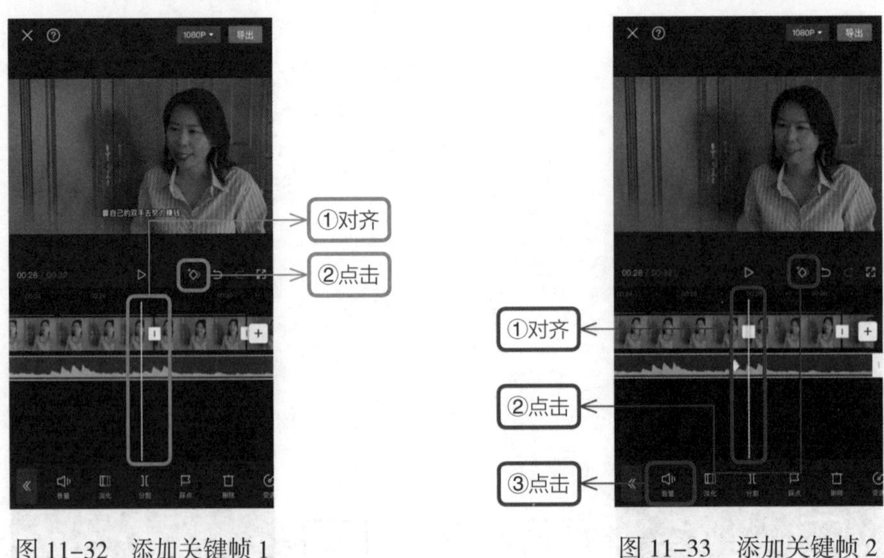

图 11–32　添加关键帧 1　　图 11–33　添加关键帧 2

（5）拖动滑块，将音量调节到合适的位置，点击✓按钮完成操作，如图 11–34 所示。

（6）向后拖动视频，将时间轴对齐在视频交接处，点击◇按钮添加关键帧，如图 11–35 所示。

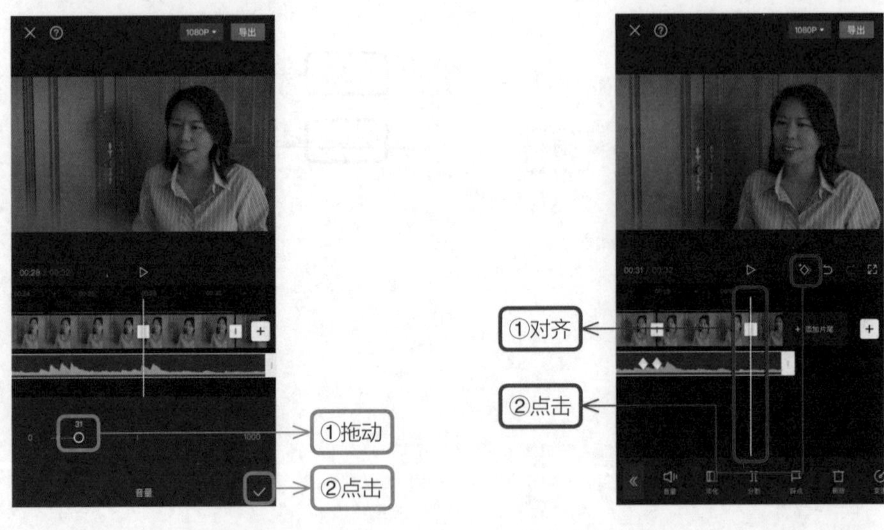

图 11–34　调节音量 1　　图 11–35　添加关键帧 3

（7）拖动滑块，将音量调节到合适到位置，点击✓按钮完成操作，如图 11–36 所示。

（8）继续向后拖动视频，将时间轴对齐在视频交接后的 0.5s 处，点击◇按钮添加关键帧，如图 11–37 所示。

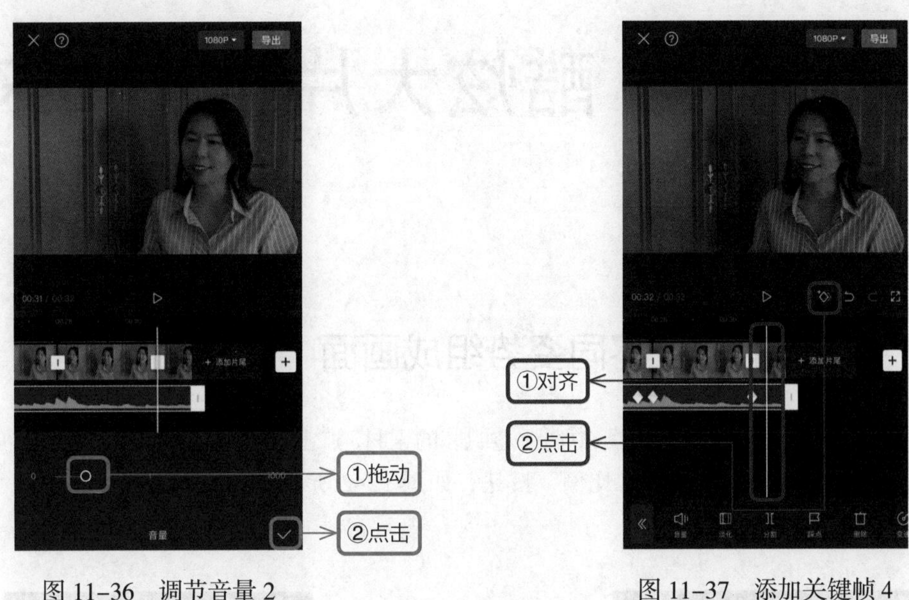

图 11–36　调节音量 2

图 11–37　添加关键帧 4

（9）拖动滑块，将音量调回原来的 100，点击✓按钮完成操作，如图 11–38 所示。

图 11–38　调节音量 3

第 12 章 时尚视频，酷炫大片信手拈来

12.1 智能抠图，不同姿势组成画面

（1）从剪映 App 的“素材库”中选择透明底的素材，点击“添加”按钮，如图 12–1 所示。

（2）在一级工具栏中点击“比例”按钮，如图 12–2 所示，选择“4∶3”的比例，点击 按钮返回，如图 12–3 所示。

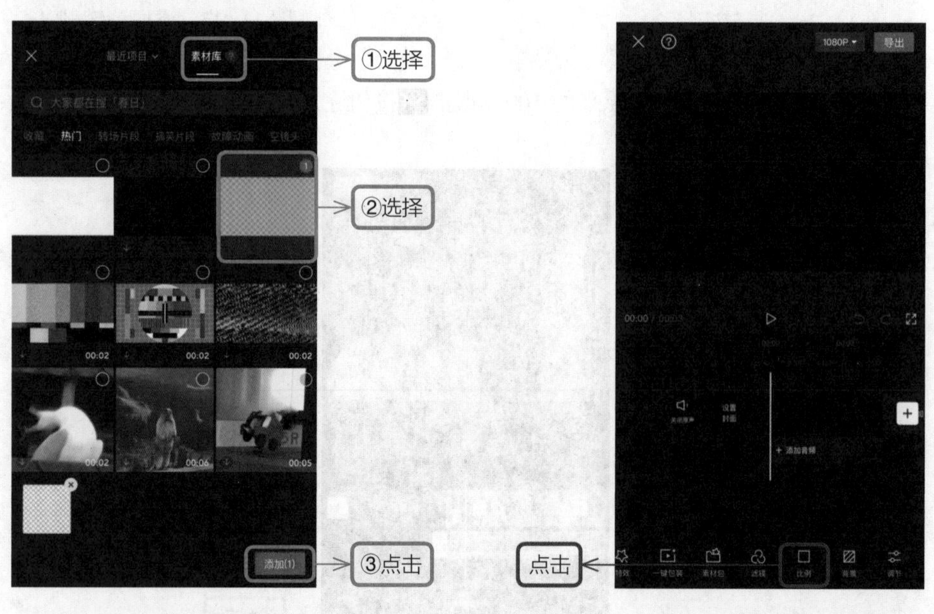

图 12–1 添加素材　　图 12–2 点击“比例”按钮

（3）在一级工具栏中点击“背景”按钮，如图 12–4 所示，再点击“画布颜色”按钮，如图 12–5 所示。

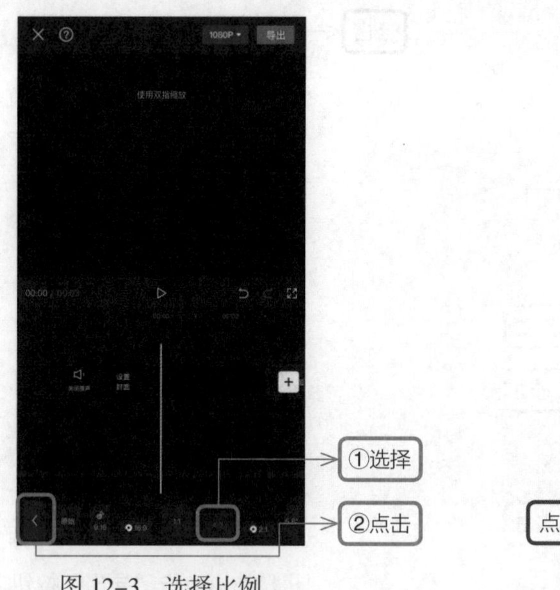

图 12-3　选择比例

图 12-4　点击“背景”按钮

（4）选择自定义的色彩环，如图 12-6 所示，在色彩条上拖动滑块选择合适的色彩，然后在展示区拖动滑块选择该色彩的明暗程度，点击☑按钮完成操作，如图 12-7 所示，再点击“导出”按钮保存视频，如图 12-8 所示。

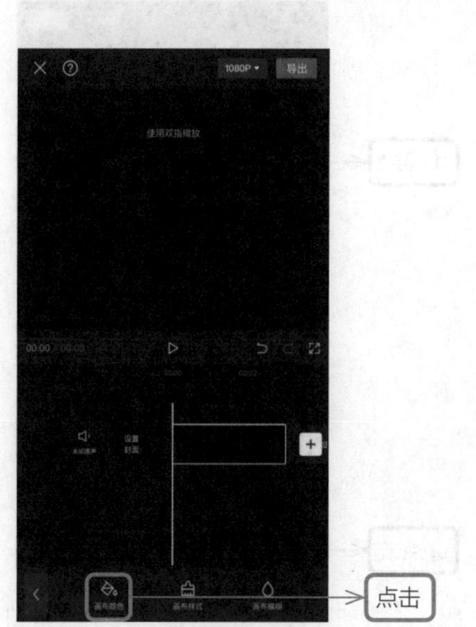

图 12-5　点击“画布颜色”按钮

图 12-6　选择自定义颜色

（5）重新导入保存的视频，在剪映 App 的“最近项目”中选择上一步保存的视频，点击“添加”按钮，如图 12-9 所示。

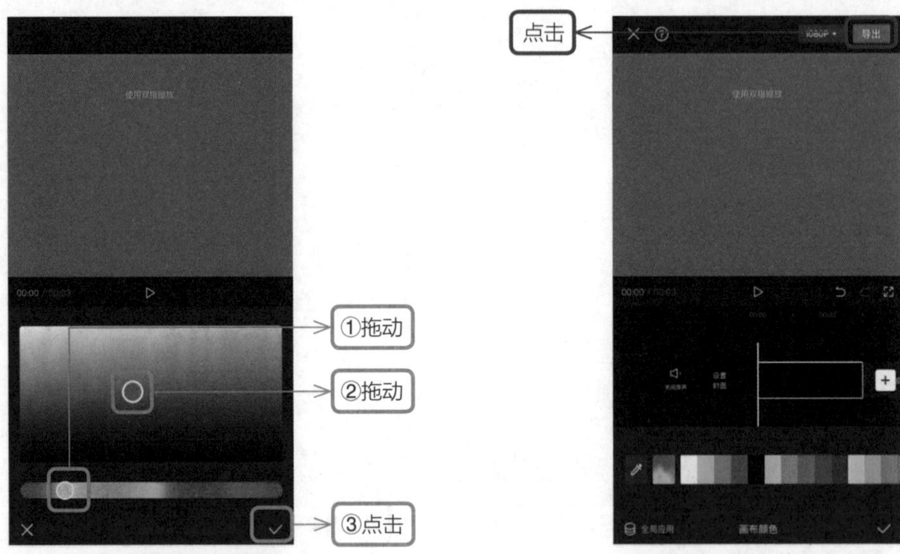

图 12-7　调整色彩　　图 12-8　点击“导出”按钮

（6）在预览区拖动并缩小该视频的尺寸，在一级工具栏中点击“背景”按钮，如图 12-10 所示，然后点击“画布颜色”按钮，如图 12-11 所示。

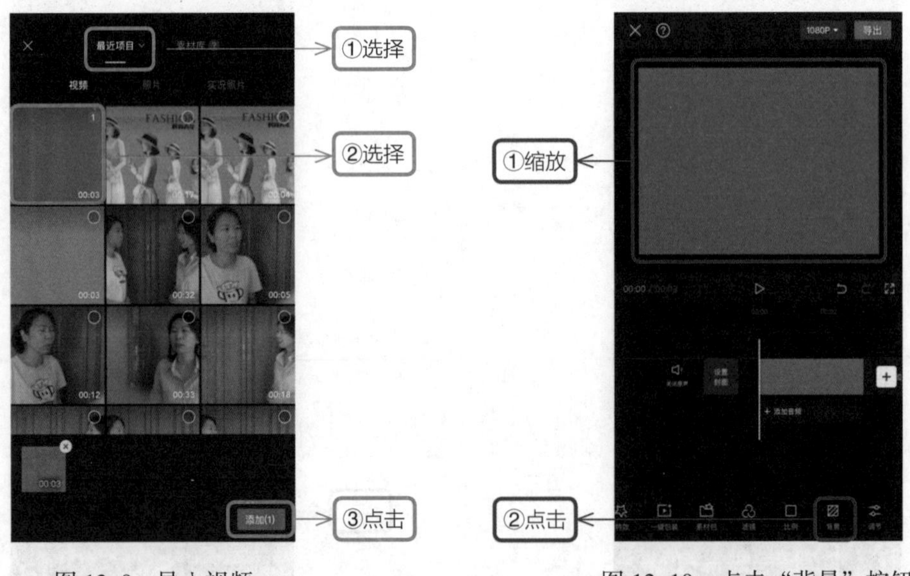

图 12-9　导入视频　　图 12-10　点击“背景”按钮

（7）选择自定义的色彩环，如图 12-12 所示，然后拖动色彩条上的滑块选择合适的色彩，再在展示区拖动滑块选择该色彩的明暗程度，然后点击☑按钮完成操作，如图 12-13 所示。最后点击☑按钮，再点击▮按钮返回主界面，如图 12-14 所示。

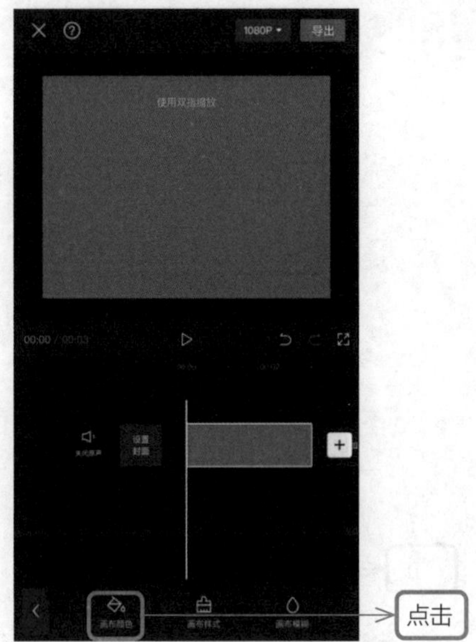

图 12-11　点击“画布颜色”按钮

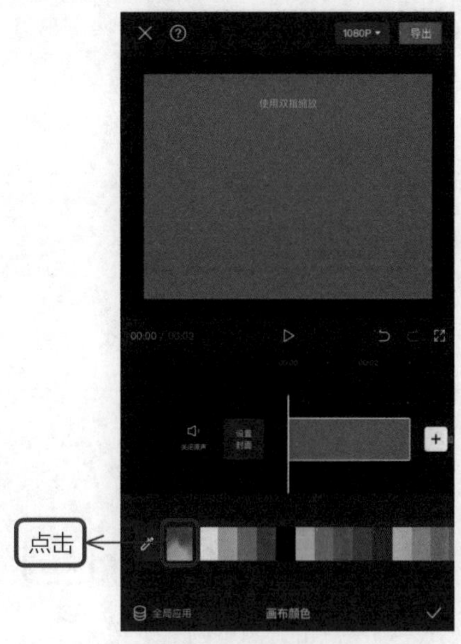

图 12-12　选择自定义色彩环

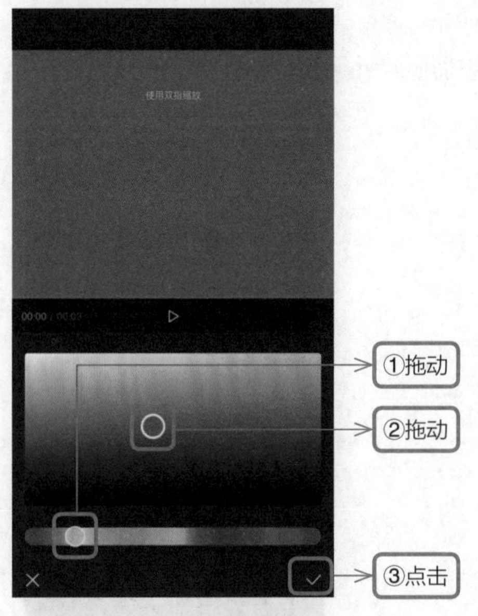

图 12-13　调整色彩

图 12-14　返回主界面

（8）在一级工具栏中点击“画中画”按钮，如图 12-15 所示，再点击“新增画中画”按钮，如图 12-16 所示。

（9）在“最近项目”中选择“照片”，选择合适的照片后，点击“添加”按钮，如图 12-17 所示。

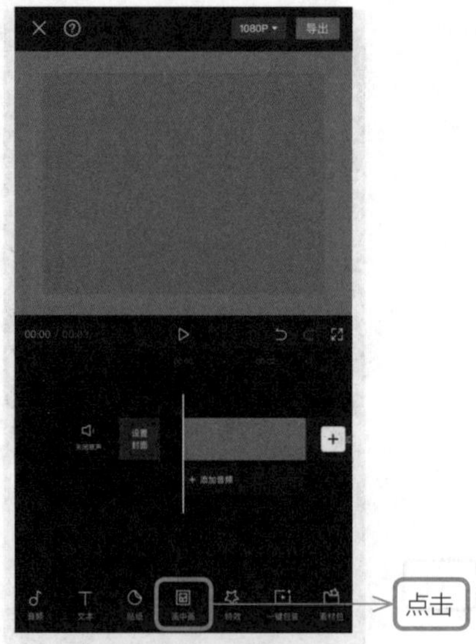

图 12–15 点击“画中画”按钮

图 12–16 点击“新增画中画”按钮

（10）在工具栏中点击“智能抠像”按钮，如图 12–18 所示，去除照片中的背景，只保留人像，然后点击按钮返回上一层，如图 12–19 所示。

按照第（9）步和第（10）步的操作，继续添加照片并调整人像位置。

图 12–17 添加素材

图 12–18 点击“智能抠像”按钮

（11）分别选中画中画轨道，在预览区域拖动画面调整人像位置，让整体画面更协调，如图 12–20 所示。

图 12-19 返回上一层

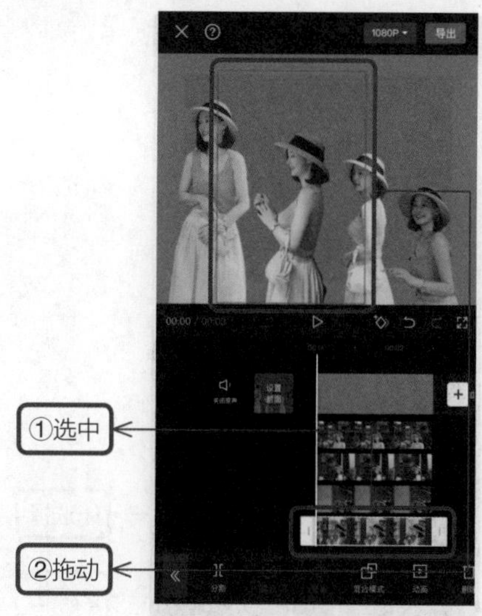

图 12-20 调整人像位置

（12）选择第三条视频轨道，然后点击工具栏中的“层级”按钮，如图 12-21 所示，然后选择“2”，将该画面的层级从第三层调整到第二层，然后单击按钮，这样抠图人像中的手指就能隐藏在前一张抠图人像的下面了，如图 12-22 所示。

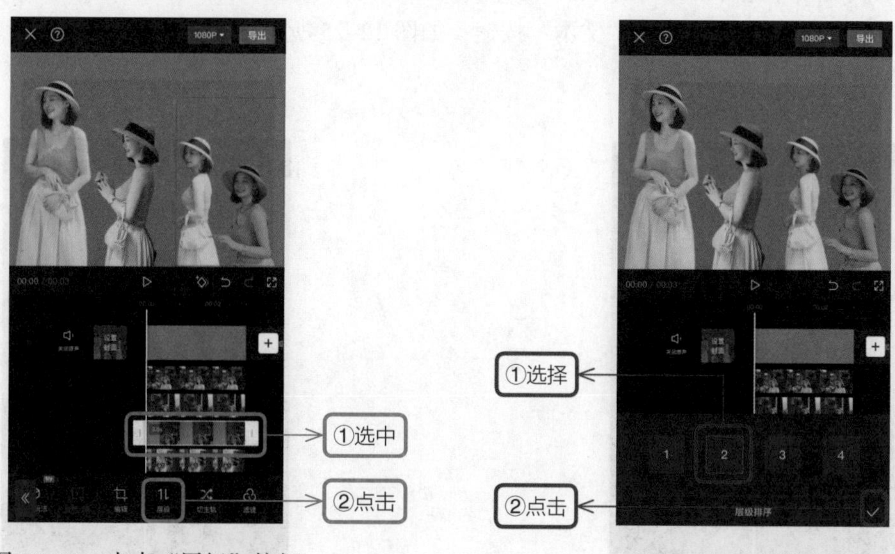

图 12-21 点击“层级”按钮

图 12-22 调换层级

（13）将暗的这张照片增加亮度，选中该照片，点击“调节”按钮，如图 12-23 所示。

（14）选择“亮度”，向右拖动滑块提高画面的亮度，点击按钮完成操作，如图 12-24 所示。

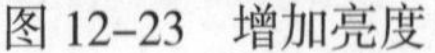

图 12-23　增加亮度

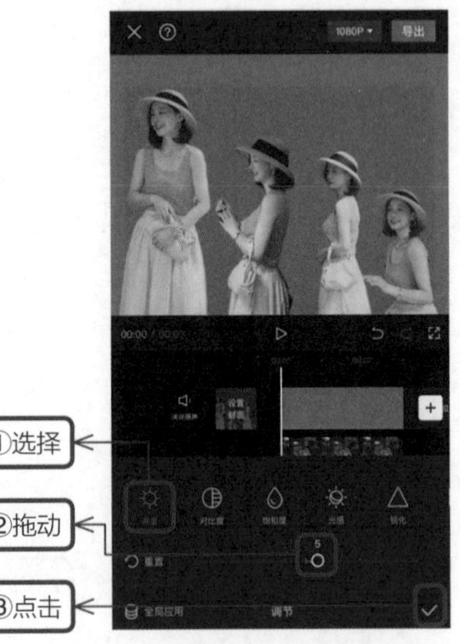

图 12-24　调整亮度

12.2　杂志片头，时尚感的点睛之笔

在剪映 App 中还可以为画面添加文字和贴纸，让画面看起来像杂志一样。

（1）在一级工具栏中点击“文本”按钮，如图 12-25 所示，再点击“新建文本”按钮，如图 12-26 所示。

图 12-25　点击“文本”按钮

图 12-26　点击“新建文本”按钮

（2）在文本框中输入文字，然后在“字体”选项卡中选择“英文”，再选择合适的字体，如图 12–27 所示。在“样式”选项卡中选择“文本”，然后选择自定义颜色的色彩环，如图 12–28 所示。

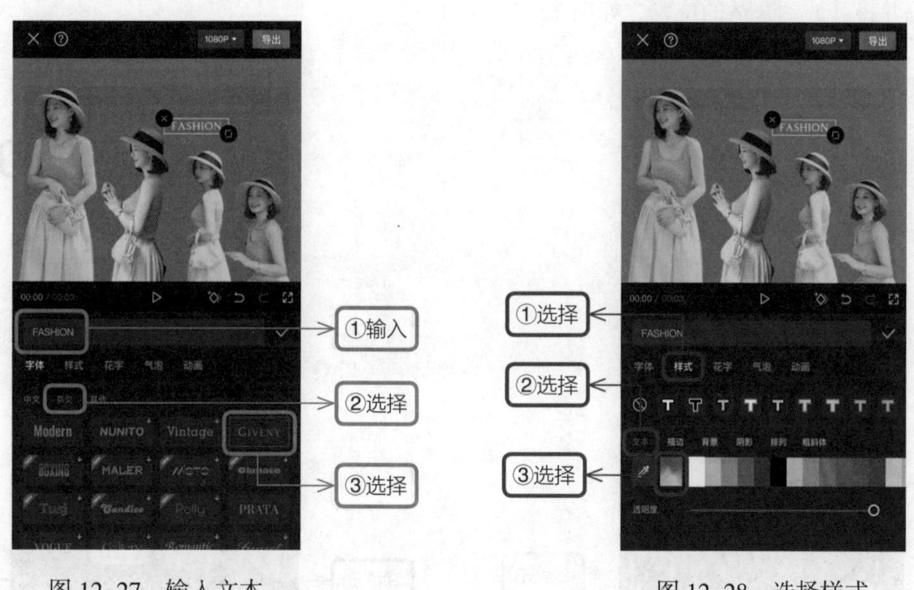

图 12–27 输入文本　　图 12–28 选择样式

（3）拖动色彩条上的滑块选择合适的颜色，然后在展示区拖动滑块选择合适的明暗度，最后点击☑按钮完成操作，如图 12–29 所示。

（4）在“样式”选项卡中选择“粗斜体”，选择“B”，为字体加粗，如图 12–30 所示。

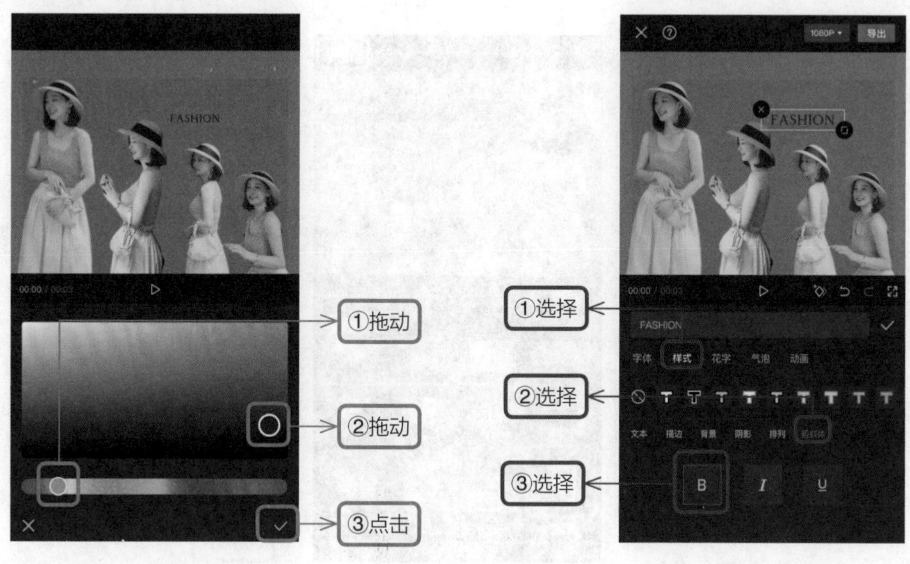

图 12–29 调整颜色　　图 12–30 添加样式

（5）按以上操作步骤为视频添加具有杂志感的文本，在预览区域拖动文本将其调整到合适的位置。然后在工具栏中点击“添加贴纸”按钮，如图 12–31 所示。

（6）在搜索框中输入“二维码”，选择合适的二维码贴纸，然后在预览区域拖动▣调整贴纸大小并将其放到合适的位置，如图 12–32 所示。

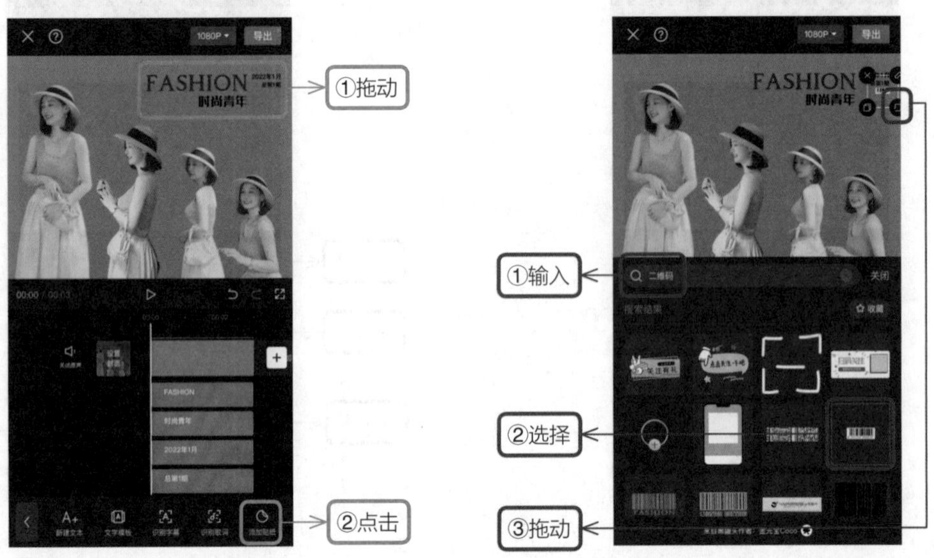

图 12–31　点击“添加贴纸”按钮

图 12–32　选择贴纸

（7）在搜索框中继续输入“报纸”，选择添加合适的报纸贴纸，在预览区域拖动▣调整贴纸大小并将其放到合适的位置，然后点击“导出”按钮保存视频，如图 12–33 所示。

图 12–33　选择贴纸

12.3　卡点音乐，视频整体有节奏感

（1）在剪映 App 的“最近项目”中选择上一节保存的视频和其他合适的视频，点击“添加”按钮，如图 12–34 所示。

（2）点击“关闭原声”按钮后，在一级工具栏中点击“音频”按钮，如图 12–35 所示。

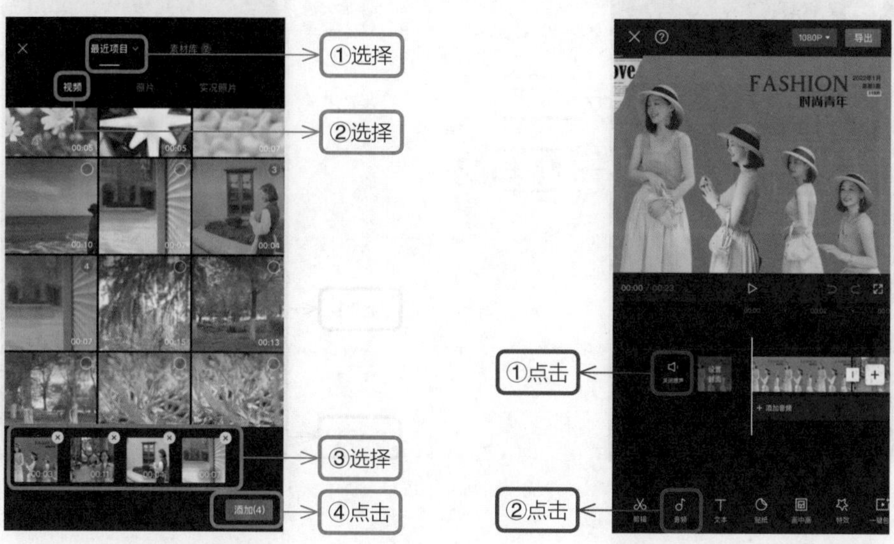

图 12–34　导入视频

图 12–35　点击“音频”按钮

（3）点击“音乐”按钮，如图 12–36 所示，在选项卡中点击“卡点”按钮，如图 12–37 所示。

图 12–36　点击“音乐”按钮

图 12–37　点击“卡点”按钮

（4）在音乐清单中选择喜欢的音乐，点击“使用”按钮，如图 12–38 所示。

（5）选中音频轨道后，点击“踩点”按钮，如图 12–39 所示，然后拖动滑块，打开“自动踩点”开关，选择“踩节拍 I”，点击☑按钮完成操作，如图 12–40 所示。

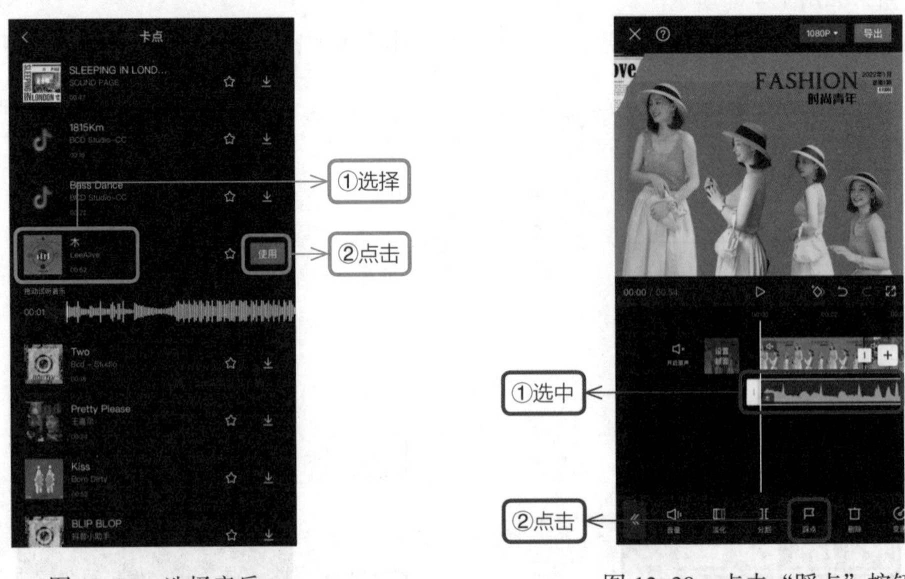

图 12–38　选择音乐　　　　图 12–39　点击“踩点”按钮

（6）选中视频轨道上的视频，拖动白色方框将其与音频轨道上的节奏点对齐，按照同样的方法逐一调整每条视频轨道与节奏点对齐，如图 12–41 所示。

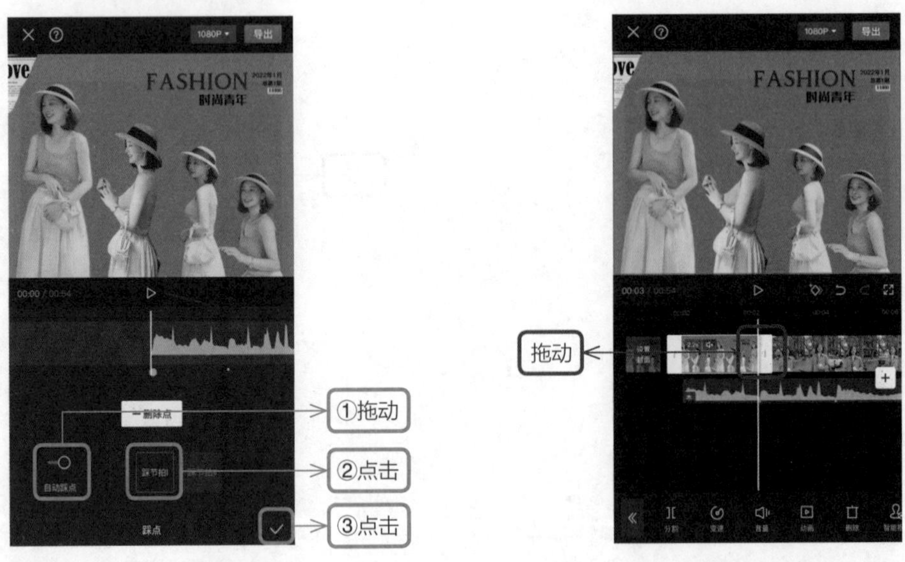

图 12–40　自动踩点　　　　图 12–41　调整视频轨道

（7）删除多余的音频片段后，选中音频轨道，点击工具栏中的“淡化”按钮，如图 12–42 所示，然后拖动滑块调整淡出时长，点击按钮完成操作，如图 12–43 所示。

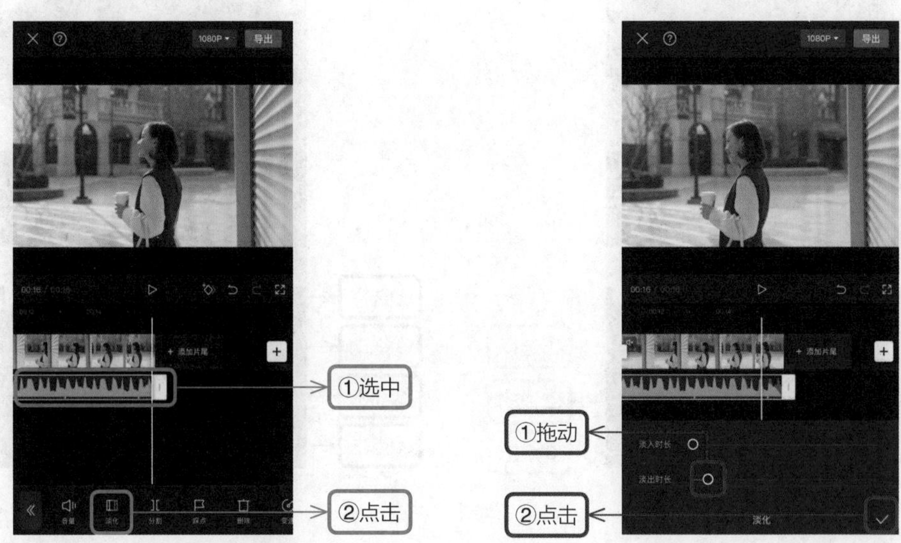

图 12–42　点击“淡化”按钮　　　　图 12–43　调整淡出时长

（8）给视频里的人物进行美颜。选中一段视频，点击工具栏中的“美颜美体”按钮，如图 12–44 所示，然后选择“智能美颜”，如图 12–45 所示，在选项卡中选择“磨皮”，拖动滑块调整画面的不透明度，点击“全局应用”按钮，如图 12–46 所示，再选择“瘦脸”，拖动滑块调整人物的脸型，点击“全局应用”按钮，最后点击按钮完成操作，如图 12–47 所示。

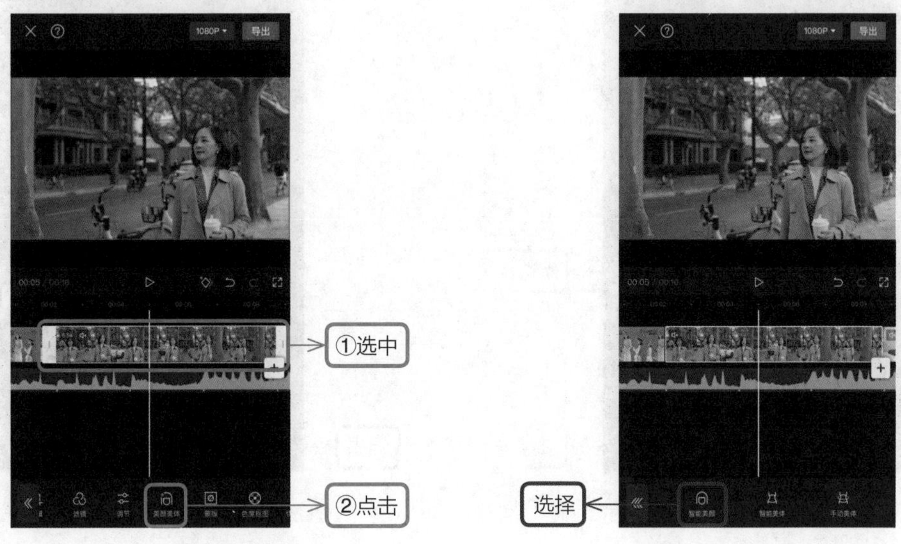

图 12–44　点击“美颜美体”按钮　　　　图 12–45　智能美颜

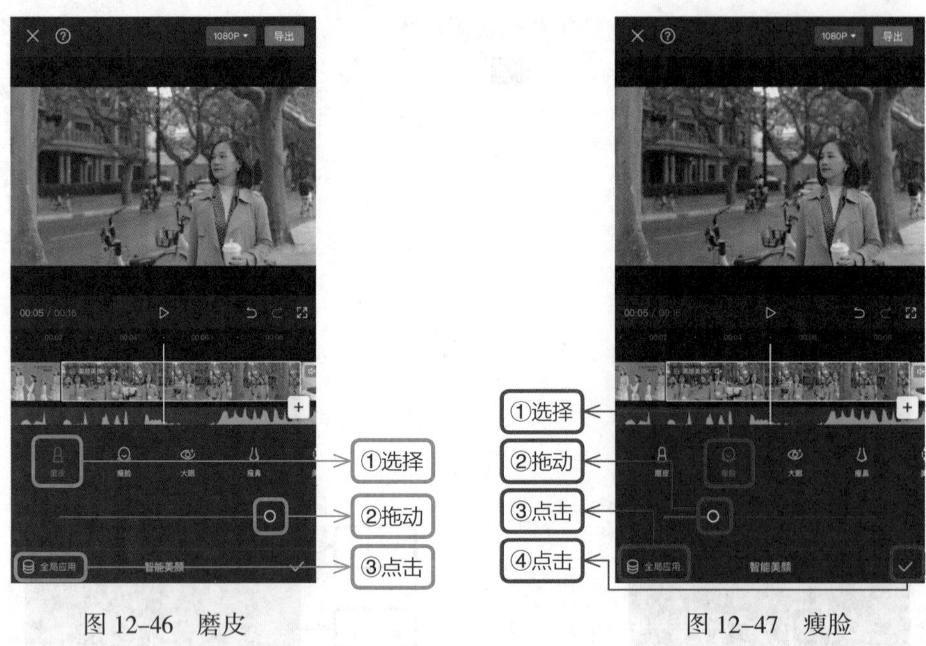

图 12-46　磨皮　　　　图 12-47　瘦脸

（9）为第一段视频添加动画。选中视频，点击工具栏中的“动画”按钮，如图 12-48 所示，点击“入场动画”按钮，如图 12-49 所示，再选择“动感放大”，然后拖动滑块调整动画的时长，最后点击☑按钮完成操作，如图 12-50 所示。

图 12-48　点击“动画”按钮

图 12-49　点击“入场动画”按钮

图 12–50　选择入场动画

12.4　分屏制作，同一视频多屏播放

（1）在视频轨道中选中第一段视频，点击“复制”按钮，如图 12–51 所示，然后选中复制的视频，点击“切画中画”按钮，如图 12–52 所示。

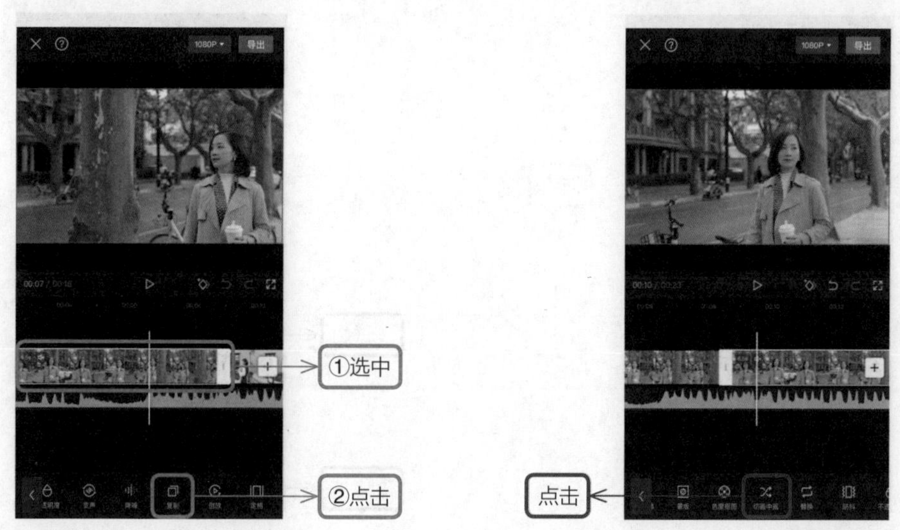

图 12–51　点击“复制”按钮

图 12–52　点击“切画中画”按钮

（2）拖动画中画轨道上的视频与同素材的视频轨道对齐，选中该视频，点击工具栏中的“蒙版”按钮，如图 12–53 所示，然后选择蒙版样式为“线性”，如图 12–54 所示。

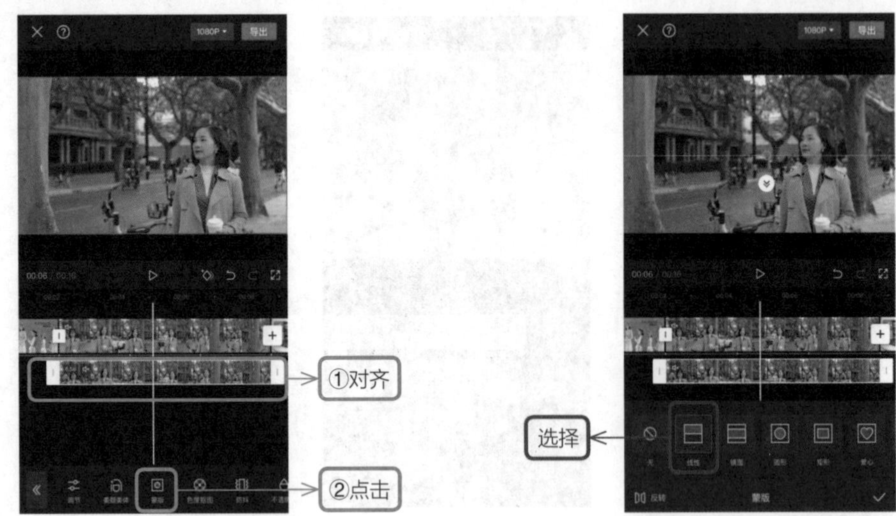

图 12-53　点击“蒙版”按钮　　图 12-54　选择蒙版样式

（3）在预览区域拖动蒙版并调整到合适的位置，如图 12-55 所示。

（4）选中主视频轨道上的视频，点击工具栏中的“蒙版”按钮，如图 12-56 所示，选择蒙版样式为“线性”，在预览区域向上拖动 ，羽化视频边缘后可以找到上一个画面的边界处，如图 12-57 所示。

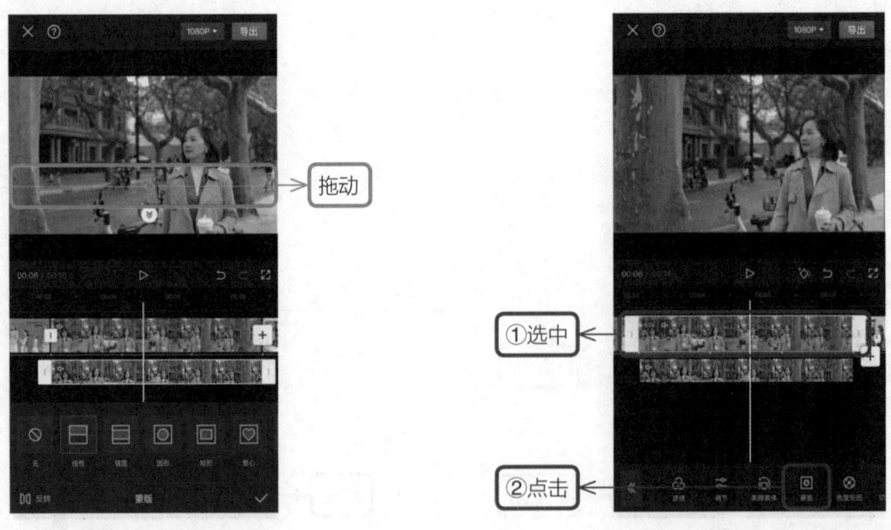

图 12-55　拖动蒙版　　图 12-56　点击“蒙版”按钮

（5）拖动蒙版，将当前画面的分界线与上一个画面的边缘对齐，然后向下拖动 ，去掉羽化边缘，此时这两个画面将会无缝衔接，点击按钮完成操作，如图 12-58 所示。

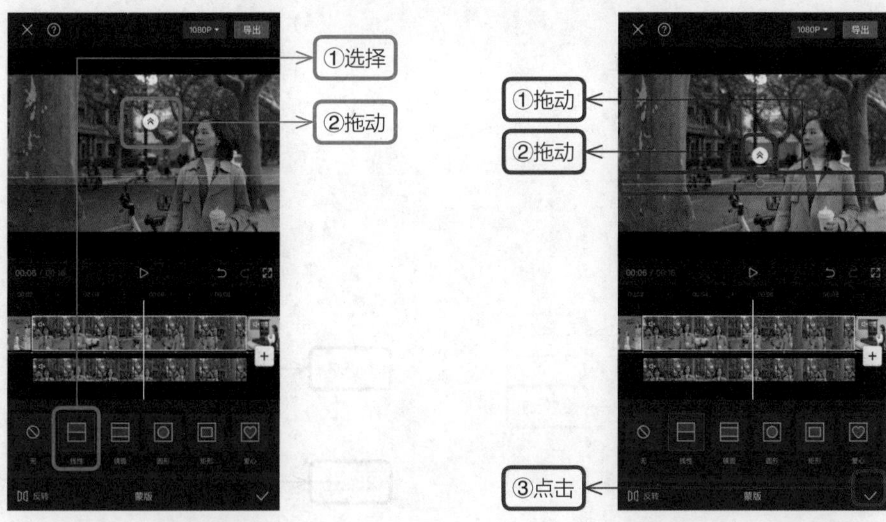

图 12-57　选择蒙版样式　　　　图 12-58　调整蒙版

（6）为两段视频添加动画，先选中主视频轨道上的视频，点击“动画”按钮，如图 12-59 所示，再点击“入场动画”按钮，如图 12-60 所示。

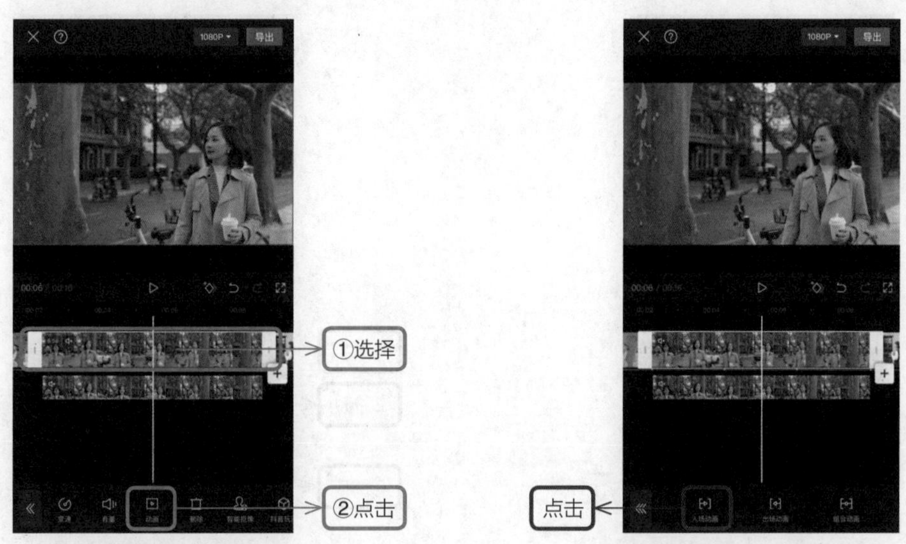

图 12-59　点击“动画”按钮 1　　　　图 12-60　点击“入场动画”按钮 1

（7）选择动画样式为“向左滑动”，然后拖动滑块调整动画时长，点击☑按钮完成操作，如图 12-61 所示。

（8）选中画中画轨道上的视频，点击工具栏中的“动画”按钮，如图 12-62 所示，再点击“入场动画”按钮，如图 12-63 所示。

图 12-61　选择入场动画

图 12-62　点击“动画”按钮 2

（9）选择动画样式为“向右移动”，拖动滑块，调整动画时长与上一段视频的动画时长一致，点击✓按钮完成操作，如图 12-64 所示。

图 12-63　点击“入场动画”按钮 2

图 12-64　选择动画样式

12.5　镜像功能，让画面 180° 大翻转

使用镜像功能，可以让画面有种穿越时空的感觉。

（1）选中视频，点击工具栏中的“复制”按钮，如图 12-65 所示，选中复制后的视频，点击工具栏中的“切画中画”按钮，如图 12-66 所示。

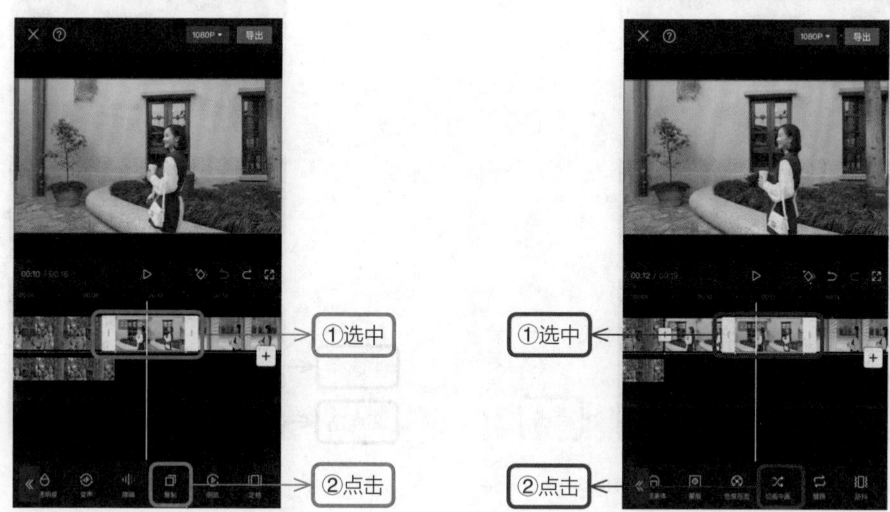

图 12-65　点击“复制”按钮　　图 12-66　点击“切画中画”按钮

（2）拖动视频时间轨道与主视频中的同素材时间轨道对齐，点击工具栏中的“编辑”按钮，如图 12-67 所示，再点击“镜像”按钮，如图 12-68 所示。在画面呈 180° 翻转后，点击工具栏中的“蒙版”按钮，如图 12-69 所示。

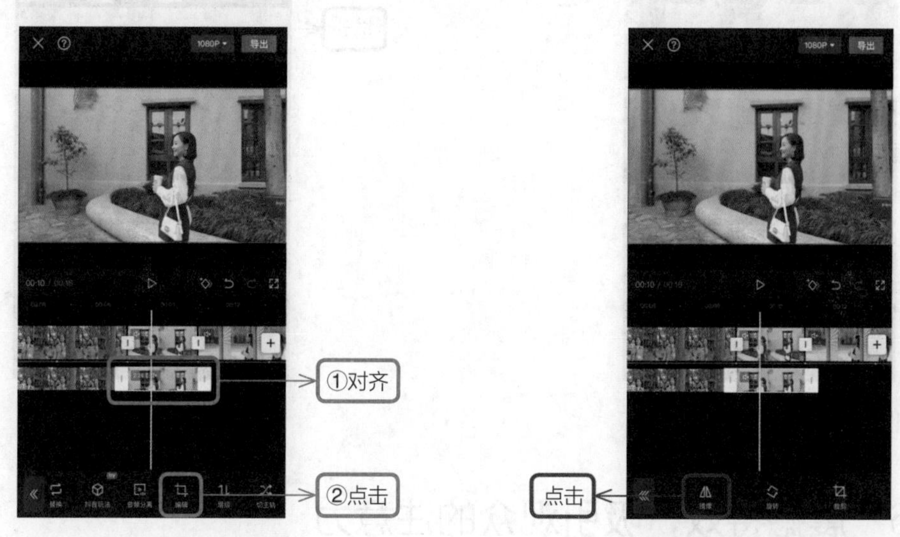

图 12-67　点击“编辑”按钮　　图 12-68　点击“镜像”按钮

（3）选择蒙版样式为“镜面”，在预览区域拖动蒙版并调整为合适的大小，点击✓按钮完成操作，如图 12-70 所示。然后在预览区域将画面拖动到合适的位置，如图 12-71 所示。

图 12-69　点击“蒙版”按钮

图 12-70　选择蒙版样式

（4）采用同样的方法为主视频添加蒙版并调整画面，如图 12-72 所示。

图 12-71　拖动并调整蒙版

图 12-72　调整蒙版

12.6　震撼特效，吸引观众的注意力

（1）选中视频后，将时间轴停留在需要添加视频的位置，然后点击工具栏中的“特效”按钮，如图 12-73 所示，点击“画面特效”按钮，如图 12-74 所示。

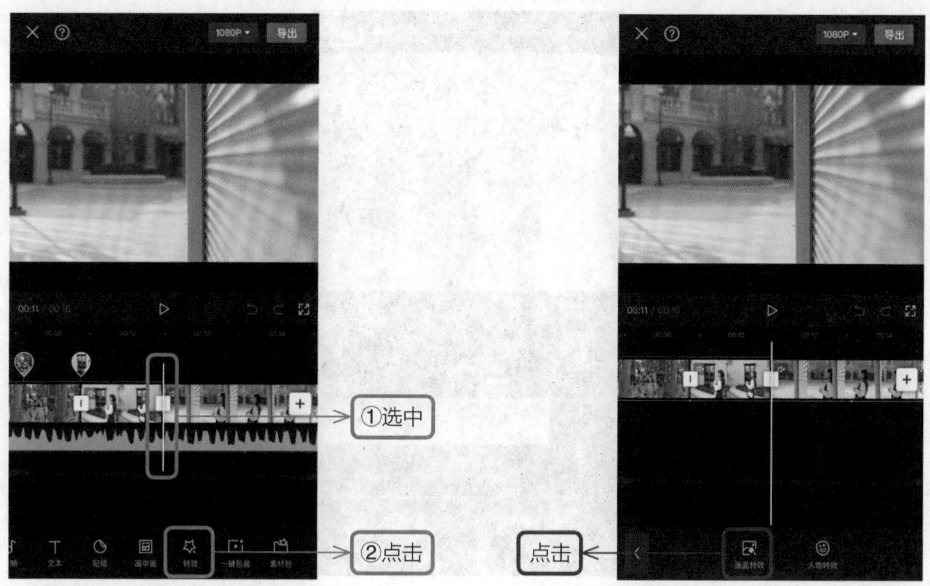

图 12–73　点击“特效”按钮　　图 12–74　点击“画面特效”按钮

（2）在“热门”选项卡中选择“复古连拍”，点击按钮完成操作，如图 12–75 所示。

（3）点击“设置封面”按钮，如图 12–76 所示，然后拖动视频，将时间轴对齐在合适的画面处，那么这一帧画面就成为视频封面了，点击“保存”按钮即可，如图 12–77 所示。

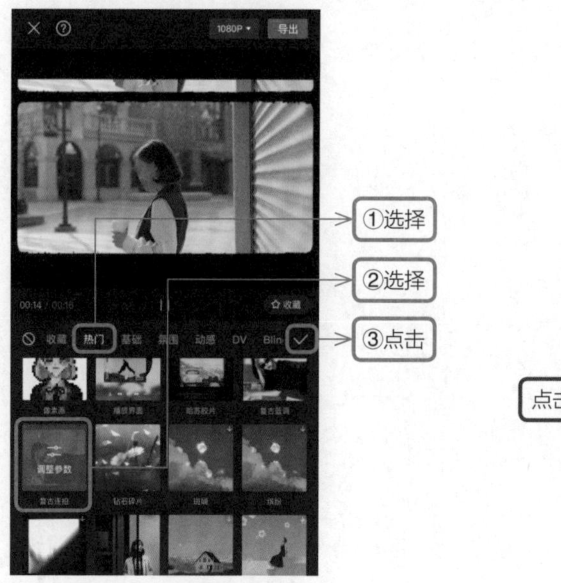

图 12–75　选择特效样式

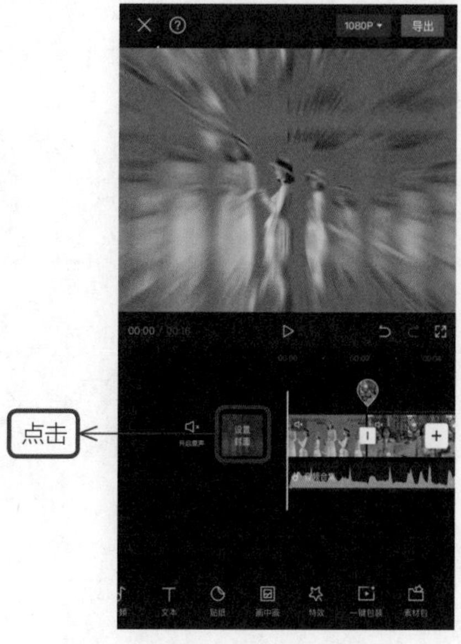

图 12–76　点击“设置封面”按钮

图 12–77　设置封面

第 13 章 旅行视频，让自己有难忘的回忆

13.1 文字片头，开幕镜头转换场景

先做一段文字视频，然后将它添加到视频里，让视频像电影一样。

（1）在素材库中选择黑底素材，点击“添加”按钮，如图 13–1 所示。

（2）在一级工具栏中点击“文本”按钮，如图 13–2 所示。

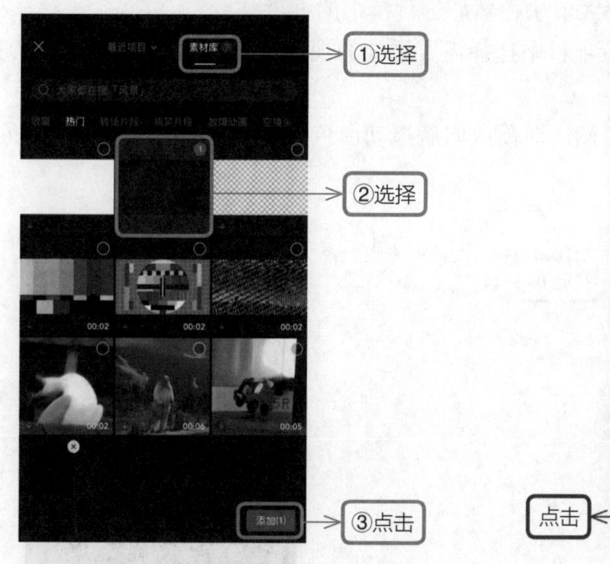

图 13–1　添加素材

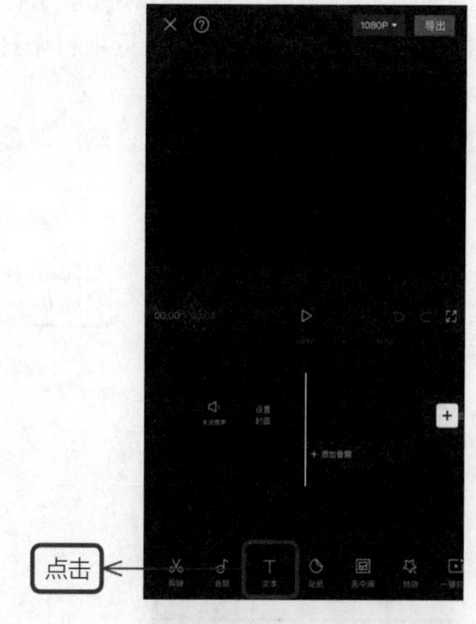

图 13–2　点击“文本”按钮

（3）在二级工具栏中点击“新建文本”按钮，如图 13–3 所示。

（4）在文本框中输入文字后，选择合适的英文字体及样式，再点击“导出”按钮保存视频，如图 13–4 所示。

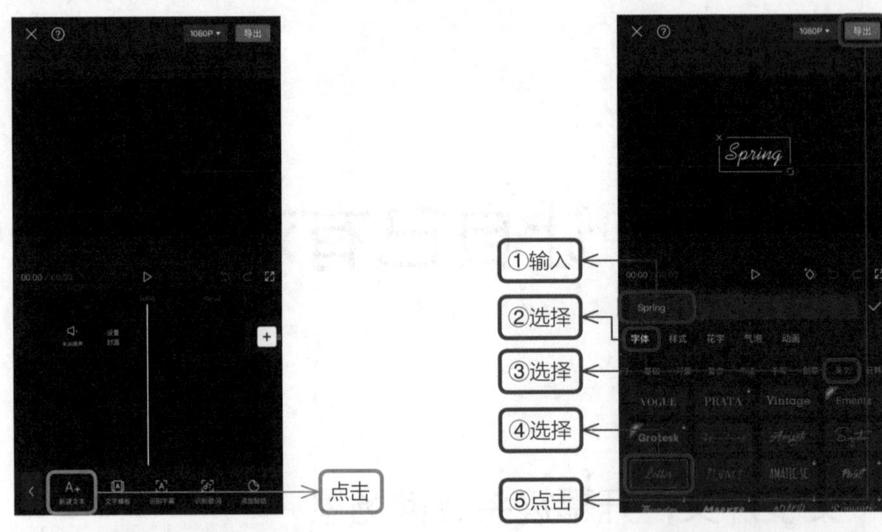

图 13-3　点击“新建文本”按钮

图 13-4　输入文字

13.2　导入素材，精细调整关键画面

将手机里的视频素材导入剪映 App 中，然后进行精细的编辑。

（1）打开剪映 App 后，在最近项目中选择需要添加的视频，然后点击“添加”按钮，如图 13–5 所示。

（2）在视频轨道上选中视频，然后向前或向后拖动白色方框调整每段视频，截取最精华的片段，如图 13–6 所示。

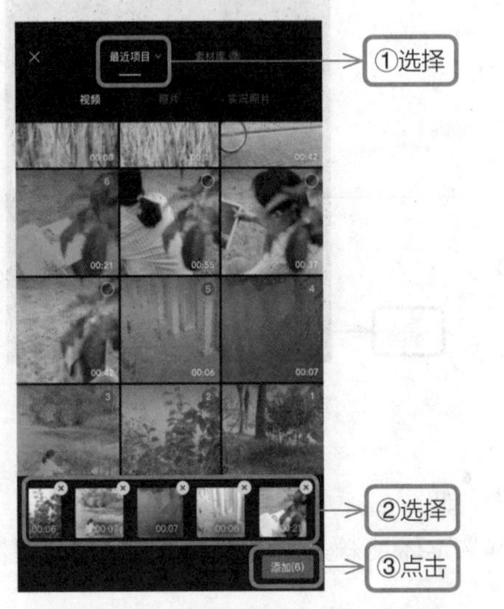

图 13–5　添加素材

图 13–6　拖动并调整视频

（3）长按住需要调整位置的视频，在每段视频变成方块后，拖动方块到准确的位置，如图 13–7 所示。

（4）选中需要调整的细节镜头，点击工具栏中的“切画中画”按钮，如图 13–8 所示，向前拖动视频到需要与主视频里动作重合的位置，点击按钮返回上一层，如图 13–9 所示，然后点击按钮返回到首页。

图 13–7　调整顺序

图 13–8　点击“切画中画”按钮

图 13–9　调整位置

13.3　环境音效，增强画面的代入感

给视频添加音乐和环境音效，可以让观众有身临其境的感觉，然后再根据音乐的节奏，

细致调整视频。

（1）点击一级工具栏中的“音频”按钮，如图 13–10 所示，再点击“抖音收藏”按钮，如图 13–11 所示。

图 13–10　点击“音频”按钮

图 13–11　点击“抖音收藏”按钮

（2）从音乐清单中选择喜欢的音乐，点击“使用”按钮，如图 13–12 所示，选中音频轨道，点击工具栏中的“踩点”按钮，如图 13–13 所示。然后拖动滑块，打开“自动踩点”开关，选择“踩节拍 I”，点击☑按钮完成操作，如图 13–14 所示。

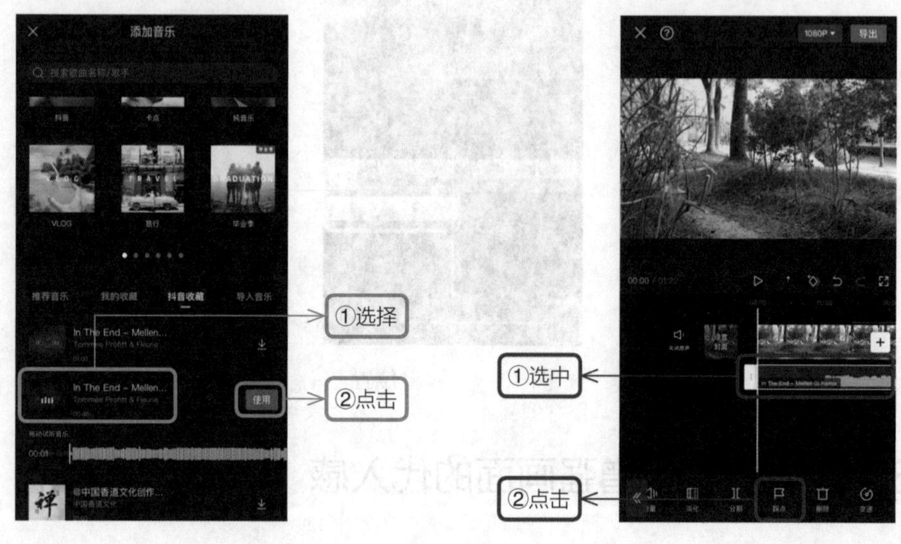

图 13–12　选择音乐

图 13–13　点击“踩点”按钮

（3）拖动视频轨道上每段视频后的白色方框，将视频与音频上的黄色节奏点对齐，如图 13–15 所示。

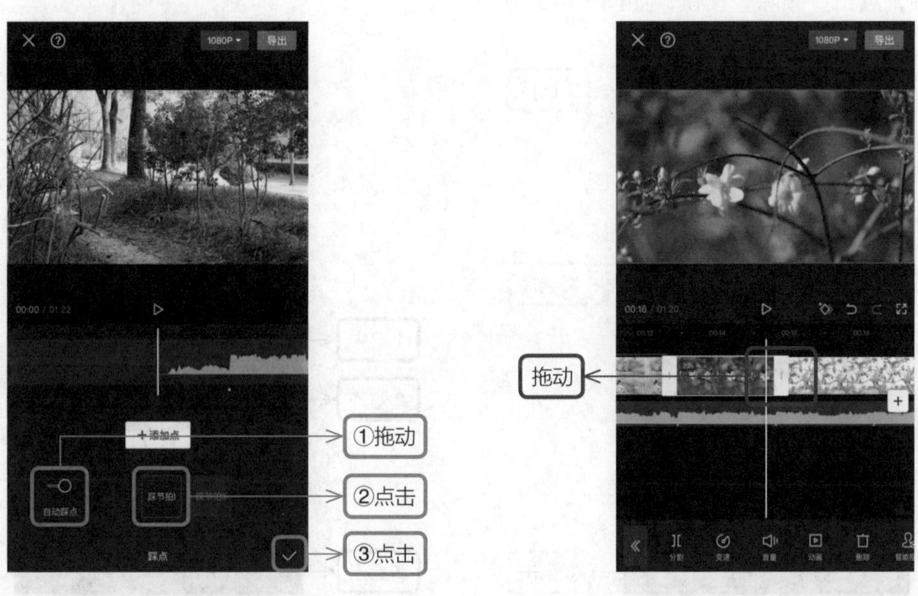

图 13–14　自动踩点

图 13–15　调整节奏

（4）在靠近视频结尾处，将时间轴与音频的黄色卡点对齐，点击一级工具栏中“画中画”按钮，如图 13–16 所示，再点击“新增画中画”按钮，如图 13–17 所示。

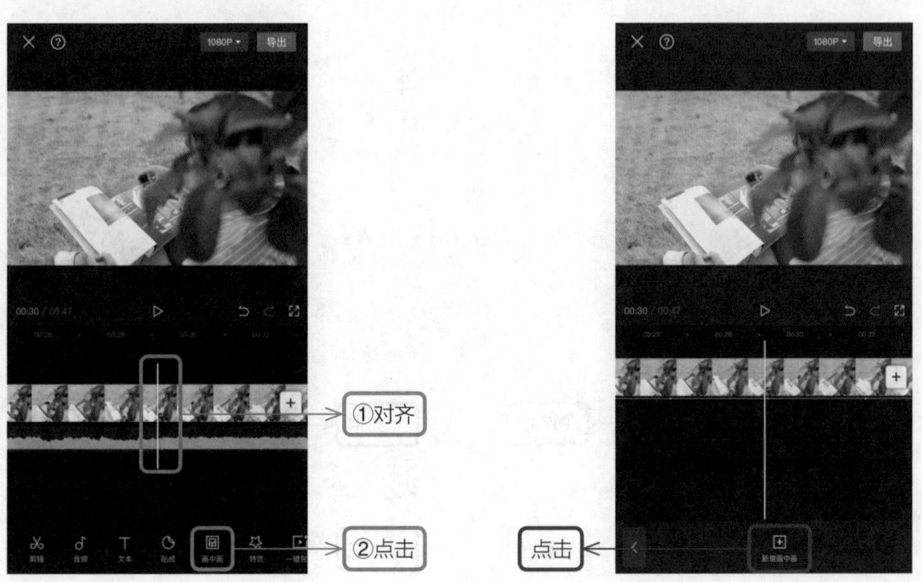

图 13–16　点击“画中画”按钮

图 13–17　点击“新增画中画”按钮

（5）在最近项目中选择视频，点击“添加”按钮，如图 13–18 所示，在时间线区域向后拖动时间轴并与需要分割的位置对齐，点击“分割”按钮，如图 13–19 所示。然后选中多余的视频，点击“删除”按钮，如图 13–20 所示。

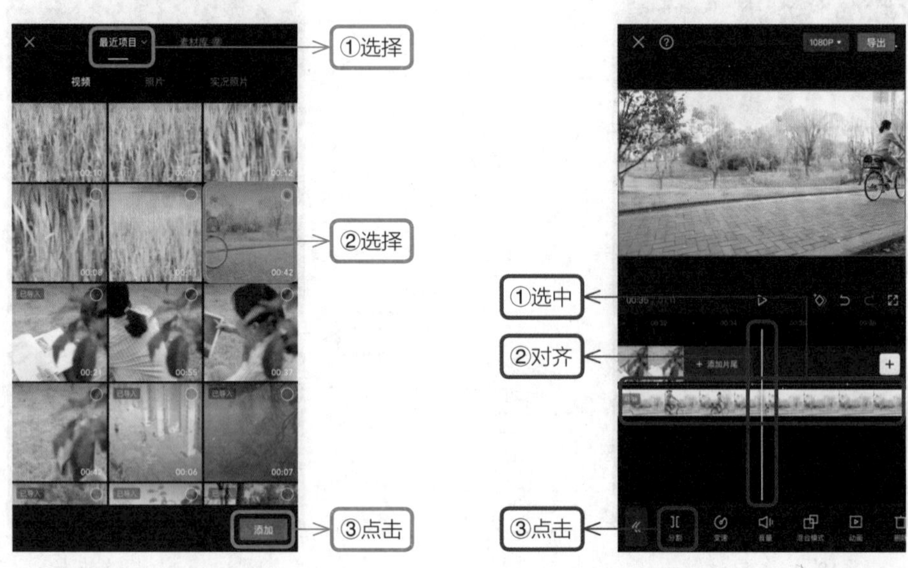

图 13–18　添加素材　　　　图 13–19　点击“分割”按钮

（6）现在添加环境音效。先去掉视频原音，选中画中画轨道上的视频，点击“音量”按钮，如图 13–21 所示，拖动滑块将数值调整为 0，点击✓按钮完成操作，如图 13–22 所示。

图 13–20　删除视频　　　　图 13–21　点击“音量”按钮

（7）将时间轴对齐在需要添加音效的位置，点击一级工具栏中的“音频”按钮，如图 13–23 所示，再点击“音效”按钮，如图 13–24 所示。在搜索框中输入音效的关键词，如“大自然”，在搜索结果中选择合适的音效，点击“使用”按钮，如图 13–25 所示。

按照上述操作，为视频中需要添加音效的位置添加音效。

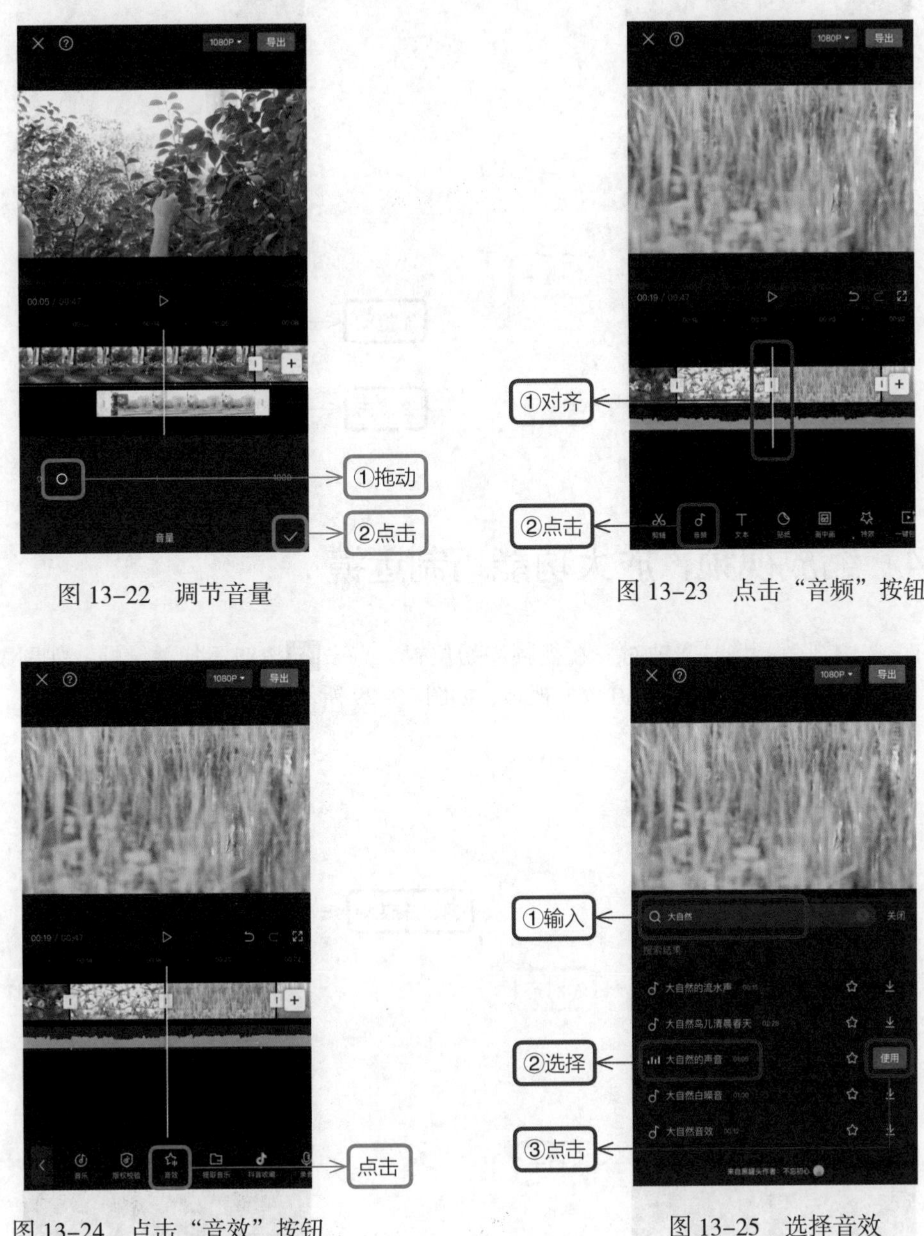

图 13–22　调节音量

图 13–23　点击“音频”按钮

图 13–24　点击“音效”按钮

图 13–25　选择音效

（8）选中音频轨道，点击工具栏中的“淡化”按钮，如图 13–26 所示，拖动滑块调整淡出时长，然后点击✓按钮完成操作，如图 13-27 所示，再点击‹和‹按钮返回到首页。

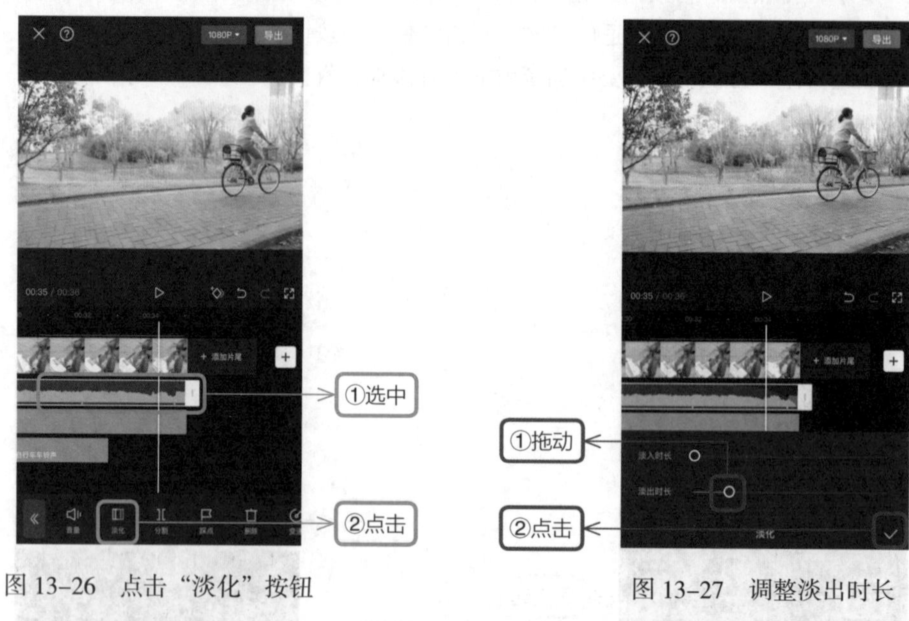

图 13-26　点击“淡化”按钮　　图 13-27　调整淡出时长

13.4　缩放视频，放大功能巧制运镜

（1）选中视频，将时间轴对齐在视频起始位置，点击◇按钮添加关键帧，如图 13-28 所示。然后在预览区域双指按住并放大视频，如图 13-29 所示。

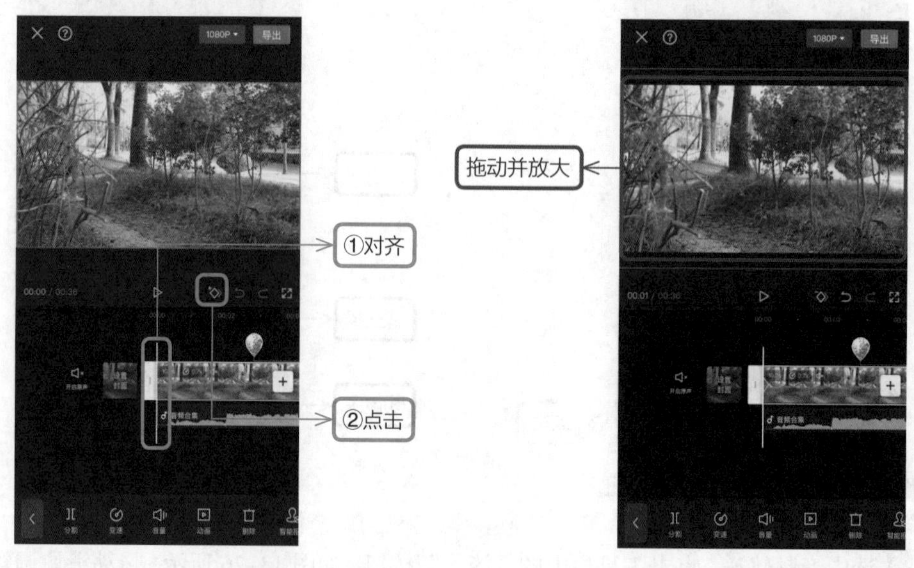

图 13-28　添加关键帧　　图 13-29　放大画面

（2）向后拖动视频，将时间轴对齐在 3s 处，在预览区域将原本放大的视频按住并缩小，如图 13–30 所示。此时，在时间轴位置上将会自动生成关键帧，如图 13–31 所示。

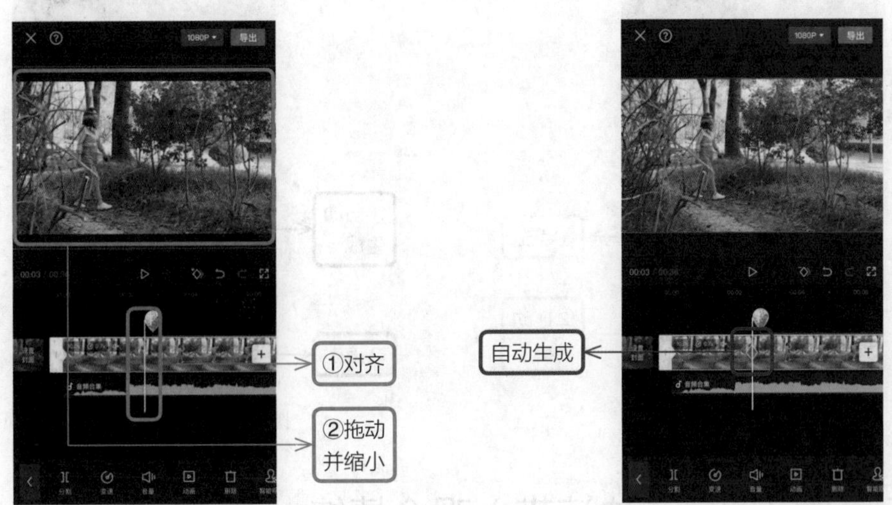

图 13–30　缩小画面　　图 13–31　自动生成关键帧

（3）继续向后拖动视频，选中一段视频，将时间轴对齐在起始位置，点击按钮添加关键帧，如图 13–32 所示。然后在预览区域双指按住并放大视频，如图 13–33 所示。

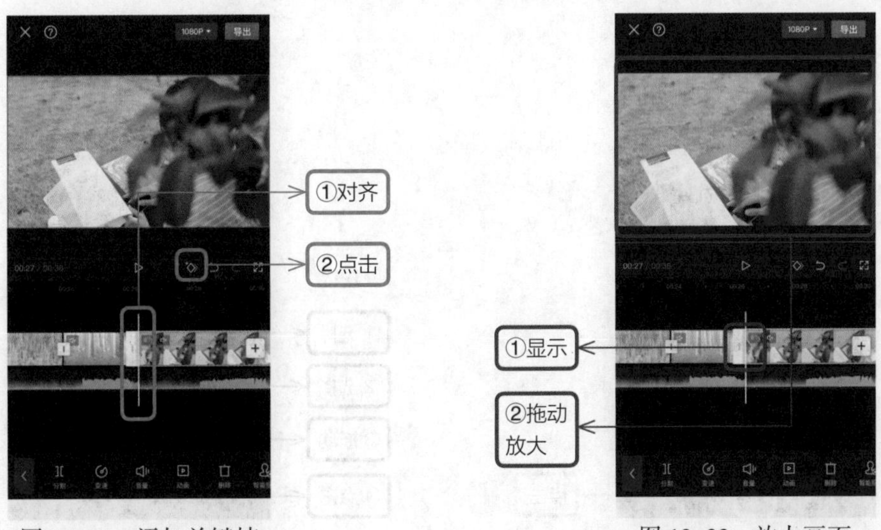

图 13–32　添加关键帧　　图 13–33　放大画面

（4）向后拖动视频，将时间轴调整到新的位置，然后在预览区域将原本放大的视频按住并缩小，如图 13–34 所示。此时，在时间轴位置上将会自动生成关键帧，点击按钮返回到主界面，如图 13–35 所示。

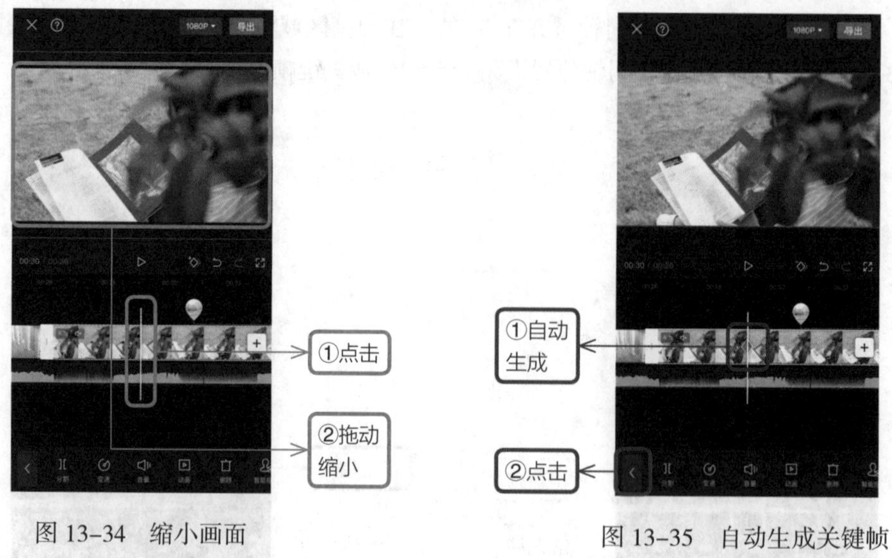

图 13-34　缩小画面　　　　图 13-35　自动生成关键帧

13.5　滤镜调色，快速带入观众情绪

（1）在一级工具栏中点击“滤镜”按钮，如图 13-36 所示，在“滤镜”选项卡中选择“风景”，然后选择“仲夏”，拖动滑块调整画面的不透明度，点击☑按钮完成操作，如图 13-37 所示。

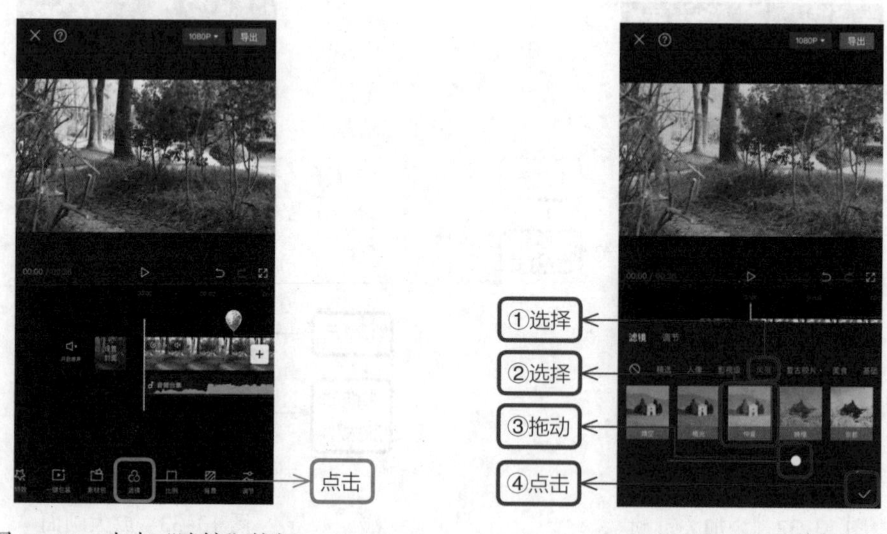

图 13-36　点击“滤镜”按钮　　　　图 13-37　选择滤镜

（2）对视频片段进行精细调整。选中视频，点击“调节”按钮，如图 13-38 所示，在“调节”选项卡中选择“饱和度”，向右拖动滑块，调整视频的饱和度，如图 13-39 所示。然后选

择“色温”，向左拖动滑块，将画面调为偏蓝，偏冷，再选择“色调”，向左拖动滑块，将画面调整为偏绿，点击✓按钮完成操作。

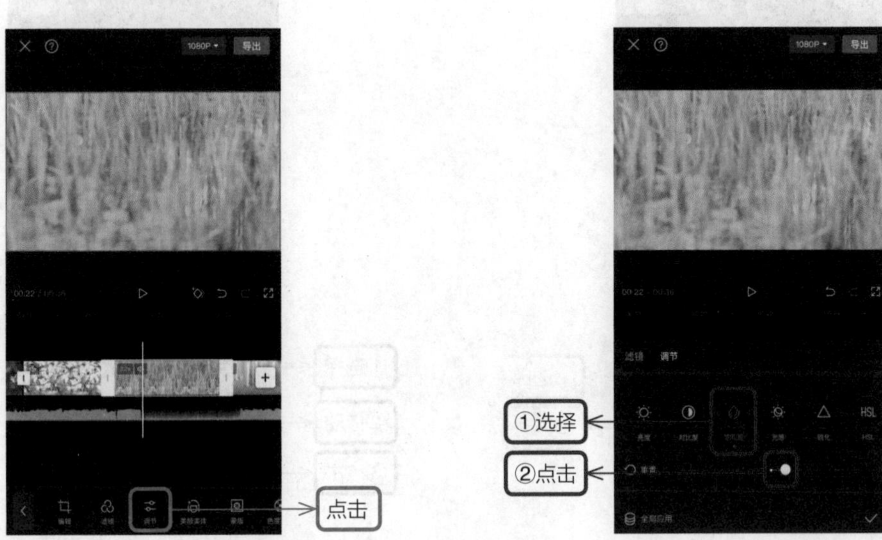

图 13-38　点击“调节”按钮　　图 13-39　调整细节

（3）对画中画的色彩进行调节。点击一级工具栏中的“画中画”按钮，如图 13-40 所示，选中需要调节的画中画视频，点击“调节”按钮，如图 13-41 所示。在“调节”选项卡中选择“色温”，向左拖动滑块调整画面色温偏蓝，偏冷，如图 13-42 所示，再选择“色调”，向左拖动滑块，调整画面色调偏绿，如图 13-43 所示，最后点击◀和◀按钮返回到主界面。

图 13-40　点击“画中画”按钮

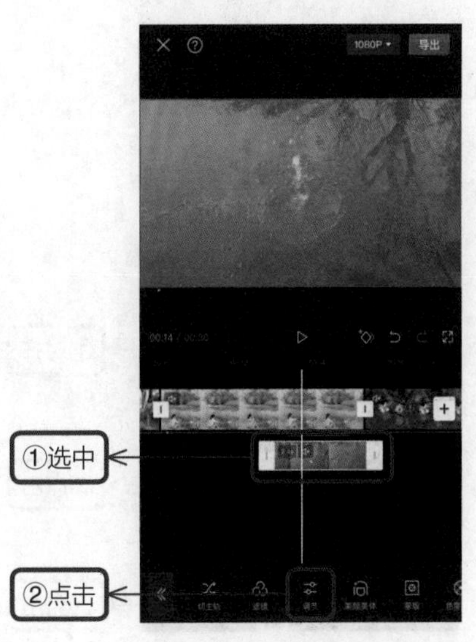

图 13-41　点击“调节”按钮

按照以上操作步骤，对视频中需要单独调整的画面进行细致调色。

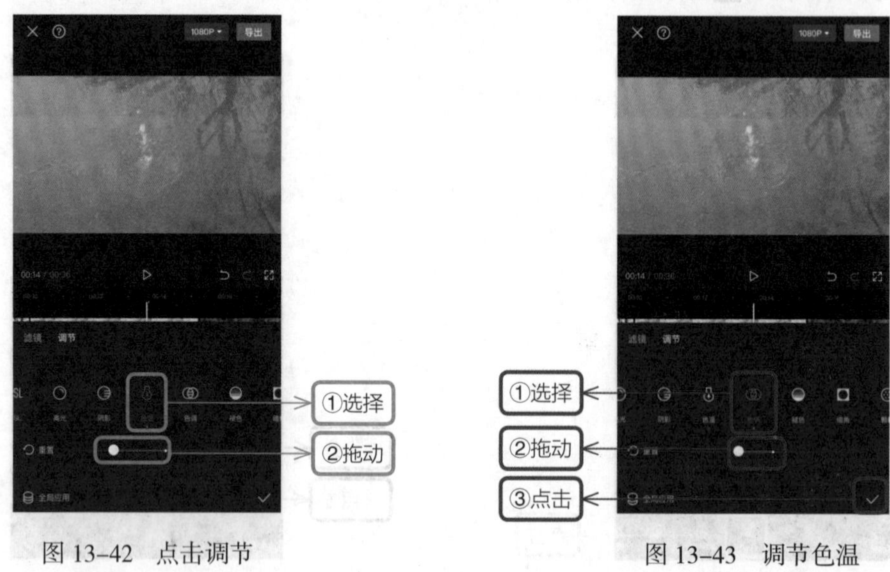

图 13-42　点击调节　　图 13-43　调节色温

13.6　蒙版转场，画面转换顺滑自然

下面为视频做一个顺滑的转场过度。

（1）选中视频，将时间轴对齐在视频的起始位置，点击◇按钮添加关键帧，再点击“蒙版”按钮，如图 13-44 所示，然后选择蒙版样式为“线性”，如图 13-45 所示。

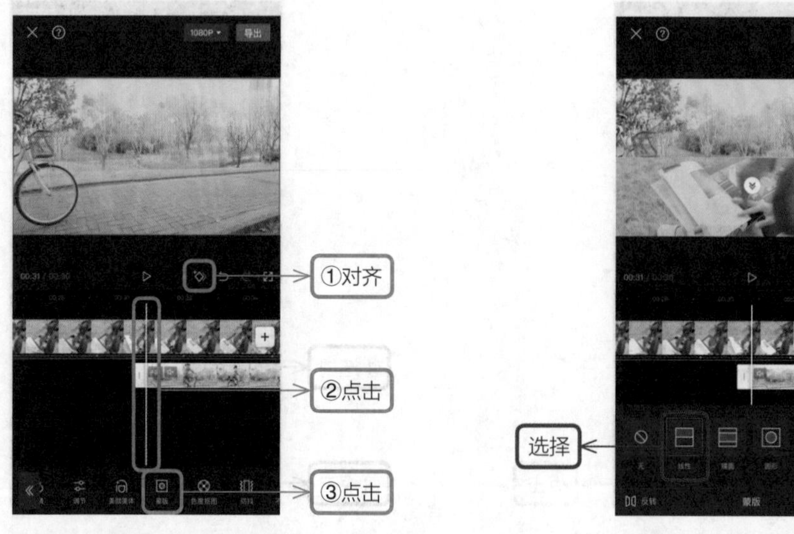

图 13-44　点击“蒙版”按钮　　图 13-45　选择蒙版样式

（2）在预览区域，将蒙版的分界线由横向调整为竖向，如图 13–46 所示。

（3）将蒙版的分界线拖动到左下方隐藏，拖动 »，羽化画面的边缘，如图 13–47 所示。

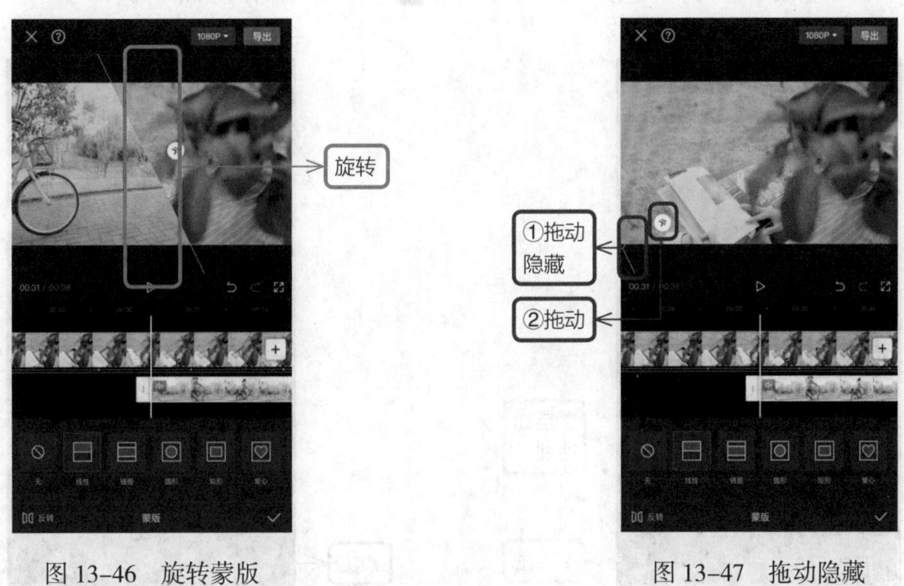

图 13–46　旋转蒙版　　　　图 13–47　拖动隐藏

（4）向后拖动视频，将视频时间轴在主视频轨道的结尾处对齐，如图 13–48 所示。

（5）将蒙版分界线从左下角拖动到右上角隐藏，此时将会显示整个画中画视频的画面，如图 13–49 所示，在时间轴的位置将会自动生成关键帧，点击■和■按钮返回到主界面，如图 13–50 所示。

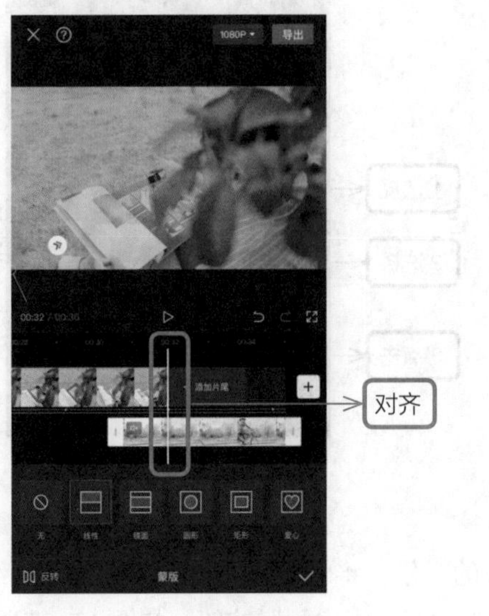

图 13–48　对齐时间轴

图 13–49　拖动显示

（6）给视频开头添加特效。点击一级工具栏中的“特效”按钮，如图 13–51 所示，再点击“画面特效”按钮，如图 13–52 所示。

（7）在“基础”选项卡中选择“开幕”，点击✓按钮完成操作，如图 13–53 所示。

图 13–50　自动生成关键帧

图 13–51　点击“特效”按钮

图 13–52　点击“画面特效”按钮

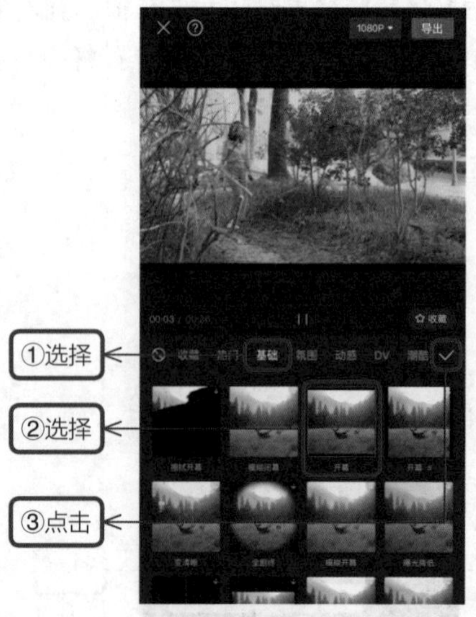

图 13–53　选择特效

（8）向后拖动视频，在视频开幕打开一条缝的时候，将时间轴在此对齐，点击一级工具栏中的“画中画”按钮，如图 13–54 所示，再点击“新增画中画”按钮，如图 13–55 所示。

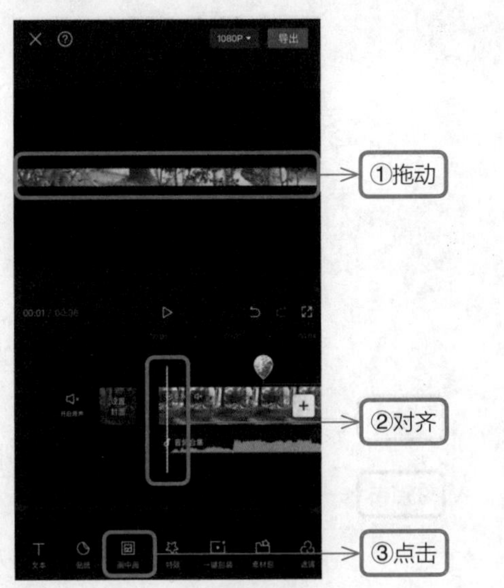

图 13-54　点击“画中画”按钮

图 13-55　点击“新增画中画”按钮

（9）在“最近项目”中选择前面保存的文字视频，点击“添加”按钮，如图 13-56 所示。

（10）点击“混合模式”按钮，如图 13-57 所示，选择“滤色”，然后拖动滑块调整画面的不透明度，点击☑按钮完成操作，如图 13-58 所示。

图 13-56　添加视频

图 13-57　点击“混合模式”按钮

（11）选中画中画的文字视频，点击◇按钮添加关键帧，在预览区域按住并缩小文字画面，如图 13-59 所示。

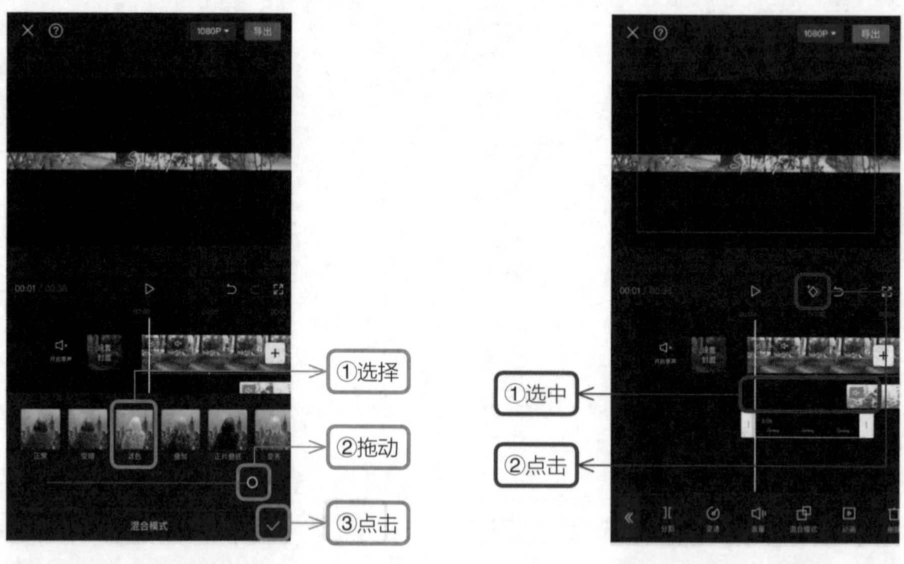

图 13-58　选择混合模式　　　图 13-59　添加关键帧

（12）向后拖动视频，将时间轴调整到文字画面位置，在预览区域按住并放大文字画面，这时将会自动生成新的关键帧，继续点击工具栏中的“动画”按钮，如图 13-60 所示。

（13）点击“出场动画”按钮，如图 13-61 所示，选择出场动画的样式为“缩小”，拖动滑块调整动画的时长，点击✓按钮完成操作，如图 13-62 所示。

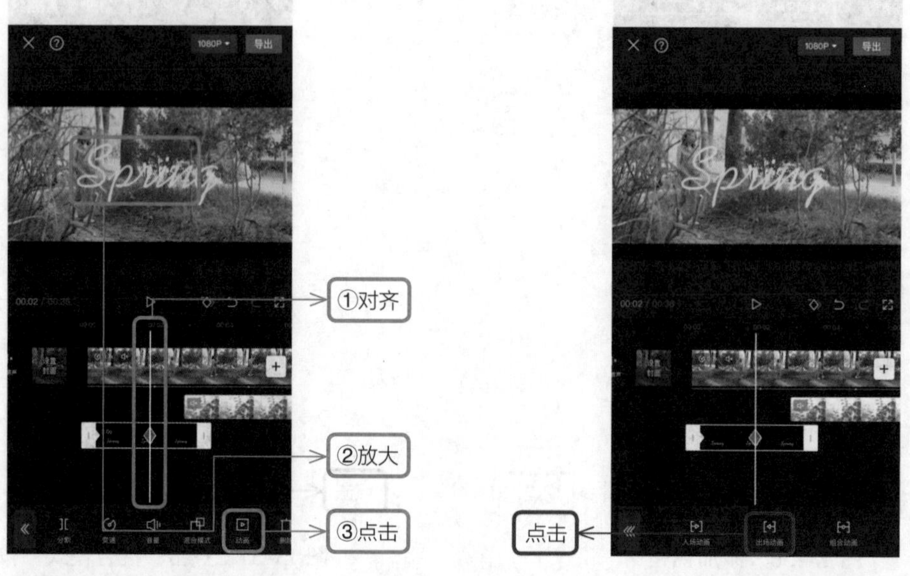

图 13-60　生成新的关键帧　　　图 13-61　点击“出场动画”按钮

（14）拖动画中画的文字视频轨道上的白色方框，将其与音频轨道上的黄色卡点对齐，点击按钮返回，如图 13-63 所示。

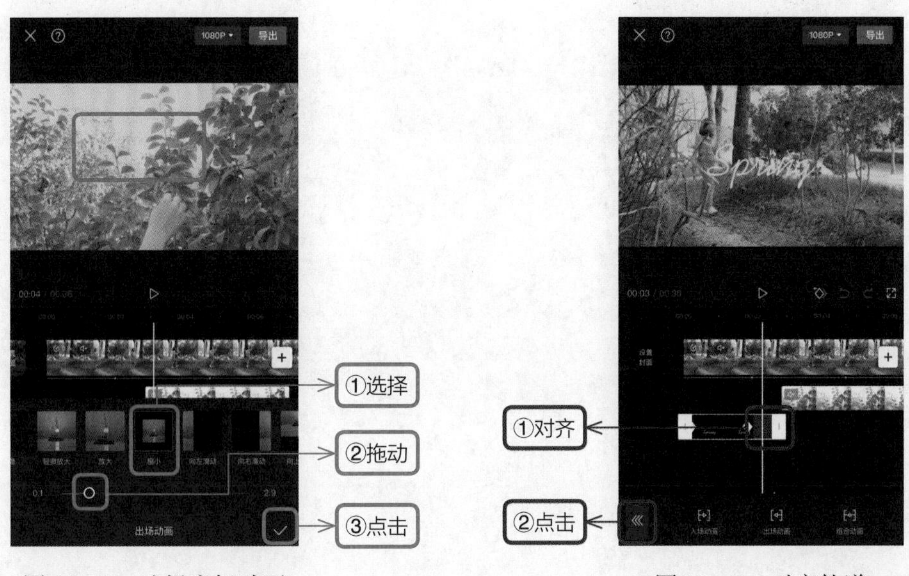

图 13-62　选择出场动画

图 13-63　对齐轨道